운명의 과학

운명의 과학

뇌는 어떻게
우리의 운명을 만드는가

한나 크리츨로우 지음
김성훈 옮김

THE
SCIENCE
OF
FATE

21세기북스

아기 맥스에게 이 책을 바친다.

너의 운명이 펼쳐지는 것을 지켜보는 일은 정말 경이롭구나.

● 차례

1장

내 삶을 움직이는
보이지 않는 힘

운명과 자유의지

인간은 각자 모두 자신의 운명을 손에 쥐고 있다.

완전히 자신의 작품이며 자신의 것인 생활을 창조하지 않으면 안 된다.

헤르만 헤세 Hermann Karl Hesse

2018년 기나긴 여름의 시작을 알리는 숨 막히게 무덥던 어느 날, 나는 보건소 대기실에 앉아 있었다. 바깥은 눈이 부시게 밝았지만, 보건소 안은 아직도 형광등 불빛이 윙윙 소리를 내며 빛을 밝히고 있었다. 쾌활해 보이는 여의사가 성큼성큼 걸어 나와 내 이름을 불렀다. 나는 두 살배기 아들의 손을 잡고 그 의사를 따라 복도를 지나 작은 방으로 들어갔다. 그곳에서 의사가 내 피를 뽑았다. 병 속에는 수천 개의 백혈구가 들어 있었다. 그리고 그 백혈구 하나하나에는 내 DNA가 숨어 있었다. 32억 개의 글자로 이루어진 이 암호는, 사람마다 모두 다른 생명의 청사진이다.

아들과 내가 병원에 찾아간 이유는 내 아버지가 혈색소증 haemochromatosis 진단을 받았기 때문이었다.

혈색소증은 철분이 몸속에 천천히 축적되는 유전 질환이다. 철분이 과도하게 축적되다 보면 결국에는 내부 장기가 손상을 입기 시작하고, 치료하지 않고 방치하면 심장질환, 당뇨병, 간경변 등을 일으킬 수 있다. 다행히도 아버지의 경우 기관 손상이 그 정도로 진행되지는 않았지만, 질병이 수십 년 동안 발견되지 않은

채 진행되어 왔기 때문에 이제는 매주 피를 뽑아야 했다. 이 치료
는 침입적intrusive이기는 하지만, 그래도 아버지가 다른 면에서는
건강이 좋다는 의미였다. 아버지에게나, 아버지를 사랑하는 가족
에게나 다행스러운 소식이었다.

이 질환은 유전적 기원이 있기 때문에 국민의료보험NHS,
National Health Service(영국의 공공의료 서비스—옮긴이)에서 다른 가족들도
질병이 있을지 모르니 검사를 받아볼 것을 권유했다. 나, 내 여동
생, 사촌, 그리고 잠재적으로는 내 아이들까지 검사를 받아보란
의미였다. 간단한 혈액검사라서 결과는 빨리 나왔다. 언뜻 생각하
면 검사를 받기로 결심하는 것이 뭐 대수인가 싶다. 아들과 내가
혈색소증을 일으키는 유전변이를 갖고 있는지 지금 당장 알 필요
는 없지만, 언젠가는 검사해 보아야 할 일이었다. 만약 양성으로
나오면 철분이 많은 음식의 섭취를 줄이고 혈중 철분 농도를 꼼꼼
히 관찰할 필요가 있었다. 급한 검사는 아니었지만 마냥 미룰 수
는 없었다.

나는 신경과학자다. 신경과학 연구를 하는 내내 생물학적 결
정론이라는 개념에 매력을 느꼈다. 하지만 검사를 받겠다고 결심
하기가 생각만큼 만만한 일이 아니었다. 나는 초연해지려고 했다.
아는 것이 힘이며, 내 몸을 이해하는 것이야말로 가장 힘이 되는
지식이라 믿는 사람임을 스스로에게 상기시켰다. 하지만 그럼에
도 계속 보건소 예약을 미루고 있었다.

나는 검사에서 양성으로 나오면, 생활 방식을 바꾸기 위해 그

와 관련된 과학 문헌을 모두 읽어야 한다는 강박에 빠지리라는 것을 알고 있었다. 이것은 쓸데없이 불안만 야기하는 책임감을 뒤집어씌우는 일일까? 아니면 내게 필요한 변화를 끌어낼 자율적인 힘을 불어넣어 주는 일일까?

매일 마음이 손바닥 뒤집듯 뒤바뀌었다. 그러다가 결국에는 보건소 의사가 아이 아빠네 가족 쪽으로는 이 질병의 병력이 알려진 것이 없으니 내게 양성 결과가 나오지 않는 한 NHS에서는 아들의 혈액 분석을 고려하지 않을 것이라는 정보를 알려주었다. 덕분에 나는 간단하게 결정할 수 있었다.

마침내 나의 위험성, 그리고 내 아들의 잠재적 위험성을 알아보기 위해 검사를 받으러 갔다. 검사 결과를 받아보는 데는 몇 주가 걸렸다. 나는 나 자신과 밀접한 관련이 있는 내용을 당당하게 확인하기가 이렇게나 어려운 일이구나 싶어 놀랐다. 특히나 그다음에는 내가 아이를 대신해서 결정을 내려야 했기에 더욱 어려웠다. 걱정스럽고 불편한 마음이 들었다.

결국 내 검사 결과는 '이형접합 유전변이heterozygous genetic variation'로 나왔다. 해당 유전자를 가지고는 있지만 증상이 발현될 가능성은 작다는 의미다. 예상하지 못한 시나리오였고 나 자신은 조금 안심이 되기는 했지만, 아들에 대해서는 확실히 안심할 수가 없는 상황이라 불안했다. 내 검사 결과를 놓고 보면, 아들 역시 장래에 이 병에 걸릴 가능성이 있지만 증상이 나타나지 않는 한 NHS에서는 아들에게 검사를 제안하지 않을 것이기 때문이다.

이 일은, 예전에는 그냥 간단한 문제라 생각했던 것도 감정이 개입되면 미묘한 문제가 될 수 있다는 교훈을 주었다. 또한 자신의 운명을 어느 정도까지 자유롭게 결정할 수 있는지에 관한 연구를 밀고 나가야겠다는 생각이 들게 했다. 나는 준엄한 힘과의 짧은 만남 앞에서 조금은 겸손해졌다.

인류의 여명기 이후로 인간은, 운명을 지배하는 존재가 누구인지 혹은 무엇인지 알아내려고 했다. 삶의 궤적을 자신이 결정하는지, 아니면 스스로의 통제를 벗어난 운명이 결정하는지에 대한 질문은 해결해야 할 골치 아픈 수수께끼 목록 위쪽에 자리 잡고 있다.

우리는 자유의지와 온전한 의식을 갖추고 있는 주체인가, 아니면 내면 깊숙이 자리 잡아 자기도 모르는 구동장치로 움직이는, 미리 프로그램된 기계에 가까운 존재인가? 시간과 장소에 따라 인류는 이 질문에 여러 다른 방식으로 대답을 내놓았다.

인간은, 자신이 신의 권능으로 부여받은 영혼에 의해 생명력을 얻은 존재라고 주장했다. 신에 가까운 지적 능력에 영감받아, 혹은 뇌 속을 어지러이 돌아다니는 신경화학 물질에서 힘을 얻어 생명을 얻은 존재라고도 주장했다.

대답이야 어찌 되었든 애초에 '자신의 운명을 통제할 수 있느냐'라는 질문이 등장하는 이유는 인간이 의식 그 자체를 숙고할 수 있을 정도로 의식이 발달한 동물이기 때문이다.

이 책은 신경과학이라는 학문 분야에서 나온 통찰을 적용하여 이런 질문에 대해 고려하고 있다. 현대 의학은 인간의 몸속에 입력된 것들이 각자가 물려받은 유전자와 상호작용하여 그 결과를 내놓는다는 것을 보여주었다. 그래서 어떤 사람은 혈압이 낮고, 어떤 사람은 콜레스테롤 수치가 높고, 내 아버지의 경우에는 혈색소증이 생겼다.

뇌도 점점 그와 같은 관점에서 바라보게 되었다. 뇌는 유입되는 신호를 유전자에 의해 배선된 회로를 통해 처리한다. 이 복잡한 과정이 생각, 결정, 선택 같은 형태로 결과물을 내놓는다. 나는 모든 인간에게 공통으로 나타나는 선천적 특성과 각각의 개인에게 고유한 유전자 꾸러미의 교차 지점에서 21세기 버전의 운명 같은 것이 만들어질 가능성을 탐험하고 싶다.

수많은 문화에서 운명은 대단히 전능한 것이었다. 고대 그리스인들은 심지어 신조차 운명에서 벗어날 수 없다고 믿었다(유한한 존재인 인간도 자유 재량권이 그리 많지 않았다). 유일신 종교가 지배하는 시대에, 신은 모든 개인에게 일어날 결과를 결정하는 궁극의 존재였다.

요즘은, 그러니까 적어도 서구 후기 산업사회의 세속적인 사람들 대다수는 자기 인생의 작가는 바로 자신이라 생각하며 살아간다. 여전히 누군가를 두고 위대한 인물이 될 운명을 타고났다거나, 누구와 사랑에 빠질 수밖에 없는 운명을 타고났다는 식으로 말하기도 하지만 현대인에게 운명이란 그저 비유적 표현에 불과하다.

상당수의 사람에게 태어날 때부터 정해진 국가, 계급, 인종 같은 제약이 존재하는 것은 분명한 사실이다. 하지만 우리는 인간이 자유로운 주체라 믿으며 살아간다. 아침 식사로 무엇을 먹을 것인지부터 어떤 친구를 만나고 어떤 의견을 가질 것인지까지, 인간은 이성적인 의사 결정 과정을 바탕으로 선택을 내릴 수 있다. 시간이 지나면서 이런 선택들이 쌓여 점점 행동 방식과 습관으로, 결국에는 삶을 구성하는 경험의 집합체로 진화한다.

인간은 기억, 언어, 이야기를 이용해 삶을 합리화하고, 삶을 이해하고 통제할 수 있다고 느껴지는 존재로 스스로를 다듬어놓는다. 물론 일리가 있다. 육체를 가지고 살고 있으면서 놀라울 정도로 정교한 정신을 가지고 살아간다. 우리의 자아가 우주의 한가운데에 자리 잡고 있기 때문이다.

의식이 '나'라는 조용한 배를 운항하는 선장임을 당연시 여기며 살아가고 있다는 해도, 마음속 깊은 곳에서는 그렇게 간단한 문제가 아님을 알고 있을 것이다. 정신은 그보다 훨씬 거친 장소다. 의식적 의사 결정은 전체 이야기의 일부분에 불과하다.

인간 사회는 항상 무의식적인 힘을 두려워하며 거기에 위협적, 심지어는 악마적이라는 낙인을 찍었다. 정신질환을 경험했거나 목격해 본 사람이라면 인간의 정신이 아주 낯설고, 심지어는 끔찍할 정도로 무섭게 느껴질 수도 있음을 알 것이다. 하지만 무의식을 두 눈 부릅뜨고 감시해야 할 위험지대로 인식하는 것은, 무의식이 일상생활에서 맡고 있는 본질적 역할을 오해하는 것이다. 뒤에서 살펴보겠지만 일상적 판단과 의사 결정의 상당 부분은 전혀 인식하지 못하는 상태에서 일어난다. 그게 아니고서야 제대로 기능할 수 없었을 것이다. 의식적으로 일일이 모든 의사 결정에 관여하고 모든 상황을 평가해야 한다면 그 속에서 허우적대느라 이미 직장에 나가 책상에 앉아 있어야 할 시간까지 집 정문도 나서지 못할 것이다.

사람들 대부분은 자기 자신을 좋아하는 것은 무엇이든 선택할 수 있고 그 결과까지도 의지대로 조종할 수 있는, 완전히 이성적인 존재라고는 여기지 않는다. 인간은 강력한 무의식의 힘뿐만 아니라 외부 요인들도 어느 정도까지는 자신의 삶을 빚어내고 결정한다는 사실을 기꺼이 받아들인다. 이제 철 지난 이야기인지도 모르지만, 좋은 것이든 나쁜 것이든 운명이란 개념은 삶의 이야기에서 어느 정도 역할을 했음을 인정한다. 우리는 시간과 장소가 어쩌다 기가 막히게 맞아떨어져서 미래의 배우자를 만나거나 꿈에 그리던 직장을 구하기도 한다. 또, 기막힌 행운 덕분에 딜레마를 해결하는 데 도움을 줄 친구를 만나기도 하고, 자신의 삶을 송두리째 바꾸어 놓았을 것 같은 소중한 기회를 잔인한 운명의 장난 때문에 놓치기도 한다.

가정환경, 교육 수준, 어린 시절의 경험 같은 주변 환경이나 타인이 자신의 성격과 인생의 결과를 빚어내는 데 역할을 한다는 점도 어려움 없이 인정한다.

예를 들어 사랑이 넘치는 가정에서 자랐느냐 무관심한 가정에서 자랐느냐는, 가정환경이 사람의 성격에 영향을 미치며 인생이 어떻게 펼쳐질지 말해주는 강력한 예측인자라고들 한다.

이런 관점에서 보면 특정한 맥락에서 인간의 정신이 어떻게 형성되고 행동하는지를 탐구하는 학문인 심리학은 지난 세기 동안 막강한 영향력을 갖게 되었고, 이제 그 기본 개념들이 자신을 이해하는 방식에도 자연스럽게 적용되고 있다고 할 수 있다.

대다수가 심리학을 연구해 본 적도, 심리 치료를 받아본 적도 없지만 심리학의 용어나 이론에 대해 웬만큼은 알고 있다. "그는 마음속에 남은 감정의 응어리가 많아"라는 말을 심심치 않게 하고, 정신적 외상과 억압, 충돌 회피와 정서 지능 같은 개념들을 이해하고 있다. 그뿐 아니라 우리는 '마음을 다잡아 스스로를 변화시킬 수 있다'는 믿음에 많은 시간과 노력을 투자한다. 불행한 어린 시절이나 비극적인 인생의 사건으로 고통받았더라도 과거에서 벗어나 새로운 모습으로 거듭날 수 있다고 믿고 싶어 한다. 게다가 실제로 인격이나 순수한 의지만으로 그런 일을 해낸 사람들을 알고 있다.

신경과학은 이제 회복력이 어떻게 발휘되는지, 또 어떤 환경과 인간관계를 선택할 때 스스로 행운을 만들어갈 수 있는지를 이해할 수 있는 더 많은 단서를 제공하고 있다. 성인으로서 내리는 선택들은 기존의 경험과 세상에 대한 인간의 지각 사이의 무한한 상호작용으로부터 정보를 받아 이루어진다.

이 모든 것의 핵심에 '뇌'가 있다. 인간이 머릿속에 갖고 태어난 물질 덩어리인 뇌가 없으면 우리에게는 인식도, 기억도, 정신도 없었을 것이다. 뇌는 살면서 겪은 경험에 반응해서 발달하고 평생 변화를 이어가지만, 갓 태어난 아기의 뇌도 이미 신경로neural pathway의 형태로 토대가 깔려 있다. 이 토대가 아기가 평생 세상과 상호작용하는 방식에 영향을 미칠 것이다. 개개인에게는 스스로에 대해 만들어낸 이야기 말고도 무언가 근본적인 것이 존재한다. 그 무언가는 너무도 복잡하고 막강한 기관이라서 이제야 그 비밀을 과학에 털어놓기 시작했다.

지난 20년 동안 엄청난 기술 발전 덕분에 기존에는 접근 불가능했던 이 영역에 관한 연구가 폭발적으로 증가했다. 신경과학이라는 연구 분야는 뇌의 가장 깊숙한 영역에 빛을 비추어(가끔은 말 그대로 정말 빛을 비추기도 한다) 자신의 인생 결과를 통제할 수 있느냐, 아니면 태어날 때부터 특정 경로를 따르도록 운명 지워져 있느냐는 질문을 밝혀주고 있다.

고대 그리스인들이 생각했던 의미의 운명은 아니지만, 외부 힘으로서의 운명이라는 낡은 개념도 여전히 어느 정도 힘을 가진 것으로 밝혀지고 있다. 21세기 버전으로 새로 태어난 운명은 인간의 물리적 자아 깊숙한 곳, 뇌의 회로와 유전자 속에 묻혀 있다. 파괴적인 경우이기는 하지만 운명이 생물학적으로 결정되는 것을 보여주는 직관적인 사례 중 하나는 헌팅턴병의 유전자 돌연변이를 가지고 있는 경우다. 이 단일 유전자 변이를 갖고 있는 사람은 결국에는 협응, 추론 능력, 사고의 유연성, 의사 결정 등에 문제가 생기고 일부 사례에서는 정신병이 생기기도 한다. 좀 더 복잡하게 발현될 때는 그 방식이 대단히 미묘해서 다른 행동에 비해 어떤 행동을 더 많이 하는 성향이 생겨난다.

이런 예외적인 경우를 제외하더라도, 타고난 뇌가 성격이나 신념, 또는 삶에서 벌어지는 특정 사건들까지 좌우한다고 말할 수 있을까? 나는 바로 이 지점을 이해하고 싶어서 운명을 탐구하기 시작했다.

이 책에서 추적해 볼 핵심 질문은 작용 주체에 관한 질문이다. 인간은 자신이 하는 일, 자신에게 일어나는 일을 어느 정도까지 통제할 수 있을까? 우리를 지금의 우리로 만든 것 중 태어날 때부터 물려받아 뇌의 작동 방식에 새겨져 있거나 핏속에 흐르고 있는 것은 얼마나 될까?

운명과 자유의지의 정확한 의미

뇌와 정신, 생물학과 심리학, 선천성과 후천성, 운명과 자유의지라는 개념을 뒷받침하는 이원론은 어느 지점까지만 유용한 인위적인 개념이다. 우리의 인생 이야기는 그것을 만들어내는 뇌 없이는 존재할 수 없고, 또 뇌는 인간만의 고유한 이야기를 창조하려는 충동에 사로잡혀 있는 것 같다. 심리학자들은 대개 '선천적이냐, 후천적이냐'라는 양자택일식의 질문을 포기하고 그 대답은 항상 '양쪽 모두'라는 사실을 받아들이는 쪽으로 가고 있다. 저명한 생물학자 로버트 새폴스키는 자신의 책 『행동』에서 이렇게 간단명료하게 표현했다.

> "한 행동을 두고 '생물학적'인 측면과 '심리적' 또는 '문화적' 측면을 구분하는 것은 사실 아무런 의미도 없다. 양쪽이 뒤죽박죽 얽혀 있기 때문이다."

철학자, 심리학자, 인공지능 연구자, 정신의학자, 신경과학자 등 인지과학 전반에 종사하는 사람들은 뇌의 어지러울 정도로 복잡한 활동과 출력을 더욱 잘 이해하는 방법이 다각적인 접근 방식밖에 없다는 점을 강조한다.

나는 신경정신병을 전공한 생물학자이다 보니 접근 방식이 주로 생물학이라는 분야에 영향을 받을 수밖에 없다. 내 목적은 생물학적 언어로 운명을 이해할 수 있는가 하는 점이다. 물론 운명이란 단어는 내가 다루고자 하는 문제에 그대로 쓰기엔 다소 무겁고, 자칫 비극적인 결말을 떠올리게 하기도 한다. 내가 실제로 탐구하려는 것은 인간이 세상에 대한 개별적 인식을 어떻게 만들어내는지, 그리고 그 과정이 의사 결정에 어떤 영향을 미치는지이다. 이러한 선택들이 모여 행동을 이루고, 결국 자아와 일상의 기반이 된다. 비록 생물학적 결정론이라는 맥락에서 뇌를 바라보고 있다고는 해도 건강, 특히나 정신건강과 관련된 결과에 대해서도 이야기하려고 한다. 동시에 조현병같은 질환에서부터 일상생활에 영향을 미치는 다양한 행동에 이르기까지 심신을 약화시키는 사례들을 통해 운명을 여러 각도에서 검토해 보려고 한다.

일부 불행한 사람들은 생물학 자체가 진짜 운명이 되어버리지만, 대부분의 경우 생물학은 원인과 결과의 작동 방식이 단순하지 않다. 생물학적 메커니즘은 뇌에서 생기는 대부분의 장애에 기여하지만, 직접적인 방식으로 장애를 야기하지는 않는다.

예를 들어 조현병의 발병 위험 가운데 약 80퍼센트는 타고난 유전적 요인에서 비롯된다. 현재까지는 약 180개의 유전자가 여기에 관여하는 것으로 추정되지만, 이 유전자들이 서로 어떻게 작용하고 또 환경과 어떤 방식으로 상호작용하는지는 아직 완전히 밝혀지지 않았다.

음식 선택, 사교성 같은 성격의 한 측면, 이를테면 친구를 사귀고 관계를 유지하는 방식, 그리고 어떤 신념을 갖게 되는지의 문제로 오면 여기에 기여하는 생물학적 메커니즘은 훨씬 더 미묘해진다. 유전적 요소들끼리, 또 환경적 요인과 서로 얽혀 작용하는 방식도 매우 복잡해진다.

그렇다고 이 영역에서 한 개인의 선택과 행동이 자신의 의식적 통제를 벗어난 선천적인 생물학적 요인에 의해 미리 결정되지 않는다는 말은 아니다. 운명이 모든 것을 결정한다는 비극적인 암시를 덜어내고, '도달할 가능성이 압도적으로 높은 종착지'라는 개념으로 운명을 이해할 필요가 있다는 말이다.

이 책 전반에서는 독특한 유전자, 혹은 사람 뇌의 생리학을 빚어낸 진화적 압력 같은 선천적 요소의 상대적 영향력을 고려하고, 이것을 환경 노출로 빚어진 학습된 행동의 영향력과 비교해 보려고 한다.

나는 '선천적innate'과 '학습된learned'이라는 용어를 사용할 것이다. 물론 행동을 현미경에 놓고 보듯이 관찰하고 묘사하는 것이 유용하기는 하다. 그러나 마치 보석을 조명에 이렇게도 비춰보고 저렇게도 비춰보는 것처럼, 행동을 사방에서 다각도로 바라보며 연구해야만 그 온전한 자아가 드러나리라는 사실을 알고 있는 상태에서 사용할 예정이다.

인간의 행동처럼 어마어마하게 복잡한 것을 생물학적 관점에서 이해하려면, 무엇보다 접근 방식 자체에 여러 층위의 방법론이 포함되어야 한다. 이런 경우에 생물학적 요인은 대개 단일 선으로 작동하지 않기 때문이다. 그래서 내가 '사람이 어떻게 의식적으로 자신의 삶을 빚어가는가'를 생물학 연구 내용으로 설명하고 싶다 하더라도, 결국 화학과 호르몬, 태내 환경, 유전, 인생 초기의 경험, 후성유전학, 진화압evolutionary pressure 등과 같은 서로 다른 분지의 연구들을 모두 고려해야 한다. 바꿔 말하면 모든 생물학은 복잡하지만, 뇌의 생물학은 그 복잡성의 스펙트럼 중에서도 극단을 차지하고 있다는 말이다.

이 책에서는 이러한 복잡성이 독자의 이해를 가로막지 않도록, 비전문가(신경생물학이 개인의 삶이나 주변 사람들의 삶에 어떤 식으로 영향을 미치는지 알고 싶어 하는)에게 도움이 되는 방식으로 논점을 단순화했다. 가능한 한 실생활의 사례를 중심에 두어, 뇌의 작동 원리가 우리의 선택과 행동에 어떤 의미를 갖는지 자연스럽게 따라갈 수 있도록 구성하고자 노력했다.

나는 몇 년 전부터 내 앞에 나타나기 시작한 개념을 향해 걸어가며, 끝없이 가지치기하는 흥미로운 연구와 정보의 미로 속에서 내 갈 길을 찾아내는 것을 목표로 해왔다. 신경과학은 뇌가 행동과 인생의 결과를 만들어내는 방식을 탐험하는 데 놀라운 발전을 이룩해왔다. 하지만 거기서 나오는 논리적 결론, 즉 우리의 삶이 알고 있는 것보다, 혹은 인정하고 싶어 하는 것보다 훨씬 많은 부분이 신경생물학에 따라 결정된다는 점은 아직 폭넓게 논의되지 않고 있다.

이 책에서는 우선 뇌 생물학의 기본 사항에서 시작해서 무엇을 먹기로 선택하는지, 누구와 섹스하기로 선택하는지 등 상대적으로 기초적인 행동을 살펴보겠다.

이어서 사랑, 우정, 사회 구조가 어떻게 신경생물학에 의해 주도되는지에서부터 시작해 인간의 뇌가 평생 어떻게 발달하고 학습하는지에 관해 이야기할 것이다.

그다음으로는 지각이 어떻게 일어나는지, 세상을 둘러싼 신념과 도덕적 의견을 어떻게 형성해 나가는지 등 점점 더 높은 수준의 기능들을 살펴볼 것이다.

마지막 장에서는 이러한 발견으로부터 개인과 전체 사회에 제기되는 실용적, 윤리적 문제들을 살펴보겠다. 신경과학으로 이해한 생물학적 운명이 어떻게 정신건강 문제와 신경학적 질환으로 고통받는 사람들이 처한 운명을 막는 데 도움을 줄 수 있을까? 만약 누가 조현병, 자폐증, 중독증, 우울증, 불안증, 조병mania, 주의력결핍 및 과잉행동 장애ADHD, attention deficit hyperactivity disorder 같은 것에 걸릴지 예측할 수 있다면 이를 개선하기 위해 개입하는 것이 옳은 일일까? 앞으로 20년 동안 우리의 현실을 바꾸어놓을 최첨단 신경과학 기술은 무엇일까? 미래에는 유전적인 뇌의 약점을 개선할 맞춤형 신경보호 치료를 받을 수 있을까, 그리고 실제로 그런 치료를 받아야 할까? 또한, 우리가 갖고 있는 특성 중에서 어떤 부분이 변화가 용이한지, 어떤 부분을 부정적 영향을 줄이도록 관리만 하면 되는지 알아낼 수 있을까?

나는 생물학자들이 아무리 강력한 통찰을 갖고 있다 하더라도 생물학만이 아니라 그 너머의 영역으로 범위를 확장해서 대화에 참여하기를 간절히 원했다. 바로 이 책을 통해서 말이다. 그래서 나는 뇌가 자아를 형성하고 삶의 방향을 정하는 방식을 연구하는 전 세계의 다양한 연구자들과 꾸준히 대화를 나누어왔다. 나는 그들 모두에게 각자의 연구 분야뿐만 아니라 운명과 자유의지에 대한 의견도 물어보았다.

나는 이 책이 내 동료 신경과학자들만의 관점에 머물지 않고, 기독교 신학자, 사회심리학자, 진화심리학자, 불교 정신의학자 등 다양한 분야의 시선을 함께 담아낼 때 더 의미가 있다고 믿는다.

다행히도 그 모든 이들이 너그럽고 인내심 있게 자신의 생각을 나누어 주었고, 나는 그 대화들에 많은 빚을 졌다. 그들은 기하급수적으로 개선되고 있는 기술과 신경과학 분야의 놀라운 발견에 힘입어 인지과학 분야의 가능성이 열리는 모습에 하나같이 흥분을 감추지 못했다. 이런 발견이 의미하는 바가 무엇인지 해석도 다양하고 어떻게 적용할지에 대한 의견도 크게 엇갈렸지만, 흥분된 마음만큼은 한결같았다.

우리는 왜 뇌과학에 집중하는가

뇌의 시대에 살고 있다는 말은 전혀 과장이 아니다. 불과 10년 전까지만 해도 인간의 뇌는 상상할 수 없을 정도로 정교한 수수께끼의 구조물로 여겨졌다. 뇌는 수십억 개의 세포가 수조 개의 연결로 뒤얽혀 굉장히 복잡한 네트워크를 형성하고 있기 때문이다.

다행히 지금은 기술의 발전 덕분에 생각을 빚어내는 회로판의 구성을 밝힐 수 있는 새로운 방법들이 등장하고 있으며, 생각의 지도를 만들고 어떤 맥락 안에서는 생각을 통제할 수도 있다. 완전히 의식이 깬 상태에서 움직이고 학습하는 포유류의 뇌가 어떻게 작동하는지 고해상도 실시간으로 관찰할 수도 있다. 뇌의 구조와 작동을 관찰하고, 새로운 신경로가 형성되어 새로운 생각의 회로를 뒷받침하는 모습을 지켜볼 수 있으며, 노인에게도 새로운 신경세포가 탄생하는 것을 볼 수 있다. 두개골 아래를 들여다보며 습관이 형태를 잡아가는 모습을 바라보고, 기술이 학습되는 과정을 관찰할 수도 있다.

이런 가소성plasticity(뇌가 평생에 걸쳐 생리학적 수준에서 변화할 수 있는 능력) 때문에 다소 지나친 주장이 나오기도 했다. 뇌가 노년기까지도 가소성을 유지할 수 있다는 것은, 행동과 인생 결과를 바꿀 수 있는 능력이 평생 유지되는 것이라 해석하고 싶게 한다. 자신의 행동과 생각을 마음먹은 대로 얼마든지 바꿀 수 있다고 믿고 싶은 유혹도 생긴다. 솔깃하지만 별로 옳은 생각은 아니다.

내가 보기에는 뇌의 가소성에 두고, 매혹적이지만 지나치게 단순화된 개념을 믿는 것이 아닌가 싶다. 근육을 단련하듯 뇌도 의식적으로 단련해서 원하는 것은 무엇이든 달성할 수 있다고 말이다.

성장형 사고방식이 사회에 퍼져 있다 보니 모든 목표나 욕망을 달성할 수 있다는 생각도 함께 퍼지고 있다. 인간은 생물학적한계와 사회경제적 조건까지 뛰어넘을 수 있다는, 자유의지가 전적으로 무한한 주체성과 역량을 보장해 준다는 비전에 오랫동안 매혹되어 왔다. 하지만 신경생물학적 관점에서 보면 '꿈을 꾸면 꿈이 현실이 된다'는 그다지 설득력 있는 슬로건이 아니다.

신경과학뿐만 아니라 『생각에 관한 생각』을 쓴 노벨상 수상자 대니얼 카너먼 같은 심리학자도 그와 대립하는 관점을 보인다. 그는 뇌에 가소성이 있다는 사실을 부정하지는 않지만, 뇌의 타고난 속성, 인지적 편견이 일어나기 쉬운 경향, 자신의 판단 능력에 대한 지나친 자신감 등의 영향을 더 강조한다. 또, 인간이 내리는 결정 중 상당수는 무의식 수준에서 일어나는 자동적 과정의 결과라고 본다. 우리의 결정은 타고난 유전자에 따라 빚어지며, 의식적으로 통제하는 부분이 상상하는 것만큼 크지 않다는 것이다.

인간의 행동에 관해 두 관점이 서로 대립하고 있는데, 이것을 어떻게 조화시킬 수 있을까? 우선 이 두 관점이 서로 배타적이지 않다는 점을 알아야 한다. 이 둘은 모두 정당하며 행동의 어느 구체적인 측면을 다루고 있느냐 혹은 어떤 인생 결과를 살펴보고 있느냐에 따라 서로 다른 상황에서 서로 다른 정도의 '진실'을 담고 있다. 인간의 행동은 어떤 것이든 그 원인이 다원적이다. 즉, 하나가 아니라 여러 가지 요인으로 구성되어 있다.

점심 메뉴를 고르는 아주 간단한 일도 엄청나게 많은 요인에 좌우된다. 뇌의 무게는 보통 전체 체질량의 2퍼센트 정도에 불과하지만, 하루 칼로리 섭취량의 20퍼센트 정도를 소비한다. 이 굶주린 야수가 당신이 어떤 음식을 선택할지 결정한다고 해도 놀랄 일이 아니다. 사람은 선천적으로 고칼로리, 고당도, 고염 음식을 선호하게 되어 있다(이런 음식에 대한 인류의 식욕에 관해서는 3장에서 다루겠다). 평생에 걸쳐 생긴 온갖 식사 습관이나 기호는 말할 것도 없고, 개인이 의식적으로 선택할 수 있는 능력이나 만족 지연 delayed gratification 같은 것에서도 뇌의 영향이 미치고 있다. 그리고 이것은 그저 배경을 이루는 이야기에 불과하다. 지금 이 순간에도 당신의 뇌는 카페에 앉아 수많은 입력 신호(무의식 수준에서 당신에게 영향을 미칠지도 모르는)를 처리하고 있을 것이다. 또 그날의 호르몬 수치도 영향을 미치고, 당신이 얼마나 지친 상태인지, 바이러스에 감염되었는지도 영향을 미친다. 샌드위치를 고르는 일만 해도 거기에 따르는 의사 결정 과정은 복잡할 뿐만 아니라 대체로 무의식으로 이루어진다.

누구와 결혼할 것인가 같은 문제나 신의 존재 여부에 대한 의견 같은 더 큰 문제로 오면 인지과정이 기하급수적으로 복잡해진다. 이런 인지과정은 훨씬 긴 시간 단위에서 이루어지고 많은 뇌 영역이 가동되기 때문이다.

그만큼 굵직한 주제이고 여기에 간단한 정답은 존재하지 않는다. 하지만 인간의 행동이 선천적인 신경생물학적 요인에 의해 주도되고 어느 정도는 결정되기도 한다는, 재미없고 불편한 관점에 힘을 실어주는 과학 지식이 등장하고 있다. 어떤 단일 행동, 결정, 혹은 인생의 결과가 유전자에 의해 운명 지워져 있다거나 날 때부터 뇌에 새겨져 있다고 말할 수는 없다. 그러나 어떤 사람은 태어나기 전에 뇌가 구축된 방식 때문에, 그리고 평생에 걸쳐 뇌의 작동 방식에 영향을 미치는 유전 때문에 어떤 결정을 내리기 쉬운 성향을 갖게 된다고는 말할 수 있다. 아무리 사소해 보이는 것이어도 당신이 어떤 결정을 내릴 때마다 뇌의 회로, 깊숙한 생물학적 욕구, 학습된 경험 사이에서 복잡한 춤판이 벌어지고 있다. 결국 꿈, 두려움, 신념, 사랑 등 인간이 자기만의 인생 이야기라고 생각하는 것 중 상당 부분은 매일매일의 행동을 만들어내고, 나아가 인생의 선택과 성격을 만들어내는 수백만 개의 결정으로 귀결된다.

이는 수많은 의문을 만들어낸다. 인간의 성격적 특성과 행동 중 일부는 고정되어 있고, 일부는 변할 수 있는 것인가? 만약 그렇다면 고정된 것인지, 변하는 것인지는 대체 어떻게 확인할 수 있을까? 우리는 한 사람의 개인으로서 무엇을 할 수 있을까? 그리고 이런 것들이 각자에게는 어디까지 해당하는 것일까?

뇌과학이 모두 정답은 아니다

나는 뇌의 시대에 살고 있는 것을 행운이라 느낀다. 그리고 인류가 자신에 대해 꾸준히 던져온 질문에 대한 답을 구하는 데 신경과학이 크게 기여할 수 있다고 믿는다. 그러지 않았다면 운명의 과학에 관한 책을 쓰지도 않았을 것이다.

신경과학 그 자체가 생명, 우주, 온갖 만물의 해답이 되는 것은 아니다. 일부 비평가들은 신경과학을, 심리학과 사회적·문화적 삶에 대한 좀 더 전체론적인 접근을 외면하고 뇌(더 심하게는 뇌 스캔 영상)만 지나치게 강조하는 환원주의적 학문이라 생각한다. 하지만 사실 현재 신경과학자들이 진행하고 있는 가장 흥미진진한 연구들에서는 우리 뇌를 환경으로부터는 물론이고 내장과 면역계로부터도 지시를 받는 전체론적 네트워크의 일부로 바라보고 있다.

나는 신경과학의 통찰에 관한 나의 논의를 더 폭넓은 맥락 속에 끼워 넣어 복잡한 인간의 행동을 지나치게 평면적으로 보지 않으려고 노력해 왔다. 정신과의사인 샐리 샤텔과 심리학자인 스콧 릴리엔펠트는 2015년에 출간된 그들의 책 제목을 『세뇌당하다: 생각 없는 신경과학의 매력적인 유혹Brainwashed: the seductive appeal of mindless neuroscience』이라고 지음으로써 신경회의주의neuroscepticism가 왜 필요한지 정확히 짚어냈다.

내가 선천적인 신경생물학적 요인이 근본적으로 작용한다는 주장을 본격적으로 펼쳐야겠다고 결심하게 된 데에는 한 가지 계기가 있었다. 신경가소성 같은 개념을 지나치게 열정적으로, 때로는 잘못된 정보를 바탕으로 사용하는 경우를 보았기 때문이다. 이런 점에서 신경회의주의는 충분히 정당하다. 대중 신경과학은 종종 생물학이 그리 복잡하지 않은 것처럼 말하고 행동하며, 그 결과 사이비과학과 생물학 근본주의가 고개를 들고 있다.

이렇듯 뇌 스캔만으로 개인의 복잡한 정신에 대해 많은 것을 증명할 수 있다고 말하는 것은 분명 지나친 단순화이다. 하지만 그렇다고 신경과학이 뻥튀기에 불과하다는 의미는 아니다.

2011년과 2012년 사이에 영국 왕립학회Royal Society는 신경과학의 발전과 그 발전이 사회와 공공정책에 갖는 함의를 자체적으로 조사한 결과를 발표했다. 이 보고서는 충분한 논의를 거쳐 신중하게 작성된 문서였는데, 궁극적으로는 한 가지 점을 분명히 했다. 신경과학이 '각각의 사람이 신경 수준, 인지 수준, 사회 수준에서 작동하는 정교한 시스템을 이루고 있으며, 그러한 과정과 수준들 사이에서 다중의 상호작용이 일어나고 있음'을 인정했다는 것이다. 그 인정은 곧, 신경과학이 이 복합적 시스템을 이해하는 데서 핵심 요소로 진지하게 받아들여질 권리를 획득했음을 뜻했다. 다시 말해 이 보고서는 그 개념을 공개적으로 지지한 셈이다.

인간을 더 깊이 이해하기 위한 여정

나는 정신질환으로 고통받는 사람들과 함께 일하게 된 것을 계기로 무한히 흥미로운 인간의 뇌에 매료되었다. 그러던 중 문득 '회복력'이라는 개념이 마음에 걸렸다. 왜 어떤 사람은 심각하게 부정적인 인생의 사건을 겪고도 훌훌 털어버리고 잘 살아가는 반면, 어떤 사람은 회복하지 못하고 고통받을까?

1990년대 후반에 영국의 주요 정신의학 병원에서 간호조무사로 몸담은 적이 있었다. 나는 대학에서 생물학을 공부하기 시작하기 전까지 3년 동안 그곳에서 정신보건법Mental Health Act에 따라 구금된 만 12~18세 사이의 아동을 대상으로 일했다. 이 아이들은 본인과 타인들을 보호하기 위해 입원 치료 명령을 받고 보안 시설에 들어온 것이었다. 이들 대부분은 영국 전역의 지역 보건당국이 여러 번에 걸쳐 치료를 시도하다가 실패하고서 보내온 환자들이었다. 어린 시절에 학대나 방치를 경험한 환자가 대다수였다. 이들은 또래 압력에 극단적으로 취약한 상태였고, 바깥세상에서 건강하고 행복한 삶을 꾸리는 것을 어려워했다. 이들에게 나타나는 파괴적 행동으로는 자해, 약물남용, 타인에게 부상 입히기 등이 있었고 조현병에서 인격장애, 심각한 자폐증, 조울증에 이르기까지 진단도 다양했다. 대단히 많은 수가 좀도둑질과 반사회적 행동 같은 가벼운 것에서 수간 같은 더 심각한 범죄에 이르기까지 다양한 범죄 기록을 가지고 있었다.

놀랍겠지만 이 병원과 관련해 좋은 기억이 많다. 환자들이 뒤뜰에서 농구하던 모습이나 음악 시간에 거실에서 열정적으로 봉고를 두드리던 모습, 복도에서 돌 차기 놀이를 하던 모습, 혹은 침실에서 조용히 《해리포터》 소설을 읽던 모습을 기억한다. 하지만 나를 가장 압도하는 기억은 이중 잠금장치가 된 무거운 문, 숨 막힐 듯한 병동, 오래도록 사라지지 않는 구내식당 음식 냄새, 약물로 유도한 무기력증과의 한판 전쟁, 낮에도 끝없이 소파에 누워 TV를 보거나 잠을 자고 싶어 하는 환자들 등 아이들을 대신해 느꼈던 폐소공포증과 좌절감이다.

여러 해 동안 나는 진료팀과 함께 그들을 도우려고 노력했다. 사실 증상이 개선되는 경우는 거의 없었다. 이 전체적인 경험이 이런 사람들을 더욱 효과적으로 돕는 방법을 찾는 데 기여하고 싶다는 깊은 열망을 만들어냈다.

이 경험은 또한 나에게 '우리를 지금의 우리로 만드는 것이 무엇일까'라는 질문을 남겼다. 그 병원에서 일하는 직원 중에는 비슷한 가정환경을 경험하고 비슷한 인생의 문제와 마주쳤지만, 강제 입원한 환자들과는 달리 13시간의 교대근무가 끝나면 멀쩡히 집으로 돌아갈 수 있는 사람이 많았다. 왜 그럴까? 인생의 궤적에 그렇게 큰 차이를 만들어낸, 밑바탕에 깔려 있는 그 차이는 대체 무엇일까? 한 개인이 자기보호 능력을 키워서 인생이 어떤 시련을 안겨주더라도 잘 살아갈 수 있게 도와줄 방법은 없을까?

나는 생물학으로 학사 학위를 받은 뒤 케임브리지대학교에서 신경정신의학 박사 과정을 밟았다. 이후 우리는 왜 지금의 우리처럼 생각하고 행동하는지, 그 바탕이 되는 기초적 사실을 이해하려는 연구자들의 대열에 합류했다. 나는 여러 행동 가운데 어디까지가 선천적인지, 우리의 결정이 어디까지 무의식적 수준에서 이루어지는지에 관한 발견들을, 뇌의 성장과 변화 능력에 대한 신경과학의 성과와 함께 하나로 묶어 보고 싶었다. 그 과정은 우리의 행동을 빚고 삶의 결과를 좌우하는 요인들을 조금 더 깊이 이해하게 해준, 매력적인 여정이었다.

타고난 생물학적 운명을 받아들이기

과학은 인간 모두가 신경생물학에 크게 휘둘리고, 어떤 결정이나 행동을 보이기 쉬우며, 특정 질병에 걸리기 쉽다고 주장한다. 대단히 설득력 있다. 한 측면에서 보면 아무리 고유의 복잡성과 가치를 가지고 있다고 하더라도 우리 모두 그저 인간이라는 하나의 동물에 불과하다. 주 목적(이 부분은 뒤에서 살펴보겠다)은 타인들과 상호작용하며 정보를 교환하여 집단의식에 기여하고, 운이 좋다면 자신의 유전 물질을 후대로 전달하는 것이다. 이런 기본 목표를 추진하기 위해 깊은 욕구가 우리 안에서 작동 중이며 이런 욕구들은 대체로 인간의 통제를 벗어나 있다.

심지어는 행동 중에서 좀 더 개성적인 측면이라 생각하는 부분, 직감적으로 느끼기에 분명 선천적이 아닌 후천적인 산물이고, 그래서 의식적 통제 아래 놓여 있다고 생각하는 부분도 사실은 우리가 갖고 태어나 어린 시절을 거치면서 강화된 선천적 요인에 의해 형성된다. 성격, 자기 자신과 세상의 작동 방식에 대한 믿음, 위기에서 반응하는 방식, 사랑, 위험, 부모 역할, 사후세계를 향한 태도 등등 대단히 추상적인 의견과 성격적 특성들은 어느 것이든 뇌가 세상으로부터 받은 정보를 처리하는 방식에 따라 우리 내부 깊숙한 곳에서 빚어진다.

그래서 현재까지의 신경과학 연구를 바탕으로 '자신의 삶을 통제하는 자유로운 주체'라는 개념을 파고들기 시작하면, 자유의지가 생각보다 훨씬 제한적이라는 인상을 받을 수 있다. 어떤 결정이든 더 앞선 원인으로 계속 거슬러 올라가 설명할 수 있을 것만 같아, 마치 운명 지워진 경험의 출발점을 끝없이 추적하는 무한 루프에 빠진 듯한 느낌이 들 수도 있다.

지난 20년 동안 신경과학 분야는 믿기 어려울 정도로 호황을 누렸다. 인간이 새로운 과학 발견의 시대를 살고 있다는 의미다. 아직은 초기 단계에 머물고 있지만 결국은 다윈의 진화 이론이나 양자물리학 법칙의 발전만큼이나 심오한 영향을 미치게 될 것이다.

나는 앞으로 10년 동안 불안증이나 우울증을 안고 사는 사람들을 위한 맞춤형 치료법은 물론이고 내가 예전에 일했던 곳의 정신질환 환자 같은 사람들을 위한 치료법에서도 더 많은 돌파구가 마련되리라 기대한다. 가장 결정론적인 형태의 생물학적 운명의 개념(예를 들면 한 유전자 돌연변이가 파킨슨병의 발달을 지시한다는 등)도 이제 곧 모습을 드러낼 새로운 치료법에 의해 머지않아 뒤집어질 것이다. 이런 치료법을 이용하면 과학자는 유전자 '스위치'를 가볍게 눌러 해당 돌연변이를 끌 수 있게 되거나, 외과 의사가 오류 있는 뇌 회로를 전기의 힘으로 수정할 수 있게 된다.

내가 살아 있는 동안에 중요한 발견이 이루어져 다양하게 응용되고, 여러 가지 부속 효과들을 낳게 될 것이다. 그리고 신념 형성과 편견의 신경생물학에 대해 더 많은 것을 발견하다 보면, 새로운 개념을 더 잘 받아들이는 열린 마음을 고취해 모든 수준에서 갈등을 줄이는 데 큰 효과를 볼지도 모를 일이다.

물론 과정이 간단하지는 않으리라. 선조들은 뉴턴, 다윈, 아인슈타인의 개념을 접하고 뼛속까지 뒤흔들리는 경험을 했다. 그들은 우주적 관점에서 인간의 자리를 재평가해야 했다. 어쩌면 지금 신경과학도 우리에게 그와 비슷한 사상 붕괴의 여정을 시작할 것을 요구하고 있는지도 모른다. 하나의 사회로서 우리는 분명 그 통찰에 담긴 함축적 의미와 윤리에 대해 생각해 보아야 한다. 상대적으로 간단한 한 수준에서 보면 유전 질환을 위한 치료법을 개발해야 하는지, 치료법이 부자들만의 사치가 되지 않게 할 방법이 무엇인지 집단적으로 결정을 내릴 필요가 있다.

하지만 그보다 더 도전적인 질문이 있다. 뇌의 지도가 점점 더 분명해질수록 자유의지가 차지하는 자리가 실제로 줄어들고 있다면, 우리는 이를 어떻게 받아들여야 할까. '생각만큼 내 삶을 통제할 수 없다'는 주장은 위험을 동반한다. 개인의 수준에서 보면, 이런 주장은 마음을 불편하고 불안정하게 한다. 자기 행동이 상황에 아무런 영향도 미치지 못한다고 믿는 사람은 자기 권한이 약해져서 사회적 책임감이 결여된 행동을 보이는 경향이 있다. 모두가 자신의 운명을 통제할 수 있다는 믿음을 포기한다면 사회에 파멸적인 영향을 미칠 수 있다.

신경과학은 개인이 느끼는 정당성과 상호연결성을 약화하지 않으면서도, 입증된 생물학적 영향력을 반영하는 행동 이해의 틀을 제시할 수 있을까? 또, 개인적으로는 우리가 생각만큼 자신의 운명을 통제할 수는 없다 하더라도, 이기주의로 빠져들 필요는 없다는 점을 설득력 있게 뒷받침할 논거를 마련할 수 있을까?

나는 그럴 수 있고, 그렇게 되리라고 믿는다. 새롭게 부상하는 연민의 신경과학(8장에서 자세하게 다루겠다)은 인간이 선천적으로 이기적이라는 관점이 그동안 지나치게 강조되어 왔음을 보여준다. 동시에 인간이 자신의 사회적 상호작용을 소중히 여기며, 그 가치에 따라 이타적으로 행동하려는 성향을 지녔다는 주장 역시 충분히 성립한다.

이 모든 질문의 해답은 아직 유아기에 머물고 있는 과학에 달려 있다. 그러니 당분간은 자유의지가 설령 착각에 불과하더라도, 우리 삶에서 없어서는 안 될 요소로 받아들일 수 있을 것이다. 앞에서 인간은 자신의 마음을 마치 하나의 우주처럼 여기며 그 안에서 살아가고, 스스로 구축한 현실이 착시일지라도 그 밖으로 완전히 벗어날 수는 없다고 했던 대목을 떠올려 보자. 생물학적 결정론의 열렬한 지지자이자, 이론적으로 확고부동하게 자유의지를 부정하는 신경 내분비 학자 로버트 새폴스키는 이렇게 말한다.

> "나는 사실 어떻게 자유의지가 존재하지 않는 것처럼 삶을 살아갈 수 있는지 상상이 가지 않는다. 우리 자신을 생물학의 총합으로 바라보는 일은 절대 가능하지 않을지도 모르겠다."

아직은 자신의 힘에 대해 깊숙이 믿고 있었던 신념을 버릴 필요가 없지만, 신경과학적 지식을 어떻게 적용해야 할지에 대해 토론하려면 그 힘의 한계를 더 충분히 이해할 필요가 있다. NHS 우선순위NHS priorities에서 생명 윤리, 그리고 교육과 공공보건의 미래에 이르기까지 인간 사회는 뇌의 기능에 대해 새롭게 밝혀지는 사실들의 영향 아래서 변화를 겪게 될 것이다.

개인으로서의 우리는 신경생물학이 행동을 어떻게 주도하는지 더 많이 알아갈수록, 실제로 통제할 수 있는 범위를 더 정확히 가늠하고 그에 맞춰 결정을 내리는 데 더 유리한 위치에 설 수 있을 것이다. 3장에서 살펴보겠지만, 일단 뇌 회로가 식욕(음식에 대한 욕구뿐만 아니라 섹스, 주의 등 당신이 댈 수 있는 거의 모든 것에 대한 욕구도)에 어떻게 반응하고, 그 욕구를 어떻게 조절하는지 이해하고 나면, 몸에 좋은 음식을 먹겠다고 선택하는 일이 한결 수월해지는 사람이 많다. 이런 사례는 '뇌가 우리를 끌고 간다'는 사실이 곧 '아무것도 바꿀 수 없다'는 뜻은 아니라는 점을 보여준다. 오히려 뇌의 작동을 이해하는 일은, 우리가 실제로 손댈 수 있는 지점을 더 분명하게 드러내며 선택의 여지를 넓혀 준다.

우리는 이제 인류의 정보처리 시스템이 작동하는 순간을 들여다보며, 그 우아함과 정교함에 감탄할 수 있게 되었다. 뇌과학이 인간을 바라보는 관점을 바꾸고 있다 해도, 인간으로 산다는 사실을 덜 감사하게 느낄 이유는 없다. 오히려 정교하면서도 궁극적으로는 단순한 설계에서 어떻게 그토록 다양한 인간의 행동이 빚어지는지, 한층 더 경탄하며 바라볼 기회를 얻은 셈이다.

이런 경탄스러운 마음을 확장해서 그저 뇌의 놀라운 성취에 그치지 않고 지구에 사는 70억 개의 뇌가 빚어내는 집단의식의 성취로도 넓혀볼 수 있을 것이다. 이 70억 개의 뇌는 다시 각각 860억 개의 뇌세포와 100조 개의 연결이 회로를 이루어 각각의 정신을 만들어내고 있다. 상호 연결된 이 어마어마한 네트워크의 처리 능력은 종 규모의 집단적 경험을 낳고, 그 경험은 지대한 영향을 미칠 진화적 변화를 주도하며, 무한히 다양한 인간의 이야기를 만들어낸다. 우리 모두는 인류의 창의적 발달 과정의 일부가 될 운명을 타고났다.

내가 검사 결과를 묻기 위해 초조한 마음으로 보건소 의사에게 전화를 걸면서 스스로에게 상기시켰듯이 아는 것이 곧 힘이다. 뇌, 몸, 환경이 함께 작동하는 방식을 잘 이해할수록 현재 진행되고 있는 신경과학의 혁명에 더 많이 기여할 수 있다. 이제 처음부터 시작해서 우리가 타고난 뇌를 살펴보고, 평생 그 뇌가 어떻게 발달하는지 살펴볼 때가 되었다.

2장

모든 것은
어린 시절에 시작되었다

성장하는 뇌

✳

운명은 우리 행위의 절반을 지배하고

다른 절반을 우리에게 양보한다.

니콜로 마키아벨리 Niccolò Machiavelli

태어나는 날부터 아기의 뇌는 이미 경이로운 수준에 도달해 있다. 또 그보다 더한 것을 할 수 있는 잠재력으로 끓어오르고 있다. 신생아는 보호자에게 전적으로 의존해야 하는 상황이지만, 그 사람들과 상호작용도 하고 기초적인 소통도 가능하다. 아기는 자신의 환경을 탐험하며 학습할 준비가 되어 있기 때문에 언젠가는 자신에게 필요한 모든 것을 스스로 충족할 수 있다. 아기들은 호기심과 날것 그대로의 감정, 순수한 의지, 깊은 사회적 본능으로 똘똘 뭉쳐져 있다. 또한 처음부터 주변 세상에 대해 더 많은 것을 발견하기 위해 평생의 탐구에 뛰어들 태세를 갖추고 있다.

나도 아이가 있는 덕분에 이 과정을 직접 지켜보며 발달 중인 뇌가 이루어내는 기적 같은 성취를 목격할 수 있었다. 유아의 뇌 영역들이 차츰 더 연결되면서 행동들이 등장하기 시작한다는 설명을 교과서에서 읽는 것과 이런 식으로 내 아들의 의식이 형성되는 것을 직접 지켜보는 것은 아주 차원이 다른 일이었다. 솔직히 고백하자면 아이가 한창 짜증을 부릴 때는, 가끔 아이의 앞이마겉질prefrontal cortex(이마 바로 뒤에 자리 잡고 있는 뇌 영역으로 추론, 계획, 사고의 유연성, 의사 결정 등 고등 집행기능에 관여한다)과 언어 회로를 빨리 키워서 발달 중인 나머지 뇌 영역들과 연결시키고 싶은 마음이 굴뚝같아진다. 이런 연결이 이루어지고 난 다음에야 아이가 감정을 조절하고 자신의 필요를 좀 더 정중히 표현하는 법을 배우기 시작한다는 것을 알기 때문이다. 하지만 대부분의 시간은 아이를 보며 그저 경이로워할 뿐이다. 이 아이는 믿기 어려울 정도로 정교한 기관인 사람의 뇌를 갖고 태어난 또 한 명의 수혜자다.

최근에 방문 간호사가 내 아들의 정기 검진을 위해 찾아왔다가 상기시켜 주었듯이 사람들은 저마다 발달 속도가 다르다. 심지어 갓난아기에서 유아로, 10대에서 성인을 거쳐 그 너머로 나아가는 동안에는 모두가 자신의 모든 경험이 축적되어 정점을 이룬 고유한 존재다.

우리들 각자는 엄청나게 다양한 행동을 보인다. 이것은 대체로 사람 뇌의 복잡성 때문이다. 황홀할 정도로 정교하고 끝없이 변화하는 뇌의 풍경은 무수히 많은 복잡한 감정, 생각, 행동들을 만들어내고, 이 모든 것을 나타낼 잠재력이 있다. 따라서 '전형적이고 평균적인' 인간의 삶을 만들어내는 '전형적인', 혹은 '평균적인' 뇌 같은 것이 존재한다는 주장에는 문제가 있다.

하지만 개성, 인격, 그리고 각자만의 삶의 선택 등이 어떻게 만들어지는지 이해하려면 먼저 반복되는 패턴을 찾아내서 일반화하는 과정부터 시작해야 한다. 방대한 연구 내용을 이용해 뇌의 구조와 기능이 평생에 걸쳐 일반적으로 어떻게 변해가는지 알아볼 테지만, 이런 변화들 모두 특정한 환경에 따라 빚어지는 것임을 기억하는 것이 중요하다.

우리가 물려받은 고유한 유전적 자산과 그 앞에 놓인 가족과 사회라는 맥락이 함께 작용하여, 각자에게 미묘하게 다른 뇌의 변화가 일어난다. 표준의 발달단계로부터 수십억 개의 고유한 뇌, 그리고 모든 사람의 인생 이야기를 뒷받침할 토대가 생겨난다.

이 장에서는 뇌가 어떻게 기능하고 어떻게 학습하는지, 그런 과정들이 어떻게 '자아'라 여기는 것을 만들어내는지 자세히 살펴보겠다. 아기들이 어떻게 자기의 모든 변덕을 확실하게 충족시키는지, 왜 걸음마 단계의 아기는 짜증을 부려 사람을 미치게 하는지 살펴 볼 것이다. 짜증을 잘 견디는 청소년과 충동적인 청소년을 비교해 보고, 경험과 지식이 쌓일수록 나이 든 사람의 뇌에서 어떤 특성이 나타나는지, 또 그 이유가 무엇인지 살펴보겠다. 나아가 노인이 한편으로는 지혜로워지면서도 다른 한편으로는 왜 마음이 닫히기 쉬운지, 그 신경학적 기반을 탐구해 볼 것이다. 또한 사람의 뇌가 나이가 들면서 허약해지기 쉬운 이유를 고려하고, 최대한 오랫동안 뇌의 능력을 유지하기 위해 할 수 있는 것이 무엇인지 알아볼 것이다.

이번 장에서는 가족이라는 맥락 안에서, 행동이 발달하는 과정에서 선천적 요소와 환경적 요인이 끝없이 복잡하게 상호작용하는 양상을 함께 살펴볼 것이다. 이런 원리들을 이해하고 나면, 우리가 무엇을 먹고 누구와 섹스하는지부터 어떤 신념을 갖게 되는지까지, 특정 행동의 맥락에서 우리의 선택이 미리 결정되어 있는지 따져볼 준비를 마치게 된다.

갓 태어난 아기의 뇌를 살펴보는 것에서 시작해 보자. 전통적으로 대부분의 인생 이야기는 이렇게 시작하니까 말이다. 다만 우화에 나오는 한 가지 예외가 있다. 영국의 소설가 로렌스 스턴의 소설에 나오는 트리스트럼 샌디다. 그의 이야기는 그가 잉태되던 날부터 시작되기 때문에 태어날 때까지 이야기가 몇 페이지 더 진행된다. 물론 생물학적으로 보면 이렇게 시작되는 것이 더 정확하다. 한 사람의 이야기는 태어나기 한참 전부터 시작되기 때문이다. 아기의 뇌는 진화압에서 유전학, 엄마가 먹는 음식, 심지어 친할아버지가 먹었던 음식에 이르기까지 온갖 것들의 영향을 받으면서 임신 기간 열 달 동안 계속 발달하고 있었기 때문이다. 그러나 우리는 아이가 태어날 때 이미 갖고 있는 뇌가 어떤 상태인지, 그리고 그 뒤에 어떤 일이 벌어지는지에 대해 생각해 보자.

아이의 처음 몇 년이 그 아이의 인생에 큰 영향을 미친다는 것은 모두 알고 있을 것이다. 이때는 인지 기능이 폭발적으로 발달하는, 믿기 어려울 정도로 역동적인 시기다. 심리학에서 언어학에 이르기까지 여러 학문 분야의 전문가들이 내놓은 수십 년 치의 연구를 보면, 이른 아동기의 환경 및 경험의 영향은 좋은 것이든 나쁜 것이든 평생 지속되는 효과를 낳을 수 있음을 보여준다. 이것을 설명해 줄 타당한 해부학적 이유가 존재한다. 뇌 정보처리의 기본 구성요소인 뉴런, 즉 신경세포는 아기가 엄마 배 속에 있는 동안에 주로 만들어지지만 모든 뉴런을 연결하는 복잡한 과정은 대략 처음 3년 동안에 일어나기 때문이다.

열 달을 다 채우고 태어난 아기의 뇌 부피는 성인 뇌의 25퍼센트 정도에 불과하지만 성인과 비슷한 수의 뉴런이 들어 있다. 만 3세가 될 즈음에 아기의 뇌는 평균적으로 성인 뇌의 80퍼센트 정도 크기로 발달한다. 각각의 신경세포들도 부피가 커져 있고, 가지를 뻗으면서 다른 세포들과 광범위하고 정교한 연결을 개시한다.

현미경으로 보면 마치 나무의 몸통에서 뻗어 나온 가지처럼 보이는 이 연결 구조물을 분지arborization라고 부르고, 이것과 그 다음 뉴런 사이에 존재하는 간극을 시냅스synapse라고 한다. 분지의 한 특별한 종류인 축삭돌기말단axonal ending은 신경전달 물질을 만들어낸다.

신경전달 물질은 정보를 담고 있는 전기신호를 한 세포에서 또 다른 세포로 시냅스를 가로질러 운반하는 역할을 한다. 생후 처음 3년 동안에는 시냅스들이 인생의 어느 시기보다도 **빠른 속도**로 형성되어 정신의 회로판인 커넥톰connectome의 토대를 만들어낸다. 이 회로판은 외부 세계에서 온 정보를 처리하는 방식을 결정하고 행동 반응을 빚어낸다. 인생 초기에 뇌를 다듬는 과정은 말 그대로 그 아이가 어른이 되었을 때 세상을 어떻게 바라보고 세상과 어떻게 상호작용할지를 결정하게 된다. 그러니 뇌의 시대에 들어서 부모들의 염려가 폭발적으로 늘어난 것도 놀랄 일이 아니다.

날 때부터 운명이 정해진다?

타고난 성격과 환경 사이에 이루어지는 상호작용이 얼마나 예민하게 일어나는지를 초기의 발달 과정처럼 잘 요약해서 보여주는 것은 없다. 아기는 태어날 때부터 이미 어느 정도 고도로 복잡한 회로를 장착하고 나오지만, 초기 환경이 커넥톰의 발달에 미치는 영향도 독특한 중요성을 띠고 있다. 대부분의 사람은 아기를 완전한 백지, 순수한 잠재력 그 자체로 바라보지만 사실 그리 간단하지가 않다.

한 사람의 일생에서 성격 형성기가 뇌의 발달에 미치는 영향을 탐구하기 위해 빅토리아 레옹 박사를 만났다. 그는 케임브리지대학교에서 아기의 LINCLearning through Interpersonal Neural Communication(대인 신경정보 소통을 통한 학습) 실험실을 이끌고 있다. 나는 특히나 아기의 선천적인 뇌 기능과 이른 초민감기 동안의 환경 입력의 영향 사이의 상호작용에 대해 알고 싶었다.

빅토리아는 유아가 어떻게 발달하는지에 관해 거의 10년 동안 연구를 해왔고, 이 중요한 초기 시절에 아이를 어떻게 해야 잘 키울지 걱정한 적이 있는 부모들(분명 세상 모든 부모가 해당하는 말일 것이다)에게 지혜와 안심의 샘물이 되어주고 있다. 나는 그녀에게 물어볼 것이 매우 많았지만 가장 먼저 확인하고 싶은 것은 따로 있었다. 엄마 배 속에서 갓 나온 아이가 어떤 기술과 능력을 이미 갖추고 있는지, 그 모습을 좀 더 분명하게 보는 일이었다.

신생아는 이미 사회적 교류 능력과 큰 호기심을 갖고 태어나는 것으로 밝혀졌다. 사회적 유대를 형성하고 세상을 탐험하려는 욕구는 양쪽 모두 번식, 친구 만들기, 사회집단 정의하기 등의 기본적인 것에서 신념 체계의 발달에 이르기까지 성인의 온갖 행동과 밀접하게 연관되어 있다. 이런 것들이 태어나기도 전에 이미 우리에게 주어지는 것이다.

빅토리아는 이렇게 말했다.

"갓 태어난 아기의 전형적인 행동을 관찰해 보면 온통 보호자와의 거리를 가깝게 유지하기 위한 것들입니다. 빨기반사sucking reflex와 움켜잡기반사grasping reflex는 유대감을 촉진해 주죠. 아기들은 자신의 사회적 환경으로부터 학습하려는 욕구도 가지고 태어납니다. 이를테면 상대방의 눈을 똑바로 쳐다보고, 얼굴을 바라보고, 다른 사람이 혀를 내밀면 자기도 혀를 내밀어 흉내 내려고 하는 등의 방식으로 타인의 관심을 끌고, 타인을 이해하고 싶어 합니다. 아기들은 성인과의 상호작용을 지속시킬 가능성이 높은 방식으로 행동합니다. 마치 그런 행동 뒤에 자리 잡고 있는 사회적 과정을 이해하려 노력하는 것처럼 보여요."

물론 이 행동에는 명확한 이득이 뒤따른다. 다소 임상적인 관점에서 살펴보면 이런 사회적 기술은 보호자를 매혹해 아기의 모든 필요를 충족시키는 역할에 붙잡아두는 데 도움이 된다. 신생아가 사회적으로 행동하는 데 열의를 보이는 이유를 이해할 만하다. 그래야 자신을 더 사랑스러운 존재로 만들어 중요한 첫 성장기에 살아남는 데 필요한 도움을 확보할 수 있기 때문이다. 그동안 나머지 신경계에서는 배선wiring up이 이루어진다.

아기와 어린아이들의 발달 과정에서 나타나는 거대한 도약은, 바로 기존의 뇌 구조물에서 일어나는 이 '배선' 때문이다. 뇌의 서로 다른 영역들은 각기 다른 기술을 학습하는 특별히 민감한 시기가 따로 있다. 이때는 새로운 배선이 대단히 신속하게 이루어진다. 경험을 통해 어느 회로를 유지하고 지울지 지시함에 따라 '가지치기pruning'도 적은 양이나마 동시에 일어난다. 어른의 눈에는 마치 하룻밤 사이에 갑자기 처음 보는 새로운 행동이 등장하는 것처럼 느껴질 수 있다. 신경로가 이어지고, 가지치기가 되면서 새로운 행동이 뚝딱 생겨난다는 식의 간단한 이야기는 절대 아니다. 하지만 아이가 무언가를 처음으로 하는 것을 지켜보면서 하룻밤 사이에 몰라보게 컸다고 표현하는 것도 일리가 있다. 나는 뇌의 해부학적 변화가 행동을 뒷받침하고 가능하게 만드는 과정에 초점을 맞추기 위해 빅토리아에게 그녀의 전공인 언어 습득의 핵심을 전반적으로 설명해달라고 부탁했다.

빅토리아는 언어 습득과 청각기관의 상관관계를 연구한다. 이 둘은 서로 긴밀하게 연관되어 있으며, 발달 과정을 보면 아기들이 어떻게 자신의 특정 환경에 맞게 미세하게 조정된 선천적 기술을 갖고 태어나는지 알 수 있다. 청력에 장애가 없는 아기들은 모두 성숙한 달팽이관을 갖고 태어나기 때문에 음의 높이와 크기를 평가할 수 있다. 또한 모든 언어를 아우르는 세계 시민으로 태어나므로 전 세계 어떤 언어에서 사용되는 음소라도 듣고 그 차이를 구분할 수 있다. 하지만 모국어에 지속적으로 노출되면서 자신의 환경에서 나타나지 않는 음소를 듣는 능력을 상실하게 된다. 효율성 추구라는 이유로, 아기의 뇌는 자기와 직접 관련이 있는 말소리에 맞추어진다. 배경 잡음을 걸러내고 언어학적으로 중요한 내용에만 초점을 맞출 수 있는 이런 능력이 없다면 먼저 말을 이해하고 이어서 말을 하는 방법을 배우기는 불가능했을 것이다.

빅토리아는 이렇게 설명했다.

"예를 들어서 열 달 된 미국 아기를 검사한다면, 그 아기의 귀에는 힌두어에서만 사용되는 음소의 차이는 더 이상 들리지 않을 겁니다. '지각 동조perceptual tuning'라는 것의 일부죠. 이것을 하려면 뇌의 변화가 있어야 합니다. 귀 가까이 자리 잡고 있는 뇌 영역인 청각겉질auditory cortex이 성숙하려면 시간이 필요합니다. 이곳의 신경회로는 환경적 경험을 바탕으로 연결되고 개선되죠. 이 과정은 대략 생후 첫 1년 동안에 일어납니다."

무언가에 정기적으로 노출되는 경험은, 뇌가 정보에서 중요하다고 여기는 측면만 걸러내어 받아들이고 나머지는 버리도록 길들임으로써 우리의 지각을 조정한다. 시간이 지나면서 세상을 감각하는 방식을 형성할 뿐만 아니라 세상과 상호작용하는 방식도 지시한다. 언어 습득은 분명 환경으로부터의 입력에 좌우되지만, 가장 단순한 행동조차 신경생물학과 생활 경험 사이의 대단히 복잡한 상호작용에서 상호작용에서 비롯된다.

아이는 밝은 햇빛이 직접 눈으로 들어오면 불편한 느낌이 든다는 것을 알게 된다. 반복적인 노출을 통해 그 불편함이 광원 때문이라고 연관 짓는 법을 배운다. 그러면 문제 해결에 사용되는 앞이마겉질, 기억을 저장하는 해마hippocampus, 동작을 만들어내는 운동겉질motor cortex 등 뇌 전체에 걸쳐져 있는 신경회로를 동원해서 거기에 반응하게 될 것이다. 뇌의 이 모든 활동 덕분에 아이는 빛을 피해 몸을 옆으로 굴릴 수 있다. 아니면 팔 근육에 신경을 따라 전기신호를 보내서 손으로 이불을 잡아 눈 위로 덮으라고 지시할 수도 있다. 아이가 조금 더 나이가 들었다면 광원을 피해 움직일 수도 있고, 햇빛 차단용 모자가 어디 있는지를 기억해서 찾아 쓰거나, 어른을 불러서 커튼을 닫았으면 좋겠다는 자신의 바람을 말할 수도 있다.

아이가 어떤 해결책을 택하든, 기존의 경험과 관찰이 몸과 뇌속 신경 영역의 배선을 촉진해서 이런 일이 대단히 복잡하면서도 우아한 과정을 통해 일어날 수 있게 한다.

아기의 뇌는 항상 바쁘게 활동한다. 증가한 신체 능력에서 새로운 사회적 기술에 이르기까지 아기가 부지런한 활동으로 생산하는 결과물들이 잇따라 대거 등장한다. 발달 과정에서 중요한 단계에 도달하는 순서를 설명하는 전형적인 발달 모형이 존재하기는 하지만, 개인별로 상당한 차이가 있다. 일반적으로는 어떤 특정 행동을 만들어내는 데 관여하는 뇌 영역의 숫자가 많아질수록 행동도 더 복잡해지고, 그 행동의 등장에서 변이가 나타날 여지도 더 많아진다.

습득의 어려움을 기준으로 생각하면 감정 통제가 배우기 복잡한 행동이라는 점은 자명하다. 걸음마기 아기가 짜증을 부리는 것은 거의 피치 못할 부분이다. 아이가 좌절, 질투, 분노 같은 강렬한 감정을 통제하기 위해서는 감정의 발생에 관여하는 뇌 영역으로부터 정보를 통합해야 한다. 자신의 감정을 정확히 표현하고 타인의 감정을 고려해서 이 모든 정보에 긍정적으로 반응하기 위해서는, 언어와 추론 능력이 필요하다. 이것은 약 만 3세를 기준으로 전후 몇 달 정도부터 일어나기 시작하며 능숙해지는 데 어느 정도 시간이 걸린다. 그때까지는 이질적인 뇌 영역들이 서로 완전히 연결되지 않으므로 아이가 짜증을 내며 폭발하는 것을 어쩔 수 없는 현실로 받아들일 수밖에 없다. 일단 신경회로의 배선이 이루어지고 뇌 영역들이 서로 접촉하게 되더라도 아이가 감정을 제대로 조절할 수 있을 정도로 그 회로들이 경험을 통해 강화되려면 더 긴 시간이 걸린다.

이 과정은 학습, 그리고 그와 관련된 생물학적 메커니즘에 관해 중요한 사실을 말해준다. 그리고 이 원리는 평생 그대로 적용된다. 새로운 기술을 연습하거나 무언가를 반복적으로 자각할수록 그것을 뒷받침하는 신경 연결이 강화되면서 학습이 기억으로 응고된다. 기억을 되풀이해서 끄집어내면 그 기억은 뇌 속 전기 신호의 기본 설정 경로가 된다. 이렇게 해서 학습된 행동이 습관으로 자리 잡는다. 사용되지 않는 신경 연결은 결국 가지치기를 통해 소실된다.

신경세포들 사이의 연결은 대부분 전기신호에 반응해 모양을 바꾸는 '가지돌기가시dendritic spine'라는 극소의 구조물에서 일어난다. 학습이 됨에 따라 가지돌기가시는 이웃의 활발한 신경세포와 접촉하기 위해 가지를 뻗는다. 가지돌기가시가 부풀어 오르다 결국 두 개의 딸가지daughter spine로 쪼개지면서 회로 연결이 두 배로 늘어난다. 각각의 신경세포는 이런 과정을 통해 1만 개까지 다른 신경세포와 연결되고, 전체적으로 대략 100조 개 정도의 연결이 만들어진다. 이를 통틀어 커넥톰이라고 부른다.

이렇듯 뇌가 자기만의 커넥톰을 창조하여 각자가 자기만의 독특한 인생을 살 수 있는 것은 환경으로부터 신호를 받아들이고, 다른 사람들의 행동을 관찰하고, 반응 속에서 패턴을 찾아내는 점진적인 과정 덕분이다.

지금은 보호자가 이런 신경세포 연결 과정을 긍정적인 방향으로 촉진해 아이가 인생에서 좋은 출발점에 설 수 있도록 도울 방법이 있는지 밝혀내고자, 신경과학 연구가 우후죽순처럼 쏟아져 나오고 있다. 그리고 그 연구 결과는 과학적이고 공감 어린 조언에서부터 아무 도움도 안 되는 조언에 이르기까지 육아에 관한 온갖 조언으로 번져 간다. 처음으로 엄마가 된 나는 신경과학 분야에서 박사 학위까지 받았음에도 해당 주제에 관한 모든 문헌을 다 찾아 읽어 보려니 엄두가 나지 않았다. 결국 겉으로만 그럴싸한 신참 부모의 불안을 이용해 먹는 내용을 구별하려는 노력을 포기하고, 그냥 본능에 의지하기 시작했다. 그래도 뒤돌아 생각해 보면 아무래도 다른 방식으로 아이를 키워야 했던 게 아닐까 불안해진다.

살짝 두려움을 느끼며 빅토리아에게 그녀의 연구에서 아기의 뇌 배선이 최선의 방식으로 이루어지도록 부모가 취할 수 있는 구체적인 행동이 밝혀진 바가 없는지 물어보았다. 그녀는 자신의 전문 분야에 초점을 맞추며, 아기를 말speech에 노출시키는 양과 질이 중요하다고 했다. 그녀의 일반적 조언은 간단했다. 아기에게 최대한 많이 말을 걸라는 것이다. 그러면 아이가 학습할 수 있는 자료가 더 많아진다. 이것이 양적인 측면이다.

질적인 측면으로 넘어오면, 굳이 아기의 침대 머리맡에서 셰익스피어 책을 큰 소리로 읽어줄 필요는 없다. 오히려 그 반대다. 보호자들은 문화적, 언어적 맥락이 모두 달라도 아기에게 말을 걸 때만큼은 '엄마말투motherese'를 사용하도록 선천적으로 각인이 되어 있는 듯 보인다. 엄마말투란 부모들이 아이에게 말을 걸 때 살짝 높은 음조로 달래는 듯 내는 단조로운 소리를 말한다. 아기는 이런 소리에 특히나 관심을 나타낸다. 이런 현상은 50년도 더 된 실험을 통해 확인되었다.

아빠보다는 엄마에게 더 두드러지기는 했지만(이는 아주 최근까지도 여성이 자기 아이나 다른 사람의 아이를 돌보는 1차 보호자였다는 사실이 반영된 것일 수도 있다), 아기의 1차 보호자는 자발적으로 이런 말투를 사용했다. 전문용어로는 이런 말투를 '아기 대상 발성법

infant-directed speech'이라고 하는데, 언어 습득뿐만 아니라 아이가 관심을 기울이고 감정을 조절하는 능력도 키워주는 것으로 보인다. 본질적으로 언어는 걸음마기 아기에게 스스로를 달래고 표현하는 방법을 학습하는 데 필요한 도구를 부여하는 것이다.

빅토리아는 아기와 보호자 사이의 직접적인 시선 접촉이 엄청나게 긍정적인 효과가 있음을 입증한 자신의 연구에 대해 말해주었다. 시선 접촉은 아기와 보호자 사이의 뇌파 동기화를 강화하고 아기의 소통 노력을 자극한다. 아기에게 말을 하면서 똑바로 쳐다보면 학습 속도가 빨라진다.

빅토리아는 아기와 부모 실험 참가자에게 뇌파 검사 모자를 씌워서 이를 발견했다. 이 모자에는 뇌의 전기 활성을 포착하는 수백 개의 전극이 설치되어 있다. 이것을 이용하면 과학자는 서로 소통하며 생각과 감정을 만들어내고 운동을 지시하는 신경세포들이 방출하는 뇌파를 읽을 수 있다. 빅토리아와 연구진은 부모와 아기가 서로 다른 방식으로 상호작용하는 동안에 뇌의 전기적 활성을 측정해 보았다.

이때 뉴런들은 특정 시간에 흥분하면서 활성의 진동과 함께 작동한다. 이미지가 비디오카메라처럼 지속적으로 흘러들어오는 것처럼 시각을 경험하지만, 사실 눈은 스냅사진을 찍고 있다. 그러면 뇌가 이 표본을 가공해서 세상에 대한 매끄러운 지각을 만들어내는 것이다. 아기와 말하면서 눈을 바라보는 것만으로도 뇌파 패턴 동기화에 도움을 주어 아기와 부모가 비슷한 방식으로 정보를 걸러내고, 세상을 바라보게 할 수 있다. 빅토리아의 연구는 아기의 언어 습득에 대한 고취 효과가 상당하다는 것을 입증했다.

사람들 사이의 뇌파 동기화는 나중에 커서도 활용이 가능하다. 성인이 되어 새로운 언어를 습득할 때는 원어민과 직접적인 시선 접촉이 중요할 역할을 할 수 있다. 외국어 발음에 대한 민감성을 다시 여는 메커니즘으로 보인다. 흥미롭게도 TV를 통한 목표어target language 노출만으로는 충분하지 못하다. 이러한 차이를 만들어내는 것은 동기화된 뇌파의 실시간 피드백 루프다. 이런 발견은 학습에 상당히 중요한 의미가 있으며, 점점 더 디지털화되어가는 세상에서는 더욱 그렇다. 이 영향력은 언어 습득에만 국한되지 않는다. 성인들이 합창할 때나 집단 안에서 토론을 할 때 시선을 접촉하면서 하면 응집력이 대단히 향상된다.

빅토리아와 인터뷰를 하고 온 날 저녁에 나는 아들과 함께하는 시간을 내려고 노력했다. 우리는 TV를 끄고 공원으로 나갔다. 내가 부자연스러울 정도로 아들과 직접 시선을 맞추려고 했었나 보다. 아들이 그렇게 빤히 쳐다보지 말라고 정중하게 요청했다.

빅토리아의 연구는 다른 많은 연구와 함께 인생 초기의 경험이 한 개인이 세상을 바라보고, 듣고, 지각하는 방식을 어떻게 빚어내는지 보여주는 증거를 보태주었다. 또 행동과 관련해서도 큰 암시를 주었다. 인생 후기에도 뇌의 회로판을 바꿀 수 있는 여지는 있지만 더 큰 노력이 필요하다. 비슷한 유전자를 가지고 있고, 자신의 초기 시절 경험을 바탕으로 세상을 경험하게 될 부모(친부모라는 가정하에)에 의해 아동의 초기 환경이 좌우된다는 점을 고려하면, 행동이 어떻게 세대를 가로질러 영속화될 수 있는지 이해할 수 있다. 자기만의 성격이라 생각했던 부분도 이미 여러 해 전에 통제할 수 없는 요인들에 의해 이중으로 결정되어 있었던 것이다.

성격의 신경과학은 새로운 분야이지만 아주 놀라운 기세로 인상적인 결과를 만들어내고 있다. 2018년에 나온 한 흥미로운 연구는 성격 형성과 관련된 고전적 행동심리학 검사 중 하나가 틀렸음을 밝혀내 주목받았다. 바로 '마시멜로 검사marshmallow test'다. 이 검사는 이제 거의 상식으로 자리 잡혀 있고, 이 내용이 인용된 육아 서적만 해도 수십 권이 넘을 것이다.

1960년대에 스탠퍼드대학교에서는 아이의 성취 궤적을 어린 나이 때부터 예측할 수 있을지 알아보기 위해 일련의 연구를 진행했다. 연구자들은 특히나 만족 지연delayed gratification에 관심이 많았다. 만 네 살 반 정도의 아동 600명에게 마시멜로 하나를 그 자리에서 바로 받을 것인지, 아니면 15분을 기다렸다가 두 개를 받을지 선택하게 했다. 그리고 그 후에 20년 정도를 추적 연구해 보았더니 즉각적인 만족을 지연할 수 있었던 아동은 유혹에 굴복한 아동에 비해 지적 특성도 우수하고, 성취한 것도 더 많았다. 어린 나이에 충동이나 식욕에 의한 행동을 인지적으로 통제할 수 있는 능력은 그 아동의 인생이 어떻게 펼쳐질지 말해주는 예측변수로 기능하는 듯 보였다.

뉴욕대학교와 캘리포니아대학교의 신경과학 연구진은 이 연구 결과를 재현할 수 있을지 확인하는 일에 착수했다. 그 결과 일단 부모나 1차 보호자의 사회경제적 배경이나 교육 수준을 감안하고 나면, 만 4세의 충동적인 아동과 의지가 강한 아동 사이에 나타났던 성취의 차이가 아동이 만 15세가 되면 대체로 사라진다는 것을 발견했다. 만 4세 때의 행동과는 상관없이 만 15세가 되면 부유한 전문직 가족 출신의 아동들이 그렇지 않은 배경을 가진 또래보다 일반적으로 성취도가 높은 것으로 나왔다.

스탠퍼드대학교의 연구자들은 실험을 설계할 때 이런 부분을 요인으로 고려하지 않고 누락했던 것으로 보인다. 이 새로운 연구 결과는 직관적으로도 말이 된다. 결핍된 환경에서 자라다 보면 장기적 보상보다는 단기적 보상을 선택하는 쪽으로 기울게 된다. 첫 번째 나온 마시멜로가 언제든 사라질 수 있다고 믿는 아동에게는 두 번째 마시멜로가 그다지 중요하게 다가오지 않는다. 부모가 돈이 없어서 약속을 항상 지키지 못하는 경우나 형제가 자기 것을 훔쳐 가는 경우에는 즉각적인 만족을 선택하는 것이 완벽하게 합리적인 전략이다.

나는 이것이 교훈적인 이야기라 생각한다. 분야가 무엇이든 모든 과학 연구의 결론은 잠정적이며 그 연구를 진행한 사람의 제약과 인지적 편향에 좌우된다.

성격의 등장에 대해 다루는 또 다른 신경과학적 연구를 살펴보자. 이 연구를 고려할 때는 마시멜로 검사의 교훈을 명심해야 할 것이다. 다만 이 논문이 서로 다른 수많은 연구에서 나온 막대한 양의 데이터를 검토하고 있는 것을 보면, 분명 능동적으로 고려한 것으로 보인다. 이 논문은 2005년에 위스콘신대학교의 압살롬 카스피, 일리노이대학교의 브렌트 로버츠, 콜케이트대학교의 레베카 샤이너가 발표했다. 이 연구는 성격적 특성이 평생에 걸쳐 꽤 안정적으로 유지되기 때문에 평균적으로 보면 걸음마기 아기, 심지어 그보다 더 어린 아기의 성격만 봐도 그 아이가 나중에 어른이 되었을 때의 성격을 알 수 있다고 주장한다.

성격적 특성은 흔히 '5대 성격적 특성The Big Five'을 이용해 평가한다.

외향성/긍정적 정서extraversion/positive emotionality

신경증/부정적정서neuroticism/negative emotionality

성실성/억제conscientiousness/constraint

친화성agreeableness

경험에 대한 개방성openness-to-experience

시나리오를 둘러싼 아기의 반응을 평가하고, 아이들의 기질에 대한 일반적인 기준치를 어디로 잡을지 결정하는 데는 분명 어려움이 따른다. 연구에서 저자들은 다음과 같이 결론을 내리면서 복잡성을 인정하고 있다.

"인생 과정 전반에 걸쳐 기질과 성격 구조를 자세히 밝히는 데는 내재적인 어려움이 존재함에도 불구하고 연구자들은 아동과 성인 모두에게 나타나는 개인적 차이에 정교한 분류 체계를 만들어내는 데 상당한 진척을 거두었다. … 행동유전학 연구를 통해 유전적 요인이 성격적 특성에 상당한 영향을 미친다는 신뢰할 만한 증거들이 점점 더 많아졌다."

그렇다면 태어나기도 전에 아기를 검사해 보는 것만으로도, 그 아이의 장래 성격과 기질을 예측하는 데 도움이 될까?

복잡한 조건, 특성, 행동과 관련된 유전자를 확인하는 일은 대단히 어렵다. 뒤에서도 보겠지만, 다양하지만 미치는 영향력은 작은 다중의 유전자들이 관여되어 있기 때문이다. 외향성을 결정하는 유전자는 '이것이다'라고 말할 수 있을 만큼 단순하지가 않다. 하지만 이 리뷰 논문이 주장하는 대로 우리가 이해하는 성격적 특성이 평생 꽤 안정적으로 유지된다면, 이는 자신을 이해하는 데 잠재적으로 대단히 소중한 자료가 되어준다. 특히나 자신의 진로나 친구 집단에서 취미, 선호하는 휴가지에 이르기까지 훗날 인생에서 무언가 결정을 내릴 때 우리의 성격이 그 토대가 된다는 관점을 정당화할 수 있기 때문이다.

자신의 성격에 대한 고정관념에 집착하게 될 위험은 항상 존재한다. 특정 상황이 낳은 산물이거나 순전한 착각에 불과할지도 모를 자기인식 속에 스스로를 가둘 위험이 있기 때문이다. 다음에서 확인할 테지만, 예를 들어 10대 청소년에게 보이는 충동적이고 무모한 행동은, 개인의 성격에 의한 것이라기보다는 뇌 발달 단계에서 고유하게 일어나는 특성인 경우가 많다. 하지만 성격은 인생 초기에 등장하기 시작해서 안정적으로 유지되고, 삶의 궤적을 빚어내는 중요한 도구로 작용하는 것으로 보이는 경우가 점점 많아지고 있다.

● 어른들과는 다른 10대의 뇌

시간을 몇 년 빨리감기 해서 유아기에 대한 생각에서 청소년기에 대한 생각으로 옮겨가 보자.

영국 코미디언 해리 엔필드의 악명 높은 토막극 〈케빈 더 틴에이저Kevin the Teenager〉를 기억하는 사람이 있을 것이다. 그 토막극에선 시계가 자정을 알리면서 케빈이 만 13세가 되는데, 그 자리에서 바로 정상적인 대화도 할 수 없고, 부모님이 하는 모든 것에 어색해하는, 감정의 기복이 심한 10대 청소년이 된다. 10대에 대한 이런 고정관념은 너무도 익숙하게 느껴지지만, 케빈의 행동 중에서 청소년 뇌의 생물학 때문인 부분은 얼마나 되고 사회적 압력 때문인 부분은 얼마나 될까? 감정 기복이 심한 10대 청소년은 문화의 구성물, 응석을 받아주는 청소년기가 길어진 현대의 개인주의 사회가 만들어낸 산물일까?

대답은 '아니요'인 것 같다. 경험적으로 볼 때 청소년기는 새로움과 감각을 추구하는 행동, 더 극단적인 위험 감수, 자기 몰두, 또래 압력에 대한 민감성 등과 연관이 있다. 이런 특성은 모든 시간과 문화에 걸쳐 관찰된다. 소크라테스는 그 시절의 젊은이들을 깎아내리며 이렇게 말했다.

> "요즘 아이들은 사치를 좋아한다. 이들은 행실도 나쁘고, 권위를 무시하고, 어른들을 존경하지 않는다."

루소는 전형적인 10대의 나르시시즘을 이렇게 표현했다.

> "열여섯 살이 되면 청소년은 고통이 무엇인지 안다. 그 자신도 고통을 받아왔기 때문이다. 하지만 다른 사람들 역시 고통을 받고 있다는 것은 거의 알지 못한다."

이처럼 '10대'란 단어가 만들어진 것은 1950년대의 일이었지만 청소년기 행동의 특별함에 대해서는 수천 년 동안 회자되었다. 케빈의 선배들이 무척 많은 것이다.

사실 그가 보여준 특성들은 다른 종에서도 관찰이 가능하다. 10대 청소년기에 해당하는 생쥐와 쥐들은 어른 쥐들보다 한 자리에서 더 많은 양의 알코올을 마신다. 또래들이 함께 있으면 나이와 관련된 차이점이 더 두드러지게 나타난다. 도대체 무슨 말인가 싶겠지만 제대로 읽은 것이 맞다. 10대 설치류들 역시 패거리로

몰려다니며 함께 술을 마신다. 알코올은 10대 인간처럼 10대 설치류의 쾌락회로에도 강력하게 작용하며, 설치류도 사람처럼 또래 압력에 대단히 예민하다.

뒤에서 살펴보겠지만 청소년의 신경생물학은 전형적인 10대의 행동을 결정하는 절대적 열쇠이며, 아기의 초기 시절에 일어나는 일만큼이나 흥미진진하고 역동적이다. 발달 과정과 호르몬의 영향력이 서로 공모해 뇌와 육체 양쪽 모두에 영향을 미치고, 그 결과 충동성, 또래 압력에 대한 민감성, 극심한 자의식 등이 생겨난다.

청소년기에 큰 변화를 거치는 뇌 영역 중 하나는 이마 바로 뒤에 자리 잡고 있는 앞이마겉질이다. 이 영역은 의사 결정, 미래 계획, 부적절한 행동의 억제, 불필요한 위험 감수 행동의 예방, 타인을 이해하기 등 소위 사회인지social cognition와 자기인식self-awareness 등을 비롯한 수많은 고등 인지 기능에 관여한다. 그래서 상당히 중요한 뇌 영역이고, 그와 관련된 행동의 목록을 보면 청소년기 행동에서 이 영역이 맡는 역할이 대단히 중요할 가능성이 높다.

청소년기가 시작될 즈음 뇌는 이미 자신의 네트워크 안에 잘 확립된 신경 고속도로가 가동 중이지만, 추가로 계속해서 연결을 만들어가는 것과 동시에 잘 사용하지 않는 신경로를 더 많이 가지치기하기 시작한다. 가지치기는 평생에 걸쳐 일어나는데 빅토리아가 언어 습득과 관련해서 언급했던 지각 조정의 밑바탕이다. 다만 이것이 일어나는 속도가 청소년기에 더 가속되는 것으로 보인다.

10대의 앞이마겉질은 시냅스 가지치기가 대량으로 일어나는 장소다. 이 뇌 영역은 그동안 배워 온 내용을 가다듬는 한편, 과거의 경험을 바탕으로 새로운 토대를 구축해 나가기 시작하기 때문이다. 대단히 역동적인 이 시기에는 앞이마겉질에서 정보가 처리되는 방식과 보상회로를 비롯한 다른 심부 영역의 정보처리 방식 사이에 불일치가 발생한다는 주장도 있다. 그 결과로 청소년은 즉각적인 만족과 보상에 대단히 예민해지지만, 충동조절 능력과 의사 결정 능력은 아직 완전히 발달하지 않은 상태가 된다. 평균적으로 10대들은 안전책을 강구하지 않고 즉각적인 황홀감을 좇아 행동할 가능성이 크다.

청소년의 뇌 발달에서 중요한 측면이 한 가지 더 있다. 10대 시절에는 뇌의 회백질이 줄어든다. 앞이마겉질에서는 무려 17퍼센트나 줄어든다. 회백질은 중추신경계에서 핵심적인 부분이다. 시냅스 접합이 일어나는 대량의 수상돌기 가지와 신경세포의 세포체, 그리고 거기에 동반되는 지지세포들이 자리 잡고 있는 곳으로, 우리 뇌의 대부분을 형성하며 척수를 타고 아래로도 이어진다. 이렇게 중요한 영역이 17퍼센트나 줄어든다고 하니 큰일 나는 것처럼 들리지만 사실은 이런 손실을 대체할 무언가가 일어나고 있다.

이 손실을 잉여 시냅스의 가지치기만으로는 설명할 수는 없다. 회백질의 일부는 백질의 확장으로 대체된다. 백질은 신경세포의 긴 회색 실린더 모양 구조물인 축삭돌기 둘레를 감싸서 코팅하고 있는 지방을 일컫는 이름이다. 이 코팅은 축삭돌기의 절연을 도와주어 전기신호가 뉴런에서 뉴런으로 더 빠르고 온전하게 전달될 수 있게 해준다.

10대의 뇌 발달 과정에 일어나는 다양한 과정들이 모두 합쳐져서 청소년 커넥톰의 개선을 도와, 자잘한 수많은 가지로 구성되어 있던 시스템을 그보다 숫자는 적지만 고속의 신경로를 갖춘 시스템으로 업그레이드해 준다. 본질적으로 보면 이 중요한 시기가 끝날 즈음에는(청소년기가 20대 중반까지 이어진다는 데 동의하는 전문가들이 많아지고 있다) 외부 세계로부터 들어온 정보를 빠른 속도로 처리할 수 있게 되기 때문에, 축적된 경험을 바탕으로 결정을 신속하게 내릴 수 있다.

유니버시티칼리지 런던의 인지신경과학 교수 사라-제인 블랙모어는 이런 뇌 변화와 10대의 행동 사이의 상관관계를 연구하는 전 세계적으로 저명한 전문가 중 한 명이다. 나는 10년 전에 사라-제인을 처음으로 만났다. 그 시간 동안 그녀는 신경과학의 새로운 분야에서 발명을 거듭었다. 청소년기가 어째서 아동기와 다르고 성인기와도 다른, 별개의 뇌 발달 단계에 해당하는지 연구한 것이다. 그녀도 10대 자녀들을 키우고 있기 때문에 어느 모로 보나 10대에 대한 경험이 풍부하다.

사라-제인은 10대 청소년을 악마로 묘사해서는 안 된다고 단호하게 말한다. 그녀는 청소년의 뇌는 성인의 뇌에 기능 이상이나 결함이 생긴 것이 아니라고 주장한다. 청소년의 뇌는 범주 자체가 다르다. 10대들은 다른 시기와 분명하게 구분되는 별도의 형성기를 지나고 있다. 이 시기에는 신경로가 잘 변하고 열정과 창의력이 고조된다.

그렇다고 10대들이 가족으로부터 거리를 두고, 무모해지고, 또래 압력에 민감해지는 등 흔히 관찰되는 여러 가지 행동에 잠재적 문제점이 없다는 말을 하려는 것은 아니다. 사라-제인의 연구는 이런 일이 일어나는 데 그럴 만한 이유가 있음을 입증하는 데 도움을 주었다. 이는 결국 더욱 독립적인 정체성을 수립하고 가족이라는 맥락에서 벗어나 기능하는 법을 배워야 한다는 필요성으로 귀결된다. 10대가 된다는 것이 때로는 고통스러울 때도 있지만 사실 필수적인 학습 시기다.

신경과학자들은 10대가 친구들과 함께 있을 때는 더 무모하게 운전하는 이유를 조사하고, 10대의 부모들을 가장 걱정시키는 두 가지 문제가 만나는 지점도 연구했다. 바로 어리석은 위험을 감수하는 성향과 또래의 영향력에 좌우되는 성향이다. 사라-제인은 연구과학자다운 절제된 표현으로 이렇게 말했다.

"청소년이 무언가 결정을 내릴 때는, 또래에게 사회적으로 인정받아야 한다는 필요성이 핵심적인 역할을 합니다."

그녀는 청소년의 뇌는 성인에 비해 사회적 배제에 극도로 민감해서, 또래로부터 무시를 당하고 나면 심한 불안과 처진 기분을 경험한다는 것을 보여주는 실험들을 진행했다. 10대들이 또래 집단에 거부당하는 것을 걱정하는 것은 잘못된 것이 아니다. 나이와 상관없이 우정은 모두의 행복에서 핵심적인 측면이기 때문이다. 적절한 집단이 형성되면 우정은 앞으로 다가올 역경으로부터 우리를 보호해 줄 수 있다.

그래서 또래에 초점을 맞추는 10대에게는 사회적 뇌를 발달시켜야 할 필요가 한층 더 두드러진다. 10대들이 위험을 객관적으로 평가하는 능력이 형편없다는 것은 의심의 여지가 없지만(믿을 만한 통계적 증거를 제시하면 대다수의 성인은 흔들리는 데 반해 10대들은 그런 경우에도 자신의 평가에 대해 놀라울 정도로 요지부동이다), 사라-제인은 위험을 감수하는 것이 항상 나쁘기만 한 것은 아니라고 지적한다. 이는 경험과 학습, 개인적 발전으로 이어질 수 있다. 그리고 재미있기도 하다.

청소년기는 자의식이 가장 강하고 또래 압력에도 가장 민감한 시기일지 모른다. 하지만 모두 고유의 정체성을 구축해 가는 과정의 일부분이고, 이것이 10대 시절의 핵심 과제다.

이런 일이 어떻게 일어나는지 조사하기 위해 사라-제인의 연구진은 실험을 진행해 보았다. 이 실험에서 연구진은 10대 청소년과 성인에게 자신의 미래를 상상하고 논의해 보라고 요청했다. 양쪽 집단 모두 이 과제를 하는 동안 소위 사회적 뇌 회로가 활성화되며 불이 들어왔다. 그런데 10대의 뇌는 안쪽앞이마겉질medial prefrontal cortex이 특히나 활성화된 반면, 성인의 뇌는 기억과 더 관련이 많은 다른 영역이 활성화되었다.

사라-제인은 이것이 청소년과 성인이 자신에 대해 생각할 때 다른 인지 전략을 사용한다는 사실을 지적하는 것이라 믿는다. 청소년들은 미래의 자신에 대해 생각하는 데 정신을 집중해야 하고, 그러기 위해서는 자신을 또래와 비교해 보아야 하는 것으로 보인다. 반면 성인은 자신에 대해 생각하는 것이 자동화되어 있기 때문에 의식적 사고에 덜 의존한다. 성인은 저장된 기억과 경험이 풍부하므로 미래를 계획하거나 사회적인 상황에서 어떻게 반응할지 결정할 때 손쉽게 자원을 활용할 수 있다.

성인들에게 어떻게 행동할지 지침서 역할을 해주는 기억들을 만들어내려면 당연히 그런 경험들을 직접 해보아야 한다. 직계 가족이 아닌 외부 사람들과 접촉하면 신선한 전망과 아이디어들이 10대의 뇌에 영향을 미칠 수 있다. 10대의 뇌는 바로 이런 점을 용이하게 해주는, 감정적으로 더 원시적이고 감각 추구적인 뇌 영역을 진화시켰다. 10대가 충동적으로 새로움을 추구하는 것은 본질적으로 경험의 레퍼토리를 더 크게 구축하기 위함이다. 이런 경험들은 자기만의 고유한 방식으로 앞이마겉질을 다듬는 데 도움을 주고, 이를 통해 미래의 의사 결정 과정과 사고 과정이 정해진다. 한편으로 10대들은 자신의 개인적 보상체계 선호도와 맞아떨어지는 우정 집단을 구축하려고 시도한다. 아주 피곤한 일로 여겨질지도 모르겠다. 실제로 정말 피곤한 일이다. 10대들을 아침에 깨우기 쉽지 않은 것도 어찌 보면 당연하다.

사라-제인은 교육과 사회복지 제도 정책 입안자들과 함께 일하면서 자신의 연구 결과와 이 새로운 분야의 다른 연구자들의 연구 결과를 학교와 사회복지 시설의 실무로 옮기는 일을 거들고 있다. 청소년기는 아동의 초기 시절과 마찬가지로 인지가 역동적으로 발달하는 시기이므로 개인의 인생 결과에 영향을 줄 기회가 추가로 열린다. 게다가 청소년은 18개월 아기와 달리 언어적으로나 사회적으로 적극적인 참가가 가능하다는 이점이 있다. 사라-제인은 이렇게 말했다.

"다 컸을 때보다는 아이가 아주 어릴 때 개입하는 것이 더 가치 있고 효율적이라는, 널리 퍼진 가정에 의문을 제기해 보아야 합니다. 물론 어린 시절에 개입하는 것이 대단히 중요하기는 하지만, 그때 기회를 놓쳤으면 청소년기에 추가적으로 지원해 주어도 늦지 않아요."

상을 받기도 했던 사라-제인의 책, 『나를 발견하는 뇌과학』을 몰입해서 읽다 보니 한 가지 깨달을 수 있었다. 10대가 생물학적으로 찾아오는 뇌와 몸의 거친 변화들을 헤쳐 나가도록 돕는 데 부모가 할 수 있는 가장 좋은 일은, 그들에게 훌륭한 모범이 되어 주고 스스로의 나쁜 습관을 고쳐 가면서 아이들의 운명이 펼쳐지는 과정을 차분히 지켜보는 것이다. 그 외에도 아이들이 긍정적이고 활동적인 또래들에 둘러싸여 새롭고도 안전한 경험과 활동에 많이 노출되게 해준다면 자기가 좋아하는 일이 무엇인지 실험하고 발견할 수 있어 더욱 도움이 될 것이다.

10대의 부모가 되면, 아이가 진정한 자아를 찾기 위해 가족의 영향력으로부터 벗어나려 한다는 것을 받아들여야 한다. 그래서 나는 그저 사라-제인의 현명한 말이, 내가 그 혼돈의 시기를 유머감각을 잃지 않고 제정신으로 견딜 수 있게 도와주기를 바랄 뿐이다.

● 늙어가는 것이 아니라 깊어지는 것이다

사람이 20대 말이나 30대 초반이 될 즈음이면 앞이마겉질이 커넥톰으로 완전히 통합되어 들어간 지 꽤 되었을 시기다. 시냅스 형성synaptogenesis(아동의 이른 시기 동안에 급속도로 진행되는 시냅스 형성)과 시냅스 가지치기라는 쌍둥이 발전소도 진정되어 간다. 그 후로 10년 동안 많은 사람이 뇌와 몸 모두에서 신체적으로 정점에 도달하게 된다. 이때는 우리의 삶에서 가장 바쁘고 가장 결실이 많은 시기가 될 수 있다. 또한 사회적, 성적, 지적 삶 모두에서 경험이 빠른 속도로 축적된다. 이 시점을 지나면 이 모든 것이 되돌릴 수 없이 기울기 시작한다. 아니, 누군가가 그렇게 믿게 만들었다.

삶에서 그렇듯, 신경생물학에서도 나이가 들면서 약해지는 기능이 있는 만큼 보완되는 측면도 나타난다. 만 35세가 지난 사람들은 반응 속도 같은 저수준 인지 기능과 즉석 추론 같은 여러 가지 고수준 인지 기능이 느려질 수 있지만, 또 다른 인지 기능은 평생 계속해서 발달한다. '결정화된 능력crystallized ability'은 폭넓은 어휘, 세상에 대한 지식 같은 것들을 포함하며, 나이가 들수록 더 나아진다. 인간의 뇌는 지혜를 만들어낸다. 성인, 특히 노인들이 이용할 수 있는 경험과 기억을 축적하도록 만들어져 있다.

하지만 지혜의 신경과학이 일부 노인을 바라보는 정반대 관점과 양립할 수 있을지 의문이 들었다. 어떤 노인을 보면 융통성이라고는 없이 경직되고 편협해 보이는데 말이다. 새로운 개념을 받아들이는 능력이 없는 데도 분명 신경학적 기반이 있을 것이다. 또한 노인의 뇌 프로필 중 어느 쪽을 취하게 될지 결정하는 것은 무엇일지 궁금해졌다. 나는 지혜로운 노인이 될 운명일까? 빅터 멜드류(영국 코미디물 〈원 풋 인더 그레이브One Foot in the Grave〉의 등장인물—옮긴이)처럼 외고집 꼰대가 될 운명일까?

나는 케임브리지대학교의 또 다른 교수를 만나기 위해 자전거에 올라타고 강을 따라 상류로 페달을 밟았다. 그리고 영국 의학 연구위원회의 인지 및 뇌과학부에 있는 사무실에서 로지어 키빗을 만났다. 로지어는 전형적인 네덜란드 사람이라는 표현이 딱 맞다. 언제나 웃는 얼굴에 젊고 건강해 보인다. 그의 전문 분야는 뇌의 노화다. 나는 노인에게서 보이는 지혜와 경직성의 신경학적 기반에 대해 그에게 물어보고 싶었다.

나는 로지어와 그의 아내 앤-로라와 알고 지내왔다. 앤-로라도 한동안은 수상 경력이 있는 신경과학자로 일했다. 이 부부는 내 아이와 비슷한 나이의 자녀를 하나 두고 있다. 우리는 자주 얼굴을 보는데, 지나가는 얘기로 연구에 대해 대화해본 적은 있어도 그의 연구가 지니고 있는 함축적 의미를 구체적으로 물어본 것은 이번이 처음이었다. 내가 점점 굳어만 가는 내 뇌의 운명이 걱정되기 시작한 모양이라며 그가 나를 바로 놀리기 시작했다. 그러고는 지혜와 경직된 사고를 정반대의 것으로 생각할 게 아니라 본질적으로는 같은 것이라 생각할 수 있다고 지적했다. '경직성'을 '전문성'이라고 새로 프레임을 잡고 생각해 보면 노인의 뇌가 자기가 이미 시도해 보아 신뢰할 수 있는 인지 전략을 고수하는 것이 어째서 승리 전략이 되는지 이해할 수 있다. 노인은 평생 수십 가지 영역에서 전문성을 쌓아왔고, 이런 것들이 하나로 모여 결국 지혜가 된다. 그는 이렇게 말했다.

"당신이 프로 테니스 선수라고 해봅시다. 특정한 방식으로 공을 치는 법을 배워서 승리를 거두면 그 방식을 계속 이어가게 됩니다. 이때, 이 테니스 선수를 자기만의 방식에 갇혀 있다고 말할 수도 있지만, 전문성을 축적함으로써 기술을 연마하여 거의 아무런 노력을 들이지 않고도 놀라울 정도로 수준 높은 경기를 할 수 있는 경지에 이르렀다고도 말할 수 있죠. 노인들이 새로운 환경에 적응을 어려워하는 것은 사실이지만 지혜가 축적되는 데 따르는 동전의 이면이라 할 수 있죠."

따라서 지혜란 평생의 학습에 따라오는 보상 같은 것이며, 이것은 노인들이 새로운 경험과 정보를 추구하는 10대들보다 동기

부여가 떨어지는 점을 보상해 준다. 노인들은 그저 동기가 10대들만큼 간절하지 않은 것뿐이다. 하지만 더 이상 새로운 나라를 탐험하고 싶거나 베이스 기타 치는 법을 배우고 싶지 않더라도, 죽는 날까지 새로운 정보를 습득해서 저장할 기본적인 신경해부학적 능력은 모두에게 필요하다. 뇌가 이런 일을 해내는 정확한 분자적 과정은 이제야 이해되고 있다.

로지어의 연구는 성인 실험 대상자가 학습 과제를 진행하는 동안 뇌에서 일어나는 변화를 관찰한다. 그가 말하기를, 뇌도 훈련을 하면 근육처럼 실제로 부피가 늘어난다고 한다. 뉴런이 가지를 뻗으려면 물리적 공간이 필요하다. 하지만 당신이 무언가 새로운 것을 학습할 때마다 뇌가 커질 수는 없는 노릇이다. 머리뼈 안의 공간은 한정되어 있기 때문이다. 그렇다면 어떻게 될까? 로지어의 말에 따르면 초기 학습 과정 동안만 뇌가 커진다고 한다. 일단 기술을 습득하고 나면 회로를 새로 정리해서 핵심적인 신경로만 남기기 때문에 뇌의 부피가 다시 줄어든다. 뇌가 최대 효율로 신경의 역량을 증대할 수 있도록 스스로를 바꿔 가는 가소성이 작동하고 있는 것이다.

이런 현상이 그동안 관찰되기는 했지만 뇌가 이런 일을 하는 정확한 메커니즘은 아주 근래에 들어서야 밝혀졌다.

매사추세츠 공과대학의 므리강카 수르는 뉴런들 사이의 연결이 일단 어느 단계까지 강화되면 이웃한 연결을 녹이는 유전자 스위치가 켜진다는 것을 밝혀냈다. 뇌는 이런 식으로 자신의 회로를 최적화하여 효율성을 유지한다. 뇌는 나이가 들어갈수록 이미 시도를 통해 검증된 신경로에 더욱 의존하게 된다.

유입되는 새로운 정보를 처리해 이 세상과 그 안에서 자신의 위치에 관한 자기만의 독특한 관점을 만들어내는 지극히 중요한 문제에서도 나이 든 뇌는 젊은 뇌와 다르게 행동한다. 나이 든 뇌는 귀, 눈, 기타 감각기관을 통해 유입되는 새로운 정보보다는 기존의 경험과 예상을 더 중시한다. 이미 축적된 정보에 기대는 방식은 충분히 합리적이다. 외부 세상으로부터 정보를 수집하는 시스템들은 어느 시점에 가서는 망가지기 시작할 것이다. 뇌는 이미 경험을 구축하고, 기억을 저장하고, 정신적 전략을 검증하고 연마하는 데 엄청난 인지 에너지를 소비한 상태다. 나이 든 뇌는 새로운 경험이나 지식보다는 과거의 것에 더 가치를 부여함으로써 효율적으로 작동한다.

나는 이런 변화가 뇌 기능이 전체적으로 하락하는 데서 오는 결과일 뿐이라고 생각했는데 로지어와 대화를 나누고 나니 안심이 되었다. 노화에는 불가피하게 불편한 면이 따라오지만, 그 안에는 지혜와 전문성 같은 긍정적인 측면도 함께한다는 것을 알게 되었기 때문이다. 덕분에 나는 나이가 들면 성격 고약하고 생각이 편협한 노인이 될 수밖에 없다는 걱정을 덜 수 있었다.

게다가 로지어가 강조하려고 애썼던 것처럼, 기억 감퇴나 흐릿한 사고처럼 뇌가 노화하면서 생기는 짜증 나는 결과들은 개인별로 큰 차이가 있다. 신경과학은 노화가 뇌에 미치는 영향에 대해 점점 더 많은 것을 밝혀내고 있고, 치매에 대한 이해도 이미 상당한 진척을 이루었다.

치매는 비만과 마찬가지로 현대 생활의 골칫거리 중 하나다. 치매는 보통 점진적으로 진행되어 시간이 갈수록 심각해지다가 결국에는 말기에 이르게 된다. 매해 전 세계적으로 770만 명의 사람이 치매에 걸리는 것으로 추정된다. 치매에 걸리면 기억도 파괴되고, 독립적인 삶을 영위할 능력이 사라지며, 그 사람의 성격과 역사도 침해되기 때문에 정말 파괴적이다. 낮은 비율이지만 일부 사례에는 유전적인 요소가 작용하고 있기 때문에 영국 NHS에서는 고위험군 가족에게는 유전자 검사를 시행하고 있다. 연구에 따르면 비만, 신체 활동 부족, 우울증, 사회적 접촉 결여, 흡연, 교육의 조기 박탈 등의 생활양식도 치매의 기여 인자가 될 수 있다는 암시가 있다. 어느 경우이든 치매의 파괴적인 증상을 야기하는 메커니즘은 신경세포들이 죽는 것이다. 세포가 죽는 이유가 뉴런의 돌기를 엉키게 하고 뉴런 세포체 안에 폐색을 일으키는 단백질의 비정상적인 응집에 의한 것이든, 뇌로 가는 혈류의 제한 때문에 생긴 것이든 말이다.

1990년대 말까지는 뇌에 이런 뉴런에 대한 맹공에 맞서 싸울 무기가 사실상 없는 것이나 다름없다고 믿었다. 그러다 믿기 어려운 발견이 이루어졌다. 러스티 게이지 교수가 이끄는 캘리포니아 솔크대학교의 연구자들이 신체 활동이 뇌에 새로운 세포의 탄생을 유도한다는 것을 밝혀낸 것이다. 그때까지만 해도 사람은 태어날 때 자기가 평생 사용할 뉴런을 모두 갖고 태어난다는 것이 통념이었다. 이는 치매, 혹은 뇌의 모든 파괴적인 질병은 사실상 회피할 수 없는 느린 사망선고라는 의미였다.

하지만 성인의 뇌에는 신경세포의 작은 전구세포인 신경줄기세포가 존재한다. 이 세포는 뇌의 중심부 깊숙한 곳에 자리 잡고 있는 해마 영역에서 발견된다. 해마는 학습과 기억에서 핵심적인 영역이다.

초기에 생쥐를 대상으로 진행된 일련의 환상적인 실험을 통해 운동이 신경발생neurogenesis이라는 과정을 통해 이 줄기세포들로 하여금 완전한 뉴런으로 발달하도록 유도한다는 것이 입증되었다. 더 믿기 어려운 것은 신체 활동과 겸해서 새로운 환경을 탐험하고 다른 개인들과 상호작용을 하면, 새로 형성된 뉴런들이 기존의 회로에 온전히 통합되어 잘 살아가는 데 도움이 된다는 것이다. 사실상 운동이 새로운 신경망과 새로운 사고방식을 구축하는 메커니즘을 제공해 준 셈이다.

사람들은 이 전례가 없던 발견이 갖는 함축적 의미를 즉각적으로 알아차렸다. 이후 추가 연구를 통해 이 내용을 사람에게도 적용할 수 있다는 암시가 나왔다. 지금은 이것이 사실임을 입증하는 강력한 증거들이 축적되어 있다.

최근에 이루어진 한 연구 결과는 인간에게 신경발생이 성인기 어디까지 일어나는가에 대해 의문을 제기하고 있다. 더 많은 연구를 통해 이런 현상이 어떤 상황에서 일어나는지 더 정확하게 알 수 있겠지만, 나는 지금으로서는 몸을 열심히 움직임으로써 내 뇌를 다시 젊게 만들 수 있다는 믿음에서 위안을 찾고 있다.

운동은 스트레스 호르몬인 코르티솔 수치를 낮추어 기존의 신경망을 보호하는 데 확실히 도움을 준다. 코르티솔 수치가 오랫동안 높은 상태로 유지되면 세포 연결이 죽기 때문이다. 운동은 엔도르핀, 도파민, 세로토닌을 비롯한 뇌 화학물질의 생산도 증가시켜 준다. 기쁨, 보상, 동기부여 등의 느낌 및 정신건강 개선과 관련된 중요한 신경전달 물질이다. 기본적으로 운동은 천연의 항우울제 역할을 한다. 나를 비롯해 나이를 먹고 있는 거의 모든 신경과학자들이 달리기를 하는 이유도 이것으로 설명할 수 있다.

근래에는 노년기까지도 뇌 기능을 건강하게 유지할 수 있다는 연구 결과가 잇따라 나오며 희망적인 전망이 힘을 얻고 있다. 로지어와 대화를 나누는 동안 그는 막스플랑크 인간개발연구소의 상무이사 울만 린덴버거가 이끄는 베를린의 7개 기관 연구자들이 발표한 논문을 강조했다. 이 연구는 300명이 넘는 노인들의 전체적인 건강을 20년 간격을 두고 검사해서 비교했다. 절반은 1990~1993년 사이에, 나머지는 2013~2014년 사이에 검사했다. 분석 대상이 된 사람들은 연구자들이 생각할 수 있는 모든 기준(나이, 성별, 교육 수준, 사는 곳, 신체적 건강)에서 서로 엇비슷하게 맞추어놓았는데도 그 차이가 대단히 현저했다. 지금의 노인들이 기억력도 훨씬 좋고, 더 행복했으며, 삶의 의욕도 더 높았다. 로지어는 교육과 공중보건의 수준이 느리지만 꾸준히 개선됨에 따라 노인들이 더 행복하고 건강해진 것이라 해석했다. 이는 노년기의 인지 변화 속도가 고정불변이 아님을 보여주고 있다. 로지어는 이렇게 강조했다.

"바꿔 말해서 두 세대 사이에 의미 있는 유전적 변화가 없었음을 고려하면, 이런 큰 개선이 이루어진 것은 전적으로 환경적 요인 때문일 가능성이 높습니다."

나는 의학연구위원회 건물을 떠나기 전에, 일반 대중의 자연적인 노화 과정을 연구하는 데 자신의 경력을 쏟아온 로지어에게 본인은 뇌를 이런 효과로부터 보호하기 위해 무엇을 하는지 물어보았다. 그의 생각을 바탕으로 나이가 드는 동안 뇌의 회복력을 키우기 위해 모두가 할 수 있는 것들을 목록으로 작성해 보았다. 신경과학에서 얻은 지식으로 자신의 운명을 극복하려 한다는 것에서 유쾌한 아이러니를 느끼지 않을 수 없다. 뇌를 보호하는 팁 중에 으뜸은 놀랍게도 다음과 같다.

1. 신체 활동을 활발히 하라. 꼭 달리기가 아니어도 상관없다. 걷기, 수영, 자전거 등의 저강도 운동을 일주일에 3번 30분 정도만 해주면 뇌와 몸에 아주 좋다. 당신의 몸집이 어떻고, 시간표가 어떻든 나가서 몸을 굴려라. 이것은 잠재적으로 신경발생도 증가시켜 주지만, 뇌혈관의 건강도 지켜준다.

2. 잠을 잘 자라. 잠이 뉴런 간의 연결을 응고시켜 새로운 지식

을 저장기억으로 바꿔주는 등 일련의 신경 과정을 가능하게 한다는 증거가 쌓이고 있다. 잠은 또한 면역계에서 낮 동안 뇌에서 만들어진 독소들을 청소할 기회를 주어, 독소가 축적돼 뉴런을 죽일 가능성도 낮춰준다.

3. 사회 활동을 활발히 유지하라. 친구, 가족과 시간을 보내고, 이야기를 나누고, 다른 사람들로부터 배우면서 그들의 관점과 개념을 이해하는 것이 뇌의 기능을 역동적으로 유지하는 데 도움을 주고, 건강과 행복도 증진시켜 준다.

4. 식생활을 점검하라. 심혈관 건강에 좋지 않은 음식(동물성 지방, 가공식품, 과도한 설탕)은 인지 건강에도 좋지 않다. 일반적인 규칙은 심장과 뇌를 같은 것으로 생각하고 둘 모두에 좋은 것을 먹으라는 것이다. 이렇게 하면 뉴런들을 질식사하게 만드는 미세뇌졸중으로부터 보호할 수 있다.

5. 공부를 계속하라. 인생의 이른 시기부터 공부를 하면 나중에 나이 들어서 인지 기능의 감소를 막는 데 도움이 된다. 연구에 따르면 교육을 받는 시간이 길어질수록 뇌도 더 건강하게 나이가 들 가능성이 높다. 꼭 정식 교육이 아니라도 종류에 상관없이 평생 학습은 뇌의 건강을 유지하는 훌륭한 전략이다.

6. 긍정적인 마음을 유지하라. 자기 기억력이 나쁘다고 믿으면 기억력이 더 빨리 감퇴한다. 사람들의 이름을 기억하지 못할까 봐, 길을 못 찾을까 봐 걱정돼 새로운 사회 활동을 피하기 시작하면 기능 감퇴 속도가 더 빨라질 수 있다. 일반적으로 정신건강이 좋으면 인지 건강도 좋다. 기분이 우울하면 운동을 하려는 동기도, 운동을 통한 즐거움도 찾기 어려워지고, 자신을 돌보거나 사람들을 만나러 나다니기도 힘들어진다. 매일 밤, 잠자리에 들기 전에 감사의 일기를 쓰면 아침에 일어날 때 더욱 동기 부여된 기분을 느낄 수 있고, 그 전날에 경험했던 모험을 다시 시도하거나 새로운 모험을 추구하고 싶은 열망이 생긴다.

로지어와의 대화로 오후를 보내고 나니 그곳에 도착했을 때와는 마음가짐이 달라졌다. 노화의 신경과학은 파멸적이고 암울한 그림을 그리기보다는 오히려 긍정적인 마음을 갖게 해준다. 신경과학 분야에서는 신경발생이나 신경로 개선을 발견하는 등의 혁명적 돌파구에 자극받아 수십 년간 이루어진 연구가 새로운 치료법의 개발로 이어지고 있다. 또한 신경과학 분야에서 개인적으로 취할 수 있는 조치들은 자신의 삶에 입증 가능한 이로운 효과를 나타내고 있다.

이 장에서는 인간이 살아가는 동안 뇌가 거쳐 가리라 예상할 수 있는 변화들을 살펴보고, 개인의 성격적 특성과 기질이 얼마나 안정적인가에 대해서도 언급했다. 개인에 대해 더욱 엄격한 예측이 가능해짐에 따라 가까운 미래에 더 많은 돌파구가 마련될 것이다. 현재 이와 관련해 수많은 프로젝트가 진행 중이다.

예를 들면 엄마 배 속에 있는 아기의 뇌를 비교적 고해상도로 비침습적non-invasively으로 스캔할 수 있는 기술 같은 것이 있다. 이 기술을 이용하면 과학자들은 아직 태어나지도 않은 아기의 뇌 회로 연결이 보이는 안정상태 패턴을 관찰할 수 있고, 평균적으로 아기의 커넥톰이 다른 사람보다는 엄마의 커넥톰과 더 유사하다는 사실도 확인할 수 있다.

개별 유전자의 유전되는 성질에 대한 이해를 그 유전자가 뇌 회로 지도에 미치는 영향으로 확장할 필요가 있어 보인다. 과학자들은 머지않아 한 개인을 태어나기 전부터 죽는 날까지 추적할 수 있게 될 것이다. 그러면 발달하는 뇌 회로의 지도를 만들어 그 사람의 행동 및 인생 궤적과 비교해 볼 수 있을 것이다.

이 주제가 갖고 있는 함축에 대해서는 뒤에서 생체지표, 유전자 진단, 뇌 스캔, 뇌전도EEG, electroencephalogram 판독 등이 개인의 삶을 더 확실하게 예측하는 데 어떻게 도움이 되는지 살펴보면서 더욱 깊이 탐구해 보겠다. 머지않아 우리는 청소년기에 위험하고 충동적으로 행동할 가능성이 높은 사람, 혹은 중독성 습관이 생길 성향이 큰 사람을 확인할 수 있게 될 것이다. 또한, 역경에 직면했을 때 나타나는 회복력과 관련된 요소에 대해서도 더 많이 알게 될 것이고, 어째서 어떤 사람은 정신적 기민함과 집중력을 유지하면서 100살이 넘도록 잘 사는지에 대해서도 이해하게 될 것이다.

이제 우리는 인생의 여러 단계에 걸친 신경생물학을 더 잘 이해하게 되었으니, 인간의 기본 행동 중 하나인 '먹는 행동'이 뇌에서 어떻게 만들어지는지 살펴볼 차례다. 다만 뇌에 관한 한 '기본'이라는 말이 결코 단순함을 뜻하는 것은 아니다. 무엇을 먹을지 선택하는 방식과 관련해서도 분명 단순한 것은 없다.

3장

우리는 왜 먹는 문제에서 늘 실패하는가

식욕과 뇌

✳

사람들은 행복과 불행이 모두 운명에 달렸다고 생각한다.

그러나 운명은 우리에게 그 기회와 재료와 씨를 제공할 따름이다.

미셸 드 몽테뉴 Michel de Montaigne

먹지 않고 사는 사람은 없지만 무엇을 먹을지는 지극히 개인적인 영역이다. 음식 선택은 감정, 정체성, 건강하고자 하는 열망, 가끔은 닥치는 대로 먹고 싶은 모순되는 갈망과 연관되어 있다. 많은 사람에게 음식은 아주 복잡한 대상이 되었다. 음식은 크나큰 즐거움을 주기도 하지만, 큰 불안을 안겨주기도 한다. 음식을 두고 벌이는 행동에 대해 신경과학으로 알 수 있는 것은 무엇일까? 자기 입으로 들어가는 것을 어느 정도까지 자유롭고 의식적으로 선택할 수 있을까?

이 장에서는 뇌가 자신의 행동을 어떻게 빚어내는지 알아낸 내용을 바탕으로, 무엇을 먹을지를 어떻게 결정하는지 살펴볼 것이다. 예를 들어 케일과 도넛 중 무엇을 먹을 것이냐는 문제가 닥쳤을 때, 선천적인 선호도와 자유로운 선택 사이에 어떤 상호작용이 일어나는지 알아본다. 그러면 이런 게 모두, 어쩌다 좋아하게 된 음식은 무엇이고 참을 수 있는 음식은 무엇인가의 문제라는 생각이 깨질 것이다. 가장 보편적인, 이 먹는 행동조차 매력적일 정도로 복잡하며, 생각보다 자유로운 선택의 문제가 아니라는 주장을 펼쳐 보일 것이다. 또한 인간이 어째서 특정 음식들을 못 견딜 정도로 맛있다고 생각하게 진화했는지 조사해 볼 것이다. 물론 먹고 마시는 것은 사는 데 근본적인 부분이지만, 그저 욕망 자체 때문에 먹고 마시고 싶은 동기가 생기기도 한다. 우리의 뇌는 보상을 주는 활동과 맛을 추구하려는 본능 때문에 더 많은 것을 향해 굶주려 있다. 따라서 식욕의 충족으로부터 어떻게 쾌락을 이끌어내는지 이해하기 위해 보상체계reward system에 대해 구체적으로 살펴보겠다.

음식의 선택에 관한 행동은 사람마다 큰 차이가 있다. 무엇을 먹을지 선택하는 문제는 대단히 개인적이다. 결국 취향의 문제라 생각하기 쉽다. 물론 맞는 얘기다. 하지만 결코 그것만으로는 전체적인 그림을 설명할 수 없다. 사람은 일반적으로 짭짤한 음식, 지방이 많은 음식, 당분이 많은 음식을 좋아한다. 이런 고칼로리 음식이 눈앞에 있을 때, 너무 많이 먹으면 건강에 좋지 않다는 것을 알면서도 도저히 참을 수 없는 경우가 많다.

전체 인구 집단 수준에서 보면 인간은 케일보다는 도넛에 먼저 손이 가도록 타고났다. 개인의 수준에서 봐도 당신의 음식 선호도는 그저 주변 음식에 노출되면서 학습을 통해 좋아하게 된 음식이 무엇이냐는 문제가 아니다. 당신의 음식 선택, 유혹에 저항하는 의지력은 외부의 영향력에 크게 좌우된다. 식품 제조업체와 소매업자들은 이를 아주 교묘하게 이용한다. 슈퍼마켓에서 입구에 구수한 빵 굽는 냄새를 피워 유혹하는 술수에 당해본 이들이 많으리라. 쇼핑을 하면서 슈퍼마켓의 계략에 넘어가지 않으려고 발동하는 식욕과 싸워본 경험이 있을 것이다.

음식과 관련된 결정에는 여러 가지 메커니즘과 영향력이 기여한다. 그중 상당수는 명확하게 드러나지 않는다. 어떤 것은 예일대학교 심리학 교수이며 무의식에 관한 저명한 전문가인 존 바그가 '숨겨진 과거'라고 부르는 깊은 우물 속에 묻혀 있다. 예를 들어 당신이 태어나기 수십 년 전 당신의 친할아버지가 어떤 음식을 좋아했는지가 오늘날 당신의 음식 선택에 영향을 미친다는 것을 알고 나면 놀라지 않을 수 없다.

이 영역에서는 수많은 연구가 진행 중이다. 그도 그럴 것이, 현시대의 공공의료 부분에서 가장 긴급한 위기가 바로 유행병처럼 번지고 있는 '비만'이니 말이다. 전문가들의 경고에 따르면 2025년이면 전 세계 인구 중 대략 5분의 1 정도가 임상적 비만이 된다. 이것이 큰 문제인 이유를 여기서 일일이 나열하지는 않겠다. 그저 임상적 비만으로 진단이 나오면 수명이 평균 10년 정도 짧아진다는 정도로만 말해두자.

보통 음식 선택이 의식적으로 이루어지며, 무엇을 먹을지에 관해 '좋은' 결정을 내리지 못한다면 그 책임은 본인에게 있다고 믿는 경향이 있다. 비만인 사람을 향한 태도도 점점 비판적으로 변하고 있다. 살이 찐 사람은 게으르고, 탐욕스럽고, 의지력이 약한 사람으로 비친다. 그리고 이것을 단순한 산수의 문제로 치부해 버린다. 그저 음식을 덜 먹고 몸을 더 움직이면 해결될 일이라고 말이다.

이것이 어째서 지나치게 단순화된 관점인지 신경과학을 통해 알 수 있다. 최근 뇌 영상 기술이 발전하면서 뇌에서 식욕이 어떻게 형성되고 조절되는지에 관한 지식에 돌파구가 마련됐다. 과거에는 신경과학 분야에서 지식의 도약은 대부분 정상적인 뇌가 뇌졸중이나 심각한 뇌 손상 등의 질병에 의해 일탈하면서 생기는 비정상적인 행동을 연구하면서 이루어졌다. 하지만 이제는 살아 있는 포유류가 일상적인 일을 수행하고 있는 동안에 그 건강한 뇌를 직접 연구할 수 있게 됐다. 이는 내 뇌와 내 60킬로그램짜리 몸에서 무슨 일이 일어나고 있길래 점심식사로 몸에 좋은 샐러드 대신 맛있는 파이를 주문하게 되었는지 이해할 수 있게 되었다는 의미다.

이 연구를 통해 나온 결과는 한 종의 수준에서 보나, 개인의 수준에서 보나, 식욕은 대체로 태어날 때부터 결정되어 유전자 안에 새겨져 있으며 뇌 회로도 이미 그런 식으로 배선되어 있음을 암시하고 있다. 식욕은 오랜 세월 동안 특정 음식을 더 맛있다고 여기도록 진화해 온 생물학적 특성에 의해 결정된다.

하지만 꼭 그렇게 간단하지만은 않다. 분명 나는 매일 파이만 주문하지는 않는다. 일반적으로 좋아하는 음식이 꽤 일정하지만 다양한 음식도 즐긴다. 음식 선호도에는 개인화의 여지도 있다. 어떤 사람은 짭짤한 음식은 거들떠보지도 않지만, 케이크 앞에서는 사족을 못 쓴다. 여기에서 요점은 다음과 같다. 당신이 다른 음식보다 어떤 음식에 더 끌리는 것이 당연해 보일 수 있지만, 왜 그런지 이유를 이해하기 시작하면 개인으로서, 또 사회로서 우리에게 미치는 파문이 상당하다는 것이다.

● 야채보다 도넛에 더 끌리는 이유

하필 왜 그 음식을 선택하는지 이해하려면, 혹은 애당초 무언가를 하는 이유를 이해하려면 뇌에서 생각과 결정이 어떻게 일어나는지, 본질적으로는 의식이 어떻게 생겨나는지 알아야 한다. 거의 100년 전에 진행된 실험을 통해 의식은 뉴런을 따라 빠른 속도로 질주하면서 부산하게 계속 움직이는 전기신호로부터 유래된다는 추측이 나왔다. 이 전기신호는 화학적 신경전달 물질을 이용해 시냅스를 건너 다음 뉴런을 활성화한다. 본질적으로 뇌는 지구상에 존재하는 다른 모든 종의 중추신경계와 마찬가지로 그냥 전기화학적 회로판이라 할 수 있다. 하지만 그 규모로 보면 일반적인 회로판보다 훨씬 더 복잡하다.

최근까지도 과학자들은 이 엄청나게 복잡한 구조물에 오가는 수십억 개의 전기신호를 어떻게 깔끔하게 정리해서 의사 결정, 감정, 기억 같은 기능을 만들어내는지 거의 알지 못했다. 지금은 기술의 발전 덕분에 이 어마어마하게 복잡한 과정을 살아있는 생명체 안에서 관찰할 수 있게 됐다.

이런 발전에서 핵심적인 역할을 한 것은 유전공학이다. 유전공학 덕분에 우리는 뇌의 개별 구성요소, 즉 뉴런에 꼬리표를 붙여놓을 수 있게 됐다. 또 하나의 결정적인 발전인 현미경도 점점 더 정교해지고 있어서 고해상도로 신경 구조물을 관찰할 수 있다. 이제 이런 기술들을 결합해 특정 행동과 관련된 뇌 회로의 지도를 그리는 것이 가능해졌다.

연구는 보통 초파리, 지렁이, 생쥐같이 더 단순한 생명체를 대상으로 이루어지지만, 종마다 뇌의 구조나 작동 체계가 놀라울 정도로 유사하기 때문에 이런 연구들은 우리 정신에 대해서도 대단히 많은 정보를 알려준다. 간단한 것이든, 복잡한 것이든 모든 뇌는 뉴런을 기본 구성요소로 사용하고 지구상의 모든 동물종은 거의 동일한 전기화학적 소통 시스템을 이용한다(파킨슨병에 걸린 사람의 결함 있는 유전자를 가져다 생쥐에 발현시키면 그 생쥐에서 사람의 파킨슨병과 비슷한 떨림 현상이 나타나는 이유도 이 때문이다). 생쥐와 사람은 분명 같지 않지만 더 단순한 생명체에서 얻은 연구 결과를 사람에게 적용해 유추하는 것이 가능하다. 한 연구 결과를 다른 분야의 연구 결과와 결합해서 어떻게 행동이 생겨나고, 어떻게 개인과 사회가 잘 살아갈 수 있는지 이해하는 것도 가능하다.

브레인보우 생쥐Brainbow Mouse를 발명한 것도 유전공학 덕분에 가능했다. 이것은 신경 수준에서 행동이 어떻게 만들어지는지 거대한 통찰을 안겨준 돌파구였다. 2007년에 하버드대학교의 세포생물학 및 분자생물학 교수 제프 라히만에 의해 유전공학적으로 탄생한 브레인보우 생쥐가 귀에 쏙 들어오는 이름을 갖게 된 것은 뇌가 무지개의 총천연색으로 빛을 내었기 때문이다.

원래 생쥐의 뇌에서 특정 회로를, 포식자에게 경고의 표시로 형광 초록색 빛을 내는 해파리 종에서 추출한 유전자로 변형시켜 놓았다. 녹색형광단백질GFP, Green Flourescent Protein을 암호화하는 유전자를 추출해서 지속적으로 발현되도록 수정하고 복제한 다음, 브레인보우 생쥐의 뇌 영역에 도입했다. 개별 뉴런에 꼬리표를 달아놓음으로써 그 세포만 따로 볼 수 있게 되고, 이 세포들이 뇌 전체와 얼마나 복잡하게 연결되어 있는지도 관찰할 수 있게 되었다. 갑자기 전례 없었던 방식으로 뇌의 해부학과 기능을 지도로 만드는 것이 가능해진 것이다. 여기서 나온 결과가 커넥톰학connectomics이라는 새로운 분야에 큰 영향을 미쳤다. 커넥톰학은 생각의 경로인 커넥톰 지도를 작성하는 학문이다. 라히만은 사실상 깨어서 작동하는 뇌의 배선도를 만들어낸 것이었다.

이 기술은 광유전학optogenetics(뒤에서 설명할 것이다) 같은 다른 기술들과 더불어 뇌의 특정 시스템이 어떻게 동기나 보상 같은 느낌을 부여하는지 더욱 깊이 이해하게 해주었다. 그렇다면 보상 체계 혹은 쾌락경로hedonic pathway는 정확히 어떤 일을 할까? 그것은 어떻게 진화해 나왔으며 어떻게 우리가 무엇을 먹을지 결정하게 만들까?

과학자들은 1954년에 보상체계가 우연히 발견된 이후로 60년 넘게 이 체계를 연구해 왔다. 과학자들은 쥐가 이 회로에 자극을 받기 위해 한 시간에 수백 번, 심지어는 수천 번까지 레버를 누르다가 완전히 탈진해 버리는 것을 관찰했다. 알고 보면 사람도 비슷하게 행동한다. 이는 보상체계가 진화적으로 아주 오래된 도구라 모든 종에 걸쳐 보존되었기 때문이다. 쥐, 개, 고양이의 보상체계는 당신이나 나의 보상체계와 구조적으로나 기능적으로 거의 같다. 이것은 인간의 생존 가능성을 높이고, 소중한 에너지를 살아남아 번식하는 데 필요한 곳에 사용하도록 동기를 부여하기 위해 진화해 왔다.

이것은 세 가지 주요 경로로 구성되어 있다. 첫째, 배쪽뒤판구역ventral tegmental area, VTA라고 하는 중간뇌 깊숙한 곳에 묻혀 있는 작은 신경세포 무리가 있다. 도파민이라는 화학물질이 만들어지는 곳이다. 도파민은 측좌핵이라는 또 다른 뇌 영역으로 이동한다.

측좌핵은 도파민에 반응해서 전기 활성을 일으키는 땅콩 모양의 구조물이다. 이 회로는 즐거움이나 쾌락을 느낄 때마다 번쩍하고 불이 켜진다. 그저 음식 섭취, 섹스 등 즐거움을 느끼는 활동에 대해 생각만 해도 이 회로가 활성화될 수 있다. 영리하게도 이 회로는 운동에도 예민하게 반응하기 때문에 우리에게 더 많은 식량을 구하기 위해 사냥에 나서거나, 더 많은 섹스를 하거나, 포식자로부터 달아나려는 동기를 부여하는 데 도움을 준다.

이 뇌 영역은 기본적으로 세 가지 본질적인 인생 목표를 용이하게 하는 역할을 한다(잘했어, 진화야! 아주 효율적이야).

측좌핵과 앞이마겉질은 서로 연결되어 있다. 그 덕분에 즐거운 느낌을 기억하고 그 기억을 적절한 촉발 요소와 연관 지어 그 경험을 되풀이하고 싶은 동기가 생긴다.

흥미롭게도 남용되는 약물들은 이 보상체계를 장악하는 메커니즘을 갖고 있다. 그래서 중독성이 그토록 강한 것이다(이건 별로야, 진화야. 이런 부작용은 안타깝군). 가끔 들리는 주장과 달리 설탕이 보상체계에 헤로인 같은 마약이나 알코올처럼 작용한다고는 말할 수 없다. 하지만 채워지지 않는 식욕에 브레이크를 걸어줄 억제 시스템에 결함이 있는 것은 사실이다. 식욕을 조절하기 위해 위에서는 위가 물리적으로 다 찼으니까 이제 그만 먹으라는 신호를 뇌로 보낸다. 그런데 문제는 브레이크 시스템의 반응이 충분하지 못하다는 점이다. 그 효과가 너무 느리게 느껴질 때가 많다.

위에 밴드를 채워 위의 크기를 줄이는 베리애트릭 수술Bariatric surgery은 포만감을 고취시켜 음식 섭취를 제한하기 위해 시도하는 최후의 보루다. 인간이라는 종은 맛있는 음식을 이만하면 충분히 먹었다고 판단하는 능력이 별로 신통치 못하다. 몸과 뇌가 연결되어 있는 한, 먹는 것은 늘 다다익선이다. 그리고 이런 행동을 주도하는 것이 바로 보상체계다.

이런 일이 일어나게 된 이유는 보상체계가 진화해 나온 환경이 현재 인간이 스스로 창조해 낸 환경과는 크게 차이가 있었기 때문이다.

포유류는 기본적으로 대략 2억 5,000만 년에 걸쳐 아무것이든 닥치는 대로 계속 먹도록 진화했다. 그런 환경에서는 음식을 찾아내서 재빨리 먹고, 배가 차도 계속 먹어서 지방을 더 효율적으로 저장하고, 가능한 한 오랫동안 지방 저장분에 의지할 수 있게 해 주는 것이면 무엇이든 유리하게 작용했다. 이런 특성들이 번창하여 유전자를 통해 후손들에게 더 성공적으로 전달됐다. 그와 동시에 아주 특별한 상황만 아니면 게을러지는 것이 더 나은 선택이었다. 우리는 먹을 것을 찾고, 그것을 먹고, 번식하는 데 에너지를 소비하는 것에 동기를 얻도록 진화했다.

선진국에 사는 대부분 사람은 항상 먹을 것에 둘러싸여 있다. 심지어 집을 나서지 않아도 먹을 것을 구할 수 있다. 온라인으로 클릭 버튼 하나만 누르면 음식이 직접 내 문 앞까지 배달된다. 이제는 하루 종일 굶을지도 모를 상황인 것처럼 먹어야 할 필요가 없어졌는데도 계속 무언가 먹게 만드는 생물학적 메커니즘은 여전히 작동 중이다.

인간은 원래 과식하도록 태어났다

유전공학 기술이 발달함에 따라 현재 식욕의 과학에 대한 연구는 그 어느 때보다 섬세한 부분까지 다루고 있으며, 치료에 적용할 수 있는 잠재력도 더 커지고 있다. 나는 유전적 특성 및 선천적인 생물학적 구조물이 맡는 역할과 환경 요인이 맡는 역할에 대해 과학에서는 어떻게 이야기하고 있는지 더 깊이 파고들고 싶었다. 비바람이 몹시 몰아치던 날 자전거를 타고 길스 예오 박사를 찾아갔다. 그는 시내 종합병원에 있는 케임브리지대학교 대사과학부 실험실에서 거의 20년 동안 비만의 유전학을 연구해 왔다.

내가 길스를 처음 만난 것은 10년 전이었는데 그동안 별로 변한 것이 없었다. 그는 여전히 활기와 에너지가 넘치고 열정적이었다. 그는 점심을 같이하면서 이야기하자고 했다. 식욕에 관한 대화를 나누면서 그 대화를 하는 동안 뇌의 활동에 필요한 에너지를 충당해 줄 칼로리도 같이 섭취할 수 있었다.

우리는 종합병원 구내식당으로 걸어갔다. 솔직히 말하면 나는 음식을 고르면서 비만을 연구하는 길스 교수가 옆에 있는 것이 신경 쓰여 건강에 좋은 샐러드와 과일을 골랐다. 우리는 유전자 증폭 기계가 돌아가면서 DNA를 수천 개씩 복사하고 있고 피펫이 균질화된 유전 표본을 바쁘게 빨아들이고 있는 그의 연구실 앞을 지나갔다. 그리고 결국 다소 복잡한 그의 공동 사무실에 도착해 식사를 하며 대화할 수 있었다.

나는 유전과 비만 사이의 상관관계를 연구한 길스가 음식 선택에서 개인의 자율성에 대해서는 어떻게 생각하는지 궁금했다.

그가 아보카도와 새우가 든 샌드위치를 한 입씩 크게 베어 먹으며 이렇게 설명했다.

"자유의지에 관한 의문은 내가 가장 큰 흥미를 느끼는 분야 중 하나입니다. 생물학이 게으름과 과식에 대한 변명이 되어줄 수 있을까? 불행히도 많은 사람에게 그 대답은 '그렇다'입니다."

길스의 말대로 곁가지를 걷어내고 본질만 남겨보면 우리 삶에는 세 가지 중요한 생물학적 욕구가 존재한다.

1. 먹이를 찾아서 먹는다.
2. 먹이가 되는 상황을 피한다.
3. 이 모든 것이 이어질 수 있도록 번식을 한다.

그는 이렇게 말했다.

"기본적으로 이런 목표를 달성할 수 있게 돕도록 진화된 근본적인 욕구가 존재합니다. 이런 욕구를 무시하기는 정말 힘들죠."

나는 그에게 이 부분에 대해 더 캐물었다.

"그렇다면 우리는 모두 정도의 차이는 있겠지만 과식을 하도록 설계되어 있다는 말인가요? 만약 그렇다면 어째서 모든 사람이 뚱뚱하지 않은 거죠? 왜 절반 정도의 사람이 비만이라는 현대의 질병이 걸리는 것인가요? 어째서 일부 사람은 여기에 더 취약한 것입니까?"

그 대답은 이렇다. 본질적으로 하나의 종이라는 수준에서 보면 우리는 모두 같은 배를 타고 있지만, 개인의 수준으로 내려가 보면 여전히 수많은 변이가 등장할 여지가 존재한다는 것이다. 체중과 체형에 영향을 미치는 것으로 보이는 유전자는 150개 정도가 있다. 그중에는 얼마나 배고픔을 느낄지 지시하는 유전자(이 유전자는 언제 먹어야 하고, 언제 배가 부른지 알려주는 신호를 뇌로 보내는, 위에 있는 수용체의 민감도를 조절한다), 쾌락회로에 관여하는 유전자(어떤 사람은 그냥 뇌의 보상경로를 자극하려면 더 많은 칼로리가 필요하다. 이들의 수용체는 민감도가 떨어지기 때문에 더 많이 먹어야 한다. 그래서 남들이 파이를 하나 먹을 때 자기는 두 개를 먹어야 기분이 좋아진다), 뇌가 몸속의 필수 영양분 수준을 감지하여 영양분이 너무 부족하면 더 먹으라고 지시를 내리는 것과 관련된 유전자 등이 있다.

과거에는 사람들의 비만을 멈추어줄 유전적 압력이 거의 존재하지 않았다. 사람의 칼로리 섭취를 낮추는 유전자 돌연변이는 후대에 전달될 가능성이 떨어졌다. 음식이 귀하고 음식을 사냥하거나 채집하는 데 상당한 에너지가 들어가는 환경에서 이런 돌연변이를 갖고 태어난 사람은 번식의 기회를 얻기 전에 죽었을 가능성이 크기 때문이다.

반면 먹을 것이 풍부한 지금의 환경에서는 비만을 야기하는 돌연변이들이 인구 집단 속으로 파고들었다. 물론 지금은 환경이 아주 달라졌지만, 문제는 진화의 시간 척도가 아주 길다는 점이다. 환경이 이렇게 변한 것은 불과 지난 한 세기 동안의 일로,

포유류의 진화 시간에서 대략 0.00004퍼센트 정도를 차지한다. 그 짧은 시간 동안에 인간은 자신의 환경을, 자기가 원하는 것은 언제라도 먹을 수 있게 바꾸어놓은 것이다. 진화가 지금의 음식 배달 환경을 따라잡으려면 2,000년 정도는 걸릴 것이다.

하지만 만약 유전적으로 개입해서 굶주린 보상체계를 억누를 수 있다면? 이것이 길스가 현재 연구하고 있는 분야다.

"과거에는 덜 민감한 보상경로를 갖고 있는 것에 아무런 실질적인 진화적 혜택이 존재하지 않았지만, 지금은 분명 존재합니다. 문제는 우리가 개입해서 보상경로를 유전적으로 조작할 수 있는가, 또 그것이 옳은가, 라는 점이죠."

예를 들어 누군가에게 유전적으로 개입해서 그 사람이 설탕에서 얻는 즐거움을 누그러뜨려 더는 차를 마실 때 설탕을 첨가하고픈 욕구를 느끼지 않게 할 수 있을까? 건강을 개선하고 유전적 적합성을 높이면서도 동시에 맛있는 것을 먹을 때 찾아오는 작은 즐거움을 놓치지 않도록 균형을 잡아줄 수 있을까? 실시간으로 유전자를 조작해서 환경이 야기한 위험을 극복할 방법이 조만간 열리게 될까?

지금의 성인들에게는 불가능한 일이다. 하지만 앞으로 태어날 아이들에게는 잠재적으로 가능성이 있는 시나리오다. CRISPR/Cas 유전자 편집은 혁명적인 기술이다. 이것을 사용하면 유전자를 그 어느 때보다도 저렴하고 쉽게 조작할 수 있다. 만약 성체 유기체 전체의 유전자를 조작하고 싶다면, 예를 들어 비만에 걸리게 하는 유전자를 제거하고 싶을 때는 몸속 모든 세포를 조작해야 한다. 이것은 사실상 불가능하다. 하지만 CRISPR/Cas 편집 기술을 인간의 배아에 적용할 수 있다. 그렇게 하면 작업의 규모가 훨씬 작아진다. 실제로 유전성 혈액질환인 베타 지중해성빈혈B-thalassemia 같은 특정 유전 질환을 근절할 방법을 찾고 있는 전 세계 연구자들은 실험실에서 CRISPR/Cas 기술을 사용하고 있다. 그러나 배아에 적용하는 경우라 해도 비만 문제에 이 기술을 적용하려면 관여된 유전자의 수가 많아서 방대한 규모의 유전자 조작이 필요할 것이므로 규제기관에서 현재 허용하는 범위를 넘어서게 된다. 길스는 이렇게 말했다. "그렇게 하려면 대규모로 배아를 조작하고 폐기해야 할 것입니다. 내 생각에 우리 사회가 그런 접근 방식을 받아들이기는 힘들 것 같군요."

어쨌거나 이 기술은 아직 유아기에 머물러 있고 장기적인 안정성도 검증되지 않았다. 뒤에서 신경과학을 실제 세상에 응용하는 방식들을 평가하겠다. 그리고 2018년 가을에 CRISPR 기술을 체외수정으로 임신된 쌍둥이 여아에게 적용했다고 발표한 중국 과학자의 사례를 고려하면서 이 기술이 야기하는 실용적, 윤리적 문제점을 살펴보겠다. 지금은 다시 비만의 문제로 돌아오자.

"혹시 비만과 관련된 유전자 중에 그것 하나만 편집하면 짧은 시간 안에 변화를 가져올 수 있는 눈에 띄는 유전자는 없나요?"

내가 길스에게 물었다. 그는 이렇게 말했다.

"음… FTO가 있어요. 체지방량 및 비만 관련 단백질Fat Mass

and Obesity-associated protein의 약자입니다."

알고 보니 전 세계 인구 중 절반이 이 유전자를 비만의 확률을 25퍼센트 높이는 버전으로 갖고 있었다. FTO의 이 유전자 변이를 두 개 갖고 있는 사람(전 세계 인구의 6분의 1이 여기에 해당한다)은 원래 나가야 할 체중보다 3킬로그램 더 무거울 것이고 비만이 될 위험은 50퍼센트 더 높다.

이 유전자는 보상체계를 구성하는 회로가 아니라 시상하부에서 발현된다. 몸에 더 많은 영양분이 필요하다는 지시를 내려서 보상체계의 활동에 영향을 미친다. 그래서 사람이 계속 깨어 음식을 먹게 만든다. 사실상 많은 사람이 늦은 밤에 침대 대신 냉장고 문을 열러 가는 이유를 설명해 줄 시스템이 작동하고 있는 셈이다. 하지만 FTO 변이를 통해 유전공학으로 이 문제를 해결하기는 아직 요원한 상태다.

어쨌거나 현재로서는 비만 성향을 이해하기 위해 자신이나 자녀를 유전적으로 해킹하자고 하면 손사래를 칠 사람이 많다. 이 유망한 발견을 우리 종을 괴롭히는 유행병이 되어버린 비만을 치료할 새로운 방법으로 전환하려면 더 많은 연구가 필요하다.

유전공학을 통한 기술적 도약이 아직은 현실적으로 불가능하다면 개인적으로 할 수 있는 일이 있을까? 엄격한 운동 프로그램을 돌리는 정도? 안타깝게도 보통 운동만으로는 비만의 유전적 성향이 완화되지 않는다. 대사 속도 역시 느려지는 운명을 타고날 수 있기 때문이다. 이 부분은 길스가 확인해 주었다.

"FTO 유전자 변이를 두 개 가지고 있는 사람은 운동을 열심히 하더라도 건강한 체질량지수BMI를 유지하기가 거의 불가능합니다."

나는 기대했던 부분을 확인하고 길스의 연구실을 떠났지만 불편한 마음은 어쩔 수 없었다. 개인적 식욕은 대체로 고유의 유전자 꾸러미를 물려주기 위해 오랜 세월 진화한 회로에 의해 프로그램되어 있다. 하지만 일반적으로 인간의 뇌는 고지방, 고당분 음식을 추구하도록 진화해 왔다. 개인별로 이런 욕구가 얼마나 강력할지는 그 사람이 타고난 유전자와 뇌의 배선에 달려 있다. 자신의 식습관을 바꾸어보려는 개인의 시도는 항상 이런 요소에 의해 제약을 받는다. 체중 감량이 그토록 어려운 이유는 이것으로 설명할 수 있다.

건강한 식습관은 엄마의 배 속에서 시작된다

음식에 관한 행동이 오로지 유전자만으로 결정되는 것은 아니다. 최근의 연구에 따르면 체중은 70퍼센트가 물려받은 유전자에 의해 직접적으로 결정되는 것으로 추정된다. 한편으로는 무려 30퍼센트 정도가 환경적 요인에 달려 있다는 의미가 된다. 환경을 바꿔줌으로써 인생의 아주 초반기에 뇌 속 깊숙한 곳에 자리 잡은 이 회로를 변경하거나 강화하는 것이 가능한 것으로 밝혀졌다. 임신 40주 동안 보상체계나 식욕 조절에 관여하는 다른 모든 뇌 영역들을 비롯해 아기 뇌의 기본 토대가 엄마와 아빠의 유전적 지시에 의해 일어나는 대단히 역동적인 과정을 통해 마련된다. 하지만 유전자뿐만 아니라 자궁 속 환경도 발달 중인 뇌에 영향을 미친다.

리즈대학교의 〈사람 식욕 연구부〉에서 일하는 생물심리학 교수 마리온 헤더링턴은 엄마의 식생활이 나중에 자녀의 음식 선호도와 식욕에 어떻게 영향을 미치는지 분석해 왔다. 그녀와 대화를 해보았는데, 그녀는 자신의 실험실과 전 세계 다른 실험실에서 이루어진 '기회의 창windows of opportunity'에 대한 연구들을 강조했다. 한 사람이 비만이 될 수밖에 없는 운명을 타고났어도 기회의 창이 열려 있는 동안에는 다른 방향으로 이끌 수 있다.

대부분의 사람들, 특히 임신을 해본 사람은 산모가 임신 기간에 먹는 음식이 배 속에 있는 아기의 건강에 중요하다는 개념에 익숙할 것이다. 산모는 카페인 섭취를 제한하고, 알코올은 전혀 섭취하지 않거나 아주 소량만 섭취하고, 니코틴이나 남용되는 약물은 완전히 금지하고, 저온살균 하지 않은 우유나 치즈같이 위험한 미생물이 들어 있을 가능성이 있는 음식도 금지해야 한다는 말을 듣는다.

산모가 먹는 음식에 들어 있는 성분은 자궁 속에서 태아를 둘러싸고 있는 양수를 통해, 출생 후에는 모유를 통해 아기에게 전달되어 급속히 성장 중인 아기의 뇌에 영향을 미칠 수 있다. 실험에 따르면 산모가 마늘이나 고추같이 휘발성 화합물이 풍부한 음식을 먹으면 태어난 아기도 이런 익숙한 냄새와 맛에 적응해서 그 냄새와 맛이 나오는 곳을 향해 머리와 입을 움직인다. 기존에 노출되었던 경험이 어떻게 아기의 뇌 회로에 영향을 미치는지 아직 정확히는 알지 못하지만, 늘 그렇듯이 우리의 좋은 친구인 보상체계가 그 중심에 있다고 결론을 내리는 것이 타당해보인다. 아기의 뇌는 특정 냄새와 맛을 자기 엄마에게서 얻는 위안과 연관 짓는 법을 배운 것이다.

초년기 발달 과정에서도 똑같은 효과를 목격할 수 있다. 모유 수유하는 엄마가 특정 음식을 계속해서 먹으면(한 연구에서는 캐러웨이 씨 향료에 대해 중점적으로 연구했다) 이 정보가 모유를 통해 아기에게 전달됐다. 나중에 이 아이는 후무스(으깬 병아리콩과 오일, 마늘 등을 섞은 중동 지방의 음식—옮긴이)를 양념 없이 먹기보다는 캐러웨이 씨 향료로 양념을 쳐서 먹었다. 이 연구는 서로 다른 실험 패러다임을 이용해 반복적으로 재현되었으며, 종합적으로 보면 임신 중이거나 모유를 수유하는 엄마가 건강에 좋은 다양한 음식을 먹으면 거기에 노출된 아기도 나중에 몸에 좋은 다양한 음식을 선호하게 되고, 이런 습관이 성인기까지 이어질 수 있음을 강력하게 암시하고 있다.

젖을 떼고 이유식을 먹는 기간도 음식 선호도에 영향을 미칠 수 있는 또 하나의 기회다. 아기가 유아기로 넘어가 고형식을 먹기 시작할 때, 모유를 짜서 채소 퓌레를 첨가해서 먹이면 아이가 곡물 시리얼이나 감자보다는 채소를 더 좋아하게 만들 수 있는 것으로 보인다. 당근과 콩에 노출되었던 아기는 다시 주었을 때 미소를 짓고, 그것을 더 많이 먹는다.

내가 아들에게 감자칩보다는 샐러드를 더 좋아하도록 충분히 노력했나 생각하며, 마리온에게 나중에 아동기에도 추가로 기회가 열리는지, 아니면 젖떼기가 끝나면 기회의 창도 닫히는지 물었다.

그녀는 불안해하는 부모와 이런 대화를 나눈 것이 처음이 아니라는 듯 미소를 보였다. 그녀는 경험에 따르면 빠르면 빠를수록 좋지만 아동기 초기, 많게는 만 18세나 19세 정도까지도 변화의 여지가 존재한다고 말했다.

"끈기 있게 긍정적으로 접근하는 것이 핵심입니다. 아이가 특정한 맛에서 즐거움을 느끼기 시작할 때까지 여덟 번에서 열 번 정도 꾸준히 채소 등 새로운 음식을 계속 제공해 줄 필요가 있어요. 하지만 선천적으로 타고난 보상체계를 유리하게 사용하는 것도 가능합니다."

나이가 더 들었을 때도 연관을 단서로 해서 브로콜리 같은 음식을 좋아하게 만들 수 있다. 영양 많은 브로콜리를 먹으면 밖에 나가서 놀아도 좋다고 허락하거나 칭찬을 많이 해주면, 이 둘을 긍정적으로 연관 짓게 되는 것이다.

하지만 아동기를 개인의 유전적 운명을 바꿀 기회로 보는 데는 분명 문제가 있다. 채소보다 가공 음식을 더 좋아하는 유전적 성향이 있는 부모라면 임신, 모유 수유, 젖떼기 기간 중에 몸에 좋은 다양한 음식을 먹기가 더 힘들지 않을까? 만약 내가 브로콜리를 좋아하지 않는다고 하자. 늘 잠이 부족한 새내기 부모인 내가 고생해서 브로콜리를 사다가 다듬고 요리해서 접시에 담아내도 아이가 고마워하지도 않고, 열 번 중 아홉 번은 손도 대지 않는다면 그런 노력을 계속 이어가지는 못할 것 같다. 실험실과 달리 실제 세상에서는 개인이 타고난 식욕이 초기의 환경적 요인에 의해 바뀌기보다는 오히려 강화될 가능성이 더 높지 않을까?

마리온도 인정했다.

"사실이에요. 보통은 그 기회를 놓치는 경우가 많죠. 만약 비만이 생기기 쉬운 유전자를 타고나서 비만을 유발하는 환경에 둘러싸여 부모로부터 건강에 좋지 않은 음식을 지속적으로 제공받고, 가족이 몸을 별로 움직이지 않는 생활 방식으로 산다면, 필연적으로 비만을 향한 길로 갈 수밖에 없죠."

마리온은 이 문제를 정면으로 돌파하기 위해 노력 중이다. 그녀는 채소가 더 많이 들어간 제품을 개발해서 이제 막 고형식을 시작하는 아기들에게 이상적인 식품으로 시장에 내놓으려고 유아용 식품 제조업체들과 함께 일하고 있다. 모든 부모는 아니라도 일부는 이 제품을 찾을 것이다.

당신이 지금 부모라면 아이의 인생을 유용한 쪽으로 개선해 줄 방법이 있는 것으로 보인다(아이에 대한 죄책감만 하나 더 늘었다는 우울한 기분을 피할 수만 있다면 말이다). 하지만 인생의 초년기를 확실하게 지나버린 우리 어른들은 어떨까? 어른이 뇌의 회로를 새로 배선해서 건강에 나쁜 선택 대신 건강에 좋은 선택을 할 수 있는 방법이 존재할까? 뇌는 가소성이 있는데 음식의 선택과 관련된 습관을 바꿀 수 있는 능력에는 어떤 영향을 미칠까? 오랜 세월 동안 행동에 따라 강화되어 온 모든 것을 새로 고쳐 쓰기는 점점 어려워지지만 분명 불가능할 리는 없다. 어떤 사람은 체중을 감량해서 유지하기도 하고, 어떤 사람은 채식주의자가 되기도 한다.

연구들도 마리온이 요약한 내용을 확인해 주고 있다. 행동을 바꾸기에 너무 늦은 시간이란 존재하지 않지만, 습관이 견고해짐에 따라 바꾸기는 점점 어려워지고 의지력에만 의존해서는 대부분 변화를 이끌어내기가 힘들다. 의지력은 모두가 똑같이 갖고 있는 불변의 도덕적 성질이 아니다. 한 개인의 자제력은 다른 성격적 특성과 마찬가지로 선천적인 신경생물학적 요인과 환경적 요인의 산물이고, 수십 가지 맥락에 따라 요동친다. 예를 들어 피곤한 상황에서는 푹 쉬었을 때보다 의지력이 약해질 수밖에 없다. 알코올 중독자가 의지력에만 의존해서 술을 마시고 싶은 욕망과 매 순간 싸워야 한다면 언젠가 결국 꺾일 수밖에 없다. 이런 방법은 습관을 고칠 수 있는 지속 가능한 전략이 아니다.

웨이트워처스Weightwatchers는 지속가능한 체중 감량을 위한 가장 효과적인 전략으로 자주 언급된다. 이곳의 프로그램은 사람들이 건강한 식생활을 고수할 가능성을 높여주는 것으로 입증된 기법들을 사용한다. 예를 들면 주변에 건강하고 긍정적인 친구들을 둔다거나, 사기를 진작하기 위해 모임에 들어가 함께 운동을 한다거나, 건강 식단 프로그램을 진행하면서 어떤 목표를 달성하면 상으로 자신에게 맛있는 음식을 대접하는 등의 기법이다.

〈잇 라이트 나우Eat Right Now〉는 처음에는 예일대학교에서, 그다음에는 매사추세츠주립대학교에서 중독 전문가로 활동하고 있는 저드슨 브루어 박사가 개발한 마음챙김 식사 프로그램mindful eating programme으로 시작했다. 이 프로그램은 참가자들에게 대단히 이롭게 작용해서 음식에 대한 갈망을 40퍼센트까지 줄여주었고 지금은 다른 대학교에서도 이 건강 프로그램을 제공하고 있다.

사람마다 효과 있는 전략도 달라진다. 습관 형성은 대단히 복잡하고 사람마다 다양하기 때문이다. 어찌 보면 당연한 일이다. 습관은 인류가 하나의 종으로서 진화시킨 오래된 뇌 회로, 개인으로서 타고난 유전자, 현재 놓여 있는 환경, 이 세 가지 요소 간의 복잡한 상호작용을 통해 생기기 때문이다. 식사 습관을 고치고 싶다면 효과적인 전략을 찾을 때까지 자신을 대상으로 실험을 계속 진행해 보는 것이 도움이 된다. 모든 것을 한 방에 해결해 줄 방법은 절대 존재하지 않는다.

만약 식욕을 통제할 수 있다면

마리온과 대화하면서, 음식과 관련된 행동에서 변화를 이끌어 낼 수 있는 여지가 조금이나마 존재하리라는 생각이 더 굳어졌다. 나는 후성유전학epigenetics이라는 신생 분야에 식욕 연구자들이 열광하고 있다는 것을 알고 있었다. 이들은 성인의 식욕을 고칠 수 있는 새로운 치료법을 개발하는 데 얼마나 진척을 보고 있을까?

후성유전학과 그 잠재적 적용 분야에 대해 알아보고자 케임브리지대학교 병리학과에 나빌 아파라 교수를 보러 갔다. 그는 환경이 DNA 암호 그 자체가 아니라 그 암호가 인간 몸에서 판독되고 사용되는 유전자 발현에 어떻게 영향을 미치는지 연구해 왔다. 여기서 흥미진진한 것은 유전자 돌연변이가 진화적 변화가 일어나는 장기적인 시간 척도가 아니라, 두 세대 안에서도 관찰이 가능하다는 점이다.

유전자 발현 과정에서 환경적 요인이 맡는 역할은 근래에 들어서야 발견되었고, 이것을 후성유전학적 조절epigenetic regulation이라고 한다. 후성유전학은 세포들이 똑같은 유전 암호를 갖고 있음에도 근본적으로 다른 방식으로 행동할 수 있는 이유를 설명하는 데 도움이 된다. 인간 몸속 각각의 세포들은 자신의 유전 암호를 특정 임무에 필요한 단백질로 전환하는 장치를 갖고 있다. DNA를 위한 이 음량 조절 스위치는 환경에 따라 바뀐다. 위stomach라는 환경은 세포가 특정 방식으로 행동하도록 지시하고,

안구eye socket라는 환경은 그곳의 세포들에게 눈 세포처럼 행동하라고 얘기한다.

나는 나빌을 불에 그슬린 한천 배지agar plate 냄새가 짙게 배어 있는 세포배양병리학과 안내 데스크에서 만났다. 나빌은 부모, 심지어는 조부모의 식생활이 자신, 그리고 자신의 자녀에게 어떻게 영향을 미치는지 연구하고 있다. 그는 수정 이전 단계를 연구하면서 정자와 난자의 영양 환경이 그다음 두 세대의 유전자 발현 방식을 어떻게 바꿀 수 있는지 살펴보고 있다.

식욕의 후성유전학은 제2차 세계대전이 끝나는 동안에 태어난 네덜란드 인구 집단을 대상으로 한 장기 연구에서 형태가 잡혔다. 이 연구는 1944년에서 1945년 사이에 1년 동안을 거의 굶다시피 살았던 독일 점령 치하의 가족에게 태어난 아동들과 독일 점령지가 아닌 덕분에 식량 조달이 훨씬 용이한 환경에서 태어난 아동들의 건강을 비교했다. 그 결과 수정 당시 영양 상태가 심각하게 불량했던 부모 밑에서 태어난 아동들은 나중에 비만과 당뇨에 걸릴 가능성이 훨씬 높았다. 이것은 불일치 가설mismatch hypothesis로 설명할 수 있다. 아이가 먹을 것이 귀한 환경에서 자란 경우에는 그 아이의 대사가 모든 것이 풍족한 환경에 적응하지 못해 고생한다는 것이다. 아무리 환경이 가혹해도 이런 환경에 의해 변화를 겪은 것은 DNA 암호가 아니다. 변화한 것은 유전자의 행동 방식이다. 그리고 이런 변화는 다음 세대, 그리고 그다음 세대로 전달된다. 칼로리는 풍부하지만 영양분은 빈약할 때가 있는 현재의 환경에 대해 조사할 때는 이런 효과를 고려해 볼 가치가 있다.

이것도 그냥 출생 전이 아니라 수정되기도 전부터 식욕이 선천적으로 정해진다는 추가적인 증거에 해당할까? 그렇다. 아직 초기 단계에 머물고는 있지만 다른 후성유전학 연구가 결국에는 성인도 혜택을 입을 수 있는 치료법으로 이어질지도 모른다. 온갖 행동들이 우리가 임신되기도 전에 부모들이 살았던 환경에 의해 빚어진다는 증거가 산더미같이 쌓이고 있다. 한 특별한 실험은 중독 치료에 변화를 일으킬 수 있을지 모를 결과를 내놓았다. 사실 이 실험의 함축적 의미가 워낙에 커서 처음에 발표되었을 때는 과학계 전체가 술렁거렸다.

에모리대학교의 정신의학 및 행동과학 교수인 케리 레슬러는 생쥐에게 환경의 압력이 먹이 선택 행동을 어떻게 바꿀 수 있는지 연구하고 있다. 앞에서도 언급했듯이 생쥐와 사람은 비슷한 보상체계를 갖고 있어서 달거나 지방이 많은 음식을 먹으리라는 기대감이 있을 때는 측좌핵에 불이 켜진다. 그 근처에 있는 뇌 영역인 편도체와 뇌섬은 감정, 그중에서도 특히 두려움과 관련되어 있다. 케리의 연구에서는 이 기본 시스템들 사이의 상호작용을 조작해 보았다.

생쥐에게 체리의 달콤한 향기를 내는 아세토페논 냄새를 맡게 해주면서 전기 충격을 함께 가한다. 중립적인 조건에서는 생쥐가 코를 킁킁거리며 달콤한 체리를 찾아 주변을 바삐 돌아다니고, 기대감에 측좌핵에 불이 켜질 것이다. 하지만 이런 과정이 반복되다 보면 생쥐는 달콤한 냄새를 전기 충격의 부정적인 경험과 연관 짓게 되어 그 자리에 얼어붙고 만다. 심지어 이 새로운 행동을 뒷받침하기 위해 후각을 처리하는 뇌 영역에서 신경가지와 새로운 회로가 추가로 뻗어 나온다. 그리고 믿기 어려운 일이 일어난다. 이 학습된 행동 반응이 생쥐의 새끼, 그 새끼의 새끼에게까지 전달되는 것이다. 이어지는 세대의 생쥐들은 체리 냄새와 전기 충격에 동시에 노출된 적이 한 번도 없었음에도 냄새를 맡자마자 자동으로 얼어붙는다.

이것은 혁명적인 발견이었다. 성체가 되어 학습한, 체리 냄새와 전기 충격의 연관이라는 새로운 기억이 어떻게 세대를 건너 전달될 수 있을까? 그 정답은 후성유전학적 수정epigenetic modification이다. 공포를 주입하면 실제로 유전자의 변화가 촉발되는 것으로 밝혀졌다. 하지만 DNA 암호가 아니라 DNA 암호가 생쥐의 몸에서 사용되는 방식에 변화가 온다. 체리 냄새 수용체가 만들어지는 방식, 그리고 이 수용체가 어디서 어느 정도의 양으로 생산되는지가 바뀐다. 이 '켜진 스위치flipped switch'는 생쥐의 정자 세포에서 발현된 다음, 미래 세대로 전달됐다. 연구자들은 이 발견을 토대로 전기 충격을 체리 냄새 대신 알코올과 짝지어 보았고, 나중에 생쥐의 새끼들이 알코올에 끌리기보다는 멀리하는 것을 관찰했다. 이 발견 내용이 사람에게도 적용된다면 불안과 공포증이 아무런 촉발 요인 없이도 개인에서 개인으로 어떻게 전달될 수 있는지, 자손들이 관찰을 통해 학습할 기회가 전혀 없었음에도 어떻게 복잡한 행동이 세대를 건너 전달될 수 있는지 설명하는 데 도움이 될 것이다.

이제 우리도 빵집 앞을 지날 때마다 스스로에게 전기 자극을 가하자는 말은 아니다. 하지만 이런 연구 결과들은 환경과 유전적 운명을 살짝 비틀어 음식에 대한 감정적 반응을 바꿈으로써 더 건강한 음식 선택으로 이끌고, 나아가 미래 세대에 이득이 되도록 유전적 반응을 바꿀 수 있을지 모른다는 것을 보여준다. 알코올을 이용한 의미 있는 연구에서 보듯이, 연구 결과를 적용해 중독성 행동이나 강박적 행동에서 멀어지게 만들 수만 있다면 수백만 명의 인생을 바꾸어놓을 수도 있을 것이다.

우리의 선호도와 식욕이 어떻게 미리 결정되어 있는지 이해하는 것이 역설적으로 여러 세대에 걸쳐 정해져 있는 운명을 다시 고쳐 쓸 수 있는 새로운 길을 열어줄 것으로 보인다. 후성유전학은 유전적 변화가 더 이상 기나긴 진화적 시간에만 달려 있는 것은 아니며, 물려받은 회로와 살고 있는 환경 사이의 상호작용이 대단히 복잡함을 보여준다. 인간은 이제야 이런 부분을 이해하기 시작했고, 그 잠재력을 완전히 이해하려면 아직 가야 할 길이 멀다. 그러나 지식의 발달 속도를 보면 도넛의 유혹에서 벗어날 가능성을 기대할 만하다.

인류의 식욕 문제에 희망을 주는 과학 분야가 후성유전학만은 아니다. 뇌가 어떻게 결정을 내리고, 생각을 하고, 느끼는지 밝히는 데 도움을 준 다른 기술과 지식의 돌파구들도 있었다. 21세기 첫 10년 동안에 개발된 광유전학은 가장 혁명적인 돌파구 중 하나다. 워낙 중요한 돌파구였기 때문에 나는 에른스트 밤베르크, 에드 보이든, 칼 다이서로스, 피터 헤게만, 게로 미센보크, 게로 미센보크, 게오르그 나겔 등 이 기술을 발명하고 개선한 사람들이 노벨상을 수상하리라는 데 기꺼이 내기를 걸 수 있다.

이 기술은 유전공학을 이용해서 빛으로 신경계 내부의 전기 활성을 통제한다. 그래서 연구자들은 해부학적으로만이 아니라 기능적으로도 인간 마음의 복잡한 회로판을 해부해 볼 수 있게 됐다. 광유전학을 사용하면 뇌 속에 있는 개별 신경로의 스위치를 즉각적으로 정확하게 켜고 끌 수 있고, 이 기술 하나만으로도 사랑에서 사회적 불안이나 중독에 이르기까지 복잡한 행동들이 뇌에서 어떻게 지휘되는지 밝혀지고 있다. 이 기술은 전례가 없는 방식으로 정신질환을 이해할 수 있게 해주었다. 이 기술이 정신질환으로 고통받는 사람들에게 어떤 의미가 있는지는 뒤에서 더 살펴보겠다.

그 전에 후성유전학 연구에서 제기된 의문을 한 가지 살펴보고 싶다. 출생 전의 영양결핍이 어떻게 후년, 그리고 미래 세대의 음식에 대한 갈망의 변화로 이어질 수 있는지에 관한 의문이다. 후성유전학적 수정이 이런 정보가 전달되는 메커니즘일지도 모르지만 정확히 어느 뇌 회로가 메커니즘을 뒷받침하고 있는지는 여전히 알지 못하는 상태다. 광유전학이 이 부분을 더 이해하도록 도와줄 수 있을까?

런던의 프란시스 크릭 연구소에 있는 연구자 데니스 부다코브 박사는 광유전학과 다른 기술들을 채용해서 영양 섭취에 대한 뇌의 반응을 지휘하는 회로를 풀어냈다. 그의 실험실에서는 뇌 한가운데 있는 시상하부라는 영역을 조사하고 있었다. 시상하부는 체온 유지, 갈증, 수면, 배고픔 등 포유류의 기본 기능 조절에 관여하는 뇌 영역이다. 이곳은 FTO가 발현되는 영역이기도 하다. FTO 변이를 가지고 있으면, 배가 부른 상태에서도 음식을 계속 갈망하게 되어 과체중이 될 가능성이 높다.

시상하부에는 식단에 들어 있는 다량영양소의 균형을 감지하는 특수한 뉴런이 들어 있다. 이 뉴런은 그냥 음식의 칼로리 함유량만 감시하는 것이 아니라, 식생활의 균형도 측정할 수 있다. 데니스의 실험은 이 뉴런들이 생쥐의 식단에 충분한 필수 아미노산이 포함되어 있는지 분석하게 도와준다는 것을 밝혀냈다. 필수 아미노산은 생쥐의 몸에서 필요로 하지만 직접 생산할 수는 없기 때문에 음식으로부터 섭취해야 하는 영양분이다. 이 점은 인간도 마찬가지다. 이 세포들은 분석을 마무리한 다음 뇌의 보상 영역인 측좌핵에 도파민으로 신호를 보내 쾌락 반응을 바꾼다. 이 깔끔한 분자 경로는 이중부정 문장과 비슷한 방식으로 신경회로에 작용한다. 그 결과로 가용한 음식에 영양분이 충분하지 않으면 생쥐는 더 많은 음식을 찾아 나설 동기를 부여받을 준비가 된다. 이제 몸의 아미노산 균형이 맞게 되면 포만감을 느끼고 먹이활동을 줄인다. 이제 시상하부는 생쥐에게 낮잠을 자라고 지시한다. 그런데 더 이상은 영양분을 찾아 나설 필요가 없음에도 왜 쉬지 않는 것일까? 이 과정에 FTO 유전자가 관여하는 것으로 보인다.

데니스의 연구 결과는 식단에 포함된 영양분의 균형을 맞추는 방식을 조절해서 포만감을 잘 느낄 수 있게 도와줄지도 모른다. 만약 보상경로를 더 건강에 좋은 식품 쪽으로 유도할 수 있다면, 특히나 FTO 유전자 변이를 갖고 있어서 비만이 되기 쉬운 사람은 자신의 운명에서 달아날 기회를 잡을 수 있을지도 모른다.

개인적으로 이 연구 결과를 내 삶에 적용해 보았는데 일반적으로 나에게는 효과가 있었다. 잠이 오지 않을 때, 불안하고 정신도 또렷하지만 잠을 잘 필요가 있을 때 나는 콩, 메밀, 퀴노아, 계란이나 닭고기같이 필수 아미노산이 풍부한 야식거리를 찾는다. 그렇게 하면 이런 음식이 내 뇌로 스위치를 끄라는 신호를 보내주는 것 같다.

생물학에 영감을 받은 미래의 치료법으로 한 걸음 더 들어가 보자. 브레인보우 생쥐, 광유전학, 유전공학 등의 기술적 발전으로 가능해진 새로운 연구 결과들을 결합해서 뇌심부 자극deep brain stimulation이라는 선구적인 표적 기술이 만들어졌다. 이 기술은 중독, 우울증, 비만 등으로 고통받는 사람들에게 새로운 치료법을 제공해 준다. 다른 치료 방법에는 반응을 보이지 않았던 몇몇 환자들이 이 임상실험 참가자로 뽑혔다.

예비실험 결과는 대단히 흥미롭지만, 이것은 침습적인invasive 방법이기 때문에 너무 가볍게 접근해서는 안 된다. 외과 의사가 환자의 두개골을 열어 원격 조절되는 소형 전기 자극 장치를 측좌핵에 삽입하고 두개골을 닫은 다음 두피를 꿰맨다. 그리고 장치의 스위치를 켜면 즉각적으로 쾌락회로가 활성화되면서 증상이 꺼진다. 이 사람은 자기가 갈망하는 것이 무엇이든 그것을 취하지 않고도 보상의 느낌을 받는다. 당분과 지방분에 대한 타고난 갈망을 말 그대로 끄거나 켤 수 있는 것이다.

이 기술은 이미 헤로인 중독과 심각한 우울증이 있는 환자 치료에 큰 성공을 거둔 바 있다. 또 뒤에서 보겠지만, 현재 파킨슨병의 치료법으로 시도되고 있다.

이제 뇌 기능에 대해 많은 것을 알고 있다. 하지만 그럼에도 뇌의 특정 신경로에서 전류를 바꿔주면 질병에 따라오는 대단히 고통스러운 증상을 지우는 것뿐만 아니라, 인간의 본성에 가장 확고하게 자리 잡고 있는 행동까지도 극적으로 변화시킬 수 있음을 관찰하는 것은 여전히 충격적이다. 뇌심부 자극은 신경과학 연구의 발전으로 더욱 선택적 치료를 시작할 수 있으리라는 가능성을 열고 있다. 그러면 하나의 종으로서 인류는 생물학적으로 결정된 운명 중 바람직하지 못한 측면들로부터 벗어날 수 있을 것이다. 물론 전 세계적으로 신경과학 연구가 진행되면서 분명 이처럼 흥미진진한 다른 발견과 치료법들이 계속해서 나오겠지만 현재로서는 일단 환자가 진단을 받아야만 의사가 이 치료법을 적용할 수 있다. 그렇다면 비만, 당뇨, 중독 같은 질병이 커지기 전에 새로운 신경과학 지식을 이용해서 음식과 관련된 자신의 운명을 바꿀 수 있는 덜 침습적인 방법은 없을까?

● 살찔 수밖에 없는 운명에서 벗어나기

식욕과 유전학을 연구하는 길스 교수와 대화했던 주제 중 하나는, 그의 경험으로 볼 때, 사람들이 자기가 비만에 걸리기 쉬운 유전적 성향을 갖고 있는지 검사해 보면 변화에 대해 자신감을 얻게 되는지 여부였다. 만약 우리 모두 자기가 유전적 비만에 어느 정도로 취약한지, 비만을 촉발하는 요인은 무엇인지 검사를 받아 본다면 어떤 일이 일어날까? 유전자 검사는 저렴한 비용으로 시장에 나와 있다. 자신의 생물학이 병적 비만 같은 질병으로 이어지는 길을 어떻게 닦아놓았는지 정확하게 알면, 자연적으로 편도체에 두려움으로 불이 켜지면서 건강에 나쁜 음식에 등을 돌리게 만들까?

바로 이 문제를 파고든 연구가 있었다. 테레사 마르토와 그녀의 연구진이 진행한 연구다. 그녀도 역시 케임브리지대학교에 있다. 그녀가 내린 결론은 이랬다.

단기적으로는 자신이 비만에 걸리기 쉬운 유전자를 가지고 있음을 아는 것이 욕구를 통제하고 건강에 좋은 선택을 내리는 데 도움이 된다. 하지만 안타깝게도 그것을 아는 것이 장기적인 행동 변화를 말해주는 예측변수는 아니었다. 사실 일부 연구에 따르면 사람들이 자신의 생물학적 운명을 알고 나면 처음에는 거기에 저항하려 하다가 오히려 더 빨리 운명에 굴복한다. 운명을 알고 나면 사기가 꺾여 자신감을 잃고 운명과 맞서 싸우려는 의지를 잃어버리는 것으로 보인다. '이건 내 잘못이 아니라 유전자 잘못이야'는 태만함에 대한 완벽한 변명이다.

기운 빠지는 얘기라고 실망할 필요 없다. 식당에서 음식을 주문할 때나 슈퍼마켓 매장을 거닐 때마다 작동하는 강력한 생물학이 있다. 그저 아는 것만으로 변화가 일어나는 경우는 드물지만, 자신의 행동에 변화를 줄 다양할 전략을 시도해 볼 유용한 자극이 되어 줄 수는 있다. 어쨌거나 많은 사람이 음식에 대한 기호를 바꾸고, 식생활에 변화를 주고, 체중을 감량하고 있으니 말이다. 자기가 동기부여나 보상에 어떻게 반응하는지 더 잘 알게되면, 환경에 변화를 주어 건강에 이로운 선택으로 스스로 이끄는 것이 가능해진다.

물론 자신의 보상체계를 다른 것으로 달래주거나, 친구들과 협력해서 서로를 격려하고 책임지고, 집에는 식욕을 돋우는 음식을 절대로 두지 않는 등의 실용적인 전략을 활용하는 식으로 변화를 이끌어낼 수도 있다. 하지만 사회 전체에서 의미 있는 개선을 이루어내려면 공공의 환경 자체를 바꾸어야 한다. 뒤에서 신경과학의 통찰을 어떻게 적용해야 인구 집단 전체 수준에서 식생활과 음식 선택에 변화를 이끌어낼 수 있을지 알아보면서 이 문제를 다시 다루겠다. 이 문제는 마치 개인의 생활을 통제하려 드는 정부가 개인적인 문제까지 참견하는 것처럼 느껴질 수도 있다. 하지만 '개인의 자율성에만 맡기는 것'이 지니는 한계를 인정하기 시작하면, 그런 정책을 우호적으로 바라볼 수 있을지도 모른다.

나는 과학 연구자들을 만나면, 대단히 이론적일 때가 많은 자기 연구의 결실을 어떻게 자기 삶에 적용하는지 물어보는 습관이 있다. 인류는 도넛을 먹도록 타고났다는 다소 암울한 선고를 내린 길스에게, 그가 비만과 싸우기 위해 선택한 전략은 무엇인지 물었다.

그는 자신의 유전적 성향을 아는 것이 궁극적으로는 도움이 되지 않는다는 연구가 있지만, 그래도 자신의 DNA를 검사해 보았노라고 고백했다. 그는 전 세계 인구 중 비만으로 이끄는 FTO 변이 유전자를 갖고 있는 25퍼센트 중 한 명으로 밝혀졌다. 그는 필수 아미노산이 풍부한 영양가 있는 음식을 먹어서 시상하부에게 포만감을 주려고 노력하고 있었다. 그리고 항상 엘리베이터나 에스컬레이터보다는 계단을 이용한다. 그런데 그의 주장에 따르면 결정적인 부분은 따로 있었다. 그는 자기가 중국인 혈통이고 가족이 기존에 노출되었던 패턴도 있어서 짭짤하고 기름기 많은 음식에 끌리는데, 이 부분은 자기도 어쩔 수 없다고 했다. 반면 그의 아내는 초콜릿이라면 사족을 못 썼다. 그래서 이 부부는 집에 돼지비계 껍질 튀김, 살라미(얇게 썰어 먹는 이탈리아 소시지—옮긴이),

감자칩, 초콜릿 등 그와 비슷하게 생긴 것을 절대 두지 않는다. 이 부부는 자녀들에게 건강한 식습관을 물려주겠다는 희망으로 '건강한 체중 유지'라는 공동의 목표를 위해 서로 힘을 보태고 있다. 길스와 그의 아내는 이미 운명 지워진 길로 들어가지 않기 위해 의식적으로 노력한다. 이들은 사회적 상호작용을 담당하는 뇌 영역의 힘을 빌리고, 서로에게 또래압력을 가하고, 자신의 장난기와 경쟁심 많은 성격을 이용해서 날씬한 몸매를 유지한다. 그리고 그 효과를 보고 있다.

자신의 삶에서 아주 기본적인 결정조차 생각처럼 자유롭게 내릴 수 없다는 암시를 받아들여야 하는 이 상황에서 어찌해야 할까?

이 식욕 과학자와의 대화를 마무리할 무렵, 나는 인간의 뇌에 관한 한 기본적인 것은 없다는 사실이 뇌리를 스쳤다. 음식을 먹는 것처럼 수준이 낮아 보이는 행동조차 유전된 선호도, 인생 초기에 학습한 선호도, 후성유전학적 피드백 루프, 그리고 고칼로리 음식을 찾아서 계속 먹으려는 오랜 본능 등이 대단히 복잡하게 얽혀서 나온다. 하지만 가장 중요한 역설은 따로 있다. 음식 선호도처럼 보편적 신경회로에 의해 나오는 행동조차도 대단히 정교하고 복잡한 많은 부분으로 구성되어 있기 때문에 음식에 대한 행동이 모두 제각각이라는 점이다. 따라서 모든 사람이 체중을 감량하고 더 건강한 식생활을 할 수 있게 도울 한 가지 행동 변화 전략은 존재하지 않는다. 인간은 모두 자기만의 특별한 욕구에 따라 식욕을 느끼는 존재지만 시간을 들여 자기에게 효과적인 방법이 무엇인지 찾아본다면 변화가 불가능하지 않다. 심지어는 유전학이 사람의 체중에 미치는 운명적 영향을 그 누구보다 잘 알고 있는 길스조차도 자신의 행동 변화가 지속될 수 있다는 믿음이 적어도 자신이 이용할 수 있는 개별 전략만큼이나 중요함을 알고, 자신의 음식 선택을 성공적으로 바꾸어놓았으니까 말이다.

그렇다면 운명의 신경과학은 참으로 신기하면서도 역설적인 연구 분야다. 어쩌면 당연한 일인지도 모른다. 그 중심에 자리 잡고 있는 뇌라는 기관이 얼마나 경이롭고 신비로운 복잡성을 지니고 있는지 생각한다면 말이다.

4장

사랑은
어디서부터 시작되는가

———

사랑과 뇌

네 운명의 별은 너의 마음속에 있다.

프리드리히 폰 실러 Friedrich von Schiller

섹스에 관한 한, 인간이라는 존재는 특정 방식으로 행동하도록 타고났다는 말을 들어도 아마 당신은 특별히 반감을 느끼지 않을 것이다. 인간이라는 종은 섹스를 통해 번식한다. 번식과 무관한 섹스도 많이 하고, 모든 성적 취향이 명확하게 번식에 초점을 맞추고 있는 것도 아니지만, 이 근본적인 생물학적 진리가 그런 행동을 빚어내고 주도하는 것만큼은 분명하다.

우리 문화에서는 오랫동안 섹스를 다루기 힘든 힘으로 바라보았다. 심지어는 섹스가 본질적으로 죄악이라는 개념을 폐기한 이후에도 섹스를 무의식적인 욕망과 억압된 감정의 산물이라는 생각을 고집했다. 어떤 면에서 보면 자신이 성행위를 하느라 바쁜 동안에는 완전한 통제가 불가능한 존재라고 생각하는 데 익숙해져 있다. 부분적으로는 그것이 바로 섹스의 매력이다. 일상생활을 통제하는 자기 내면의 의식적이고 분석적인 주체를 적어도 일부라도 내려놓을 기회이기 때문이다. 하지만 강력한 본능과 뇌의 달콤한 쾌락 화학물질의 유혹에 의해 주도되는 것이 성적인 선택만이 아니라 낭만적인 사랑, 배우자와의 유대감, 육아, 우정, 그리고 그보다 넓은 사회적 유대감까지도 포함된다면?

새로운 기술의 발달로 뇌 속을 들여다볼 수 있게 된 덕분에 모든 형태의 인간관계가 심부 뇌 기능deep brain function에 의해 어떻게 주도되고 통제되는지 관찰할 수 있게 되었다. 사랑은 번식과 인간 종의 생존을 최우선으로 하는 뇌 회로 때문에 생겨난 부산물인 것으로 보인다. 사랑은 이미 앞 장에서 살펴보았고, 뒤에서도 계속 등장할 보상체계의 기능과 근본적으로 연결되어 있다. 보상체계는 온갖 종류의 행동에서 대단히 결정적인 역할을 맡고 있다. 이 장에서는 가수 로버트 파머가 아주 옳은 소리를 했다는 사실을 입증해 보이려고 한다. 사람들은 정말로 '사랑에 중독'되어 있다. 그것도 온갖 종류의 사랑에 말이다. 우리의 뇌는 로맨스, 애착, 사회적 유대 등을 갈망하며, 이 모든 것은 인간관계를 형성하도록 내몬다.

아마도 번식 욕구의 과학에 대해서는 많은 사람들이 상대적으로 익숙하다고 느낄 것이다. 학교에서 배워 어렴풋이 기억나는 생물학 수업 내용이 아니어도, 성적 행동에 대한 연구는 신문에서 특집기사로 내놓을 수 있는 요긴한 기삿거리이기 때문이다. 성이라는 주제가 사람들에게 먹히기 때문에 성에 대한 과학 역시 먹힌다. 그런 이유로 신경과학이나 신경심리학을 통해 성적 행동이나 남녀 성차에 관해 연구한 내용들은 다른 연구에 비해 뻥튀기나 사이비과학을 더 많이 양산하는 경향이 있다. 희한한 주장들을 차치하면, 성적 행동이 의식적으로 자각하지 못하는 욕구와 단서에 영향을 받는다는 점에는 의문의 여지가 없다.

예를 들면, 이성애자 남성은 임신 가능성이 높아지는 5일의 가임기에 들어와 있는 여성의 목소리와 춤동작을 더 매력적으로 평가한다고 결론 내린 연구들도 나와 있다. 심지어 이런 효과를 돈으로 평가해 볼 수도 있다. 서로 다른 생리주기에서 춤을 추는 5,300명의 랩 댄서lap dancer(누드 댄서가 관객의 무릎에 앉아서 추는 선정적인 춤—옮긴이)를 분석한 연구에 따르면, 생리를 하고 있어서 임신 가능성이 현저히 낮아지는 시기에 비해 가임기간에 춤을 출 때 팁을 거의 두 배로 받았다. 이들의 고객은 당연히 이러한 사실을 인식하지 못한다. 고객들은 랩 댄서의 매력을 객관적으로 평가하고 있다고 생각한다.

성에 관한 한, 섹스를 할 것인가 말 것인가 같은 기본적인 선택을 비롯해서 대단히 개인적이고 은밀하다고 여기는 선택들은 상당 부분 자신의 유전자가 후대에 전달될 기회를 극대화하려는 뇌의 암호가 만들어낸 행동학적 결과다.

성에 대한 이런 연구 결과들은 성이라는 영역을 뛰어넘어 친밀감, 신뢰, 애착, 사랑 역시 어느 선까지는 심부 뇌 기능의 산물이라는 사실에 대해 많은 것을 알려 준다. 우리는 친밀감과 애착을 갈구하는 성향이 있다. 그리고 이런 필요성은 낭만적 사랑으로 표현되는 것이든, 자녀에 대한 부모의 헌신, 친한 친구나 자신의 사회집단에 대해 느끼는 애착으로 표현되는 것이든, 번식행위를 하거나 번식을 시도하면서 쾌락을 느끼도록 만드는 것과 동일한 메커니즘에 의해 만들어진다. 낭만적인 사랑은 어떤 면에서는 이런 메커니즘을 뇌가 의식적으로 이해하는 것이고, 온갖 종류의 사회적·정서적 유대감은 신경학적 수준에서 대부분의 사람들에게 깊은 보상의 느낌을 부여한다. 긍정적인 사회적 상호작용은 도파민의 분비를 촉발한다(하도 듣는 얘기라 지겹겠지만 사람에 따라 그 영향은 아주 다양한 정도로 나타날 수 있다).

● 모든 사랑의 출발점은 성욕이다?

섹스에서 시작해 보자. 이런 행동의 뿌리에는 섹스가 자리 잡고 있기 때문이다. 더 구체적으로 들어가서 쾌락에 대해 생각해 보자. 남성과 여성 모두에게 오르가슴은 성행위에 참여하도록 부추기는 기능도 하고 있다. 1970년대 이후로 이 주제의 연구가 이루어져 온 덕분에 남성과 여성의 오르가슴이 뇌에 비슷한 전기적 영향을 미친다는 것을 알게 됐다. 또 최근의 영상 기술 덕에 연구자들은 실험 참가자들이 뇌 스캐너 안에 누워 있는 동안 성적 절정에 도달하게 해서 그들의 뇌를 분석할 수 있었다. 이렇게 얻은 뇌 스캔 영상으로 오르가슴이 쾌락의 신경회로에 불을 붙인다는 것을 밝혀냈다.

오르가슴은 쌓여 있던 도파민이 갑자기 분비되면서 측좌핵을 활성화해 격렬한 쾌락의 느낌을 만들어낼 때 만들어진다. 이것 역시 보상회로가 관여한다. 오르가슴이 성기가 아니라 뇌에서 일어난다는 것이 중요하다. 사실은 섹스에 대한 기대만으로도 보상회로에서 도파민의 분비를 촉발할 수 있다. 이것만으로도 실제 성행위를 추구하도록 나서게 만들기에 충분하다.

지금까지는 좋다. 성행위는 여전히 번식을 위한 가장 쉽고 흔한 방법이다. 또한 실제로(항상 그런 것은 아니지만) 적어도 이론적으로는 대단히 큰 쾌락을 준다. 인간이 섹스를 하는 이유는 자신의 유전자를 전달하려는 욕구, 그리고 쾌락에 대한 기호 때문이다. 다만 섹스의 양상은 그보다 훨씬 더 복잡해서 성행위는 자신의 자기정체성, 성적 취향, 성정체성, 나이, 계급, 건강 상태 등에 따라 축적된 경험과 같은 수십 가지 요인에 영향받는다.

내가 초점을 맞추는 부분은, 신경과학에서 얻은 통찰을 이용해서 섹스를 번식과 쾌락으로부터 떼어내는 것이다. 당연히 나는 선천적 지상명령인 이 두 가지 욕구가, 우리는 완전히 의식할 수도, 의식하지 못할 수도 있는 다양한 방식으로 우리를 강제하고 있다고 생각한다. 하지만 자신을 섹스를 원하지 않는 무성애자로 정의하는 사람에 관해서 신경과학은 무슨 얘기를 할 수 있을까? 그리고 동성애에 관해서는? 여러 가지 성적 지향이 경험으로 축적된 개인적 선호도가 아니라 물려받은 유전적 유산, 혹은 심부 뇌 기능에 의해 결정된다는 것을 보여주는 증거가 있지는 않을까?

번식과 무관한 성적 취향과 무성애, 각각의 신경적 토대에 대해 살펴보기 전에, 이성애자인 사람들이 자신의 짝을 선택할 때

의식적 주체성이 결여되어 있는 경우가 얼마나 많은지 먼저 살펴보자.

'단 하나의 진정한 사랑One True Love'을 찾아나서는 동화 이야기는 늦은 감은 있어도 이제는 완전히 한물간 이야기로 취급받게 되었다. 그러나 단 하나의 사랑이라는 개념은 여전히 인간의 집단적 상상력에 강력한 영향을 미친다. 많은 사람이 자신의 인생 동반자를 선택할 때 절대 양보할 수 없는 성격적 특성이 무엇인지 알아내고, 자신과 타인에게 통속 심리학의 테스트를 해보며 완벽한 데이트 전략을 짜느라 머리를 싸매고 있다. 맥주잔을 기울이며 자신의 애정생활을 합리화하고 자신의 성공과 실패를 설명하려 온갖 종류의 이야기를 만들어낸다. 바꿔 말하면 섹스와 사랑이 삶에서 가장 분석이 많이 이루어진 부분처럼 느껴진다는 것이다. 하지만 사실은 짝 선택이 자손에게 상호보완적인 유전 물질을 전달하려는 '유전적 갈망' 등 의식적으로 인식할 수 없는 생물학적 지상명령에 의해 주도된다는 증거가 많이 나와 있다.

베른대학교 동물학연구소의 클라우스 베데킨트가 처음 진행하였다. 미국에서 실험 재현이 이루어진 한 흥미로운 실험에서는, 여성들이 짝을 평가하는 기준 중 무의식적으로 자기가 선호하는 파트너의 냄새 맡기가 있는 것으로 나타났다. 연구자들은 한 집단의 남성들에게 티셔츠 한 장을 세탁하지 말고 이틀 동안 그대로 입고, 체취제거제를 사용하지 말고, 다른 냄새를 가리는, 냄새가 너무 강한 음식을 먹거나 마시지 않게 지도했다. 그리고 한 집단의 여성들에게 그 옷을 입은 사람에 관해서는 일절 알지 못한 상태에서 티셔츠의 냄새를 맡고 매력을 평가하게 해보았다.

그 결과 여성들은 면역계가 자기와 아주 다른 남성의 체취를 훨씬 선호하는 것으로 나타났다. 이러한 차이는 주조직적합성복합체major histocompatibility complex, MHC로 알려진 100개 정도의 유전자 때문에 생긴다. MHC는 면역계가 병원체를 비롯한 외부 이물질을 알아볼 수 있게 도와주는 단백질 정보를 암호화하고 있다. 이 유전자들은 당신 몸에서 나는 체취를 결정하고, 당신의 면역계 구성을 결정하는 두 가지 역할을 맡는다. 자신과 다른 유전자 변이를 갖고 있는 배우자를 만나면 거기서 나온 자손은 감염에 훨씬 광범위한 저항 능력을 갖게 되어 생존 가능성을 높일 수 있다. 여성들은 말 그대로 자기와 유전자 궁합이 제일 잘 맞는 남편감을 냄새로 알아내는 것이다. 유전자와 뇌에 새겨진 완전히 무의식적인 행동이다. 남성은 이런 후각 능력이 그리 두드러지지 않는 것으로 보아 여성보다 냄새에 덜 민감하고, 따라서 냄새로 '올바른' 배우자감을 찾아내는 데 그리 큰 노력을 들이지 않는 것 같다. 남성들은 아이의 육아에 여성만큼 많은 시간과 에너지를 희생하지 않기 때문일 것이다.

흥미롭게도 연구자들은 호르몬 효과로 임신 상태를 흉내 내어 여성들을 일시적으로 불임 상태로 만들어주는 피임약이 이런 결과를 정반대로 뒤집어놓는 것을 발견했다. 피임약을 복용 중인 여성은 면역계 구성의 측면에서 자신과 유전적으로 비슷한 남성의 냄새를 더 좋아할 가능성이 높았다. 본질적으로 피임약을 복용하고 있는 경우에는 남자 형제나 사촌 같은 유전적으로 친척인 남성의 냄새를 더 선호할 수 있다는 얘기다. 결국 임신 상태에서는 자신과 자신의 아이를 보호해 줄 남성 친척을 곁에 두는 것이 아주 유리할 것이다. 다른 연구에서는 호르몬 피임약이 뇌의 배선을 바꾸어 남자 친구 선택에 영향을 미칠 수 있음을 지적했다. 그렇다면 이런 의문이 생긴다. 여성이 임신을 하기 위해 피임약을 끊으면 더 이상 자신의 배우자에게 매력을 못 느끼는 게 아닐까?

혹시나 독자 중에 이런 상황에서 자신의 남성 취향이 손바닥 뒤집듯 바뀔까 봐 겁을 먹는 사람이 생기기 전에, 한 가지 주의사항을 짚고 넘어갈 필요가 있겠다. 면역계의 유전적 암호화에서 결정적인 역할을 하는 MHC 프로필이 지문처럼 사람마다 각자 고유함을 고려하면, 피임약을 끊고 보니 자기가 자신과 MHC 프로필이 너무 비슷한 사람과 아기를 만들려고 하고 있었음이 드러날 가능성은 낮다.

이 부분을 안심시키는 맥락에서 시카고대학교의 유전학자 카롤 오베르는 미국 중서부 시골 지역에 있는 4만 명 규모의 후터파 Hutterite 공동체를 대상으로 부부의 유전적 호환성genetic compatibility 을 살펴보는 연구를 진행했다. 후터파는 아미시파Amish와 신앙과 관습 면에서 다를 것이 없는 민족종교 집단이다. 이들은 부족 바깥 사람과의 결혼이 금지되어 있지만 이렇게 제한된 유전자 풀안에서도 대부분 부부의 유전적 호환성은 자손에게 아무런 심각한 위협을 야기하지 않는 듯했다.

　몇몇 연구에서는 커플의 유전자 프로필이 비슷할수록 매력을 장기적으로 유지하기가 어렵다고 주장하기도 했으니 이것은 피임약을 사용하거나 또는 그들과 관계를 맺고 있는 사람들이 더 걱정해야 할 부분인지도 모른다. 혹시 유전적으로 너무 비슷해서 결국에는 열정이 식어버릴 운명에 처해 있는 것은 아닐까? 성적 매력이 미래의 자손에게 면역계 다양성을 촉진하는 데 부분적으로 역할을 하고 있음은 의문의 여지가 없으며, 이것은 인생의 중요한 결정들이 의식적 통제를 벗어난 힘에 영향을 받는다는 사실을 깔끔하게 보여준다. 그렇기는 해도 지금으로서는 신문의 헤드라인을 장식하고 있는 '이혼을 부추기는 피임약'에 관한 기사들은 무시하는 편이 안전할 것이다. 장기적으로 서로에 대한 매력을 유지하기는 어떤 상황에서도 쉽지 않은 일이고, 커플 사이의 관계가 세월의 시련에도 꿋꿋하게 버틸 수 있게 도와주는 요인들은 바닷속 물고기, 혹은 MHC 프로필만큼이나 많다.

　흥미롭게도 한 사람에게 헌신하기를 싫어하는 사람들이 자신의 행동을 설명하는 데 이용할 만한 최근의 연구가 있다. 텍사스대학교의 연구자들은 서로 다른 열 종의 생물에서 채취한 뇌 조직을 분석했다. 다섯 종은 일반적으로 일부일처제로 살아가는 생물종이었고, 다섯 종은 그보다 성생활이 난잡한 친척 생물종이었다. 그랬더니 다른 두 집단에서 일관되게 활성이 약화되거나 강화된 24개의 유전자를 확인할 수 있었다. 여기서 조사한 생물종에 인간은 포함되어 있지 않았지만, 이 연구는 이들 종 안에서 자식을 키우는 중인 남녀가 함께할 수 있게 도와줄 유전적 트릭이 진화적으로 보존되어 왔음을 가리킨다.

낭만적 사랑을 시작할 때의 뜨거운 열정은 기본적 번식 욕구의 부작용인 것으로 보인다. 수많은 연구에서 사랑에 빠질 때의 황홀한 감정은 번식과 관련된 모든 관심을 유망해 보이는 특정 후보에게 집중시키게 하는 일련의 뇌 활성이 만들어낸 결과임을 입증해 보였다. 그와 비슷하게 일부 연구에서는 낭만적인 이성애적 관계의 전형적인 생활사life cycle는 대략 7년 정도임을 밝혀냈다. 이 정도면 남녀관계가 형성되어 잠자리를 함께하고 아이를 낳아서, 그 아이가 가장 취약한 인생의 초기 시절을 지날 때까지 키우기에 충분한 시간이다.

하지만 늘 그렇듯이 지나치게 단순한 결론을 이끌어내는 것은 실수다. 종 수준에서는 맞는 말일지 몰라도 개인의 수준에 적용해서 어느 특정 개인이나 커플의 선택을 설명할 수는 없다. 번식은 강력한 동인動因이고, 새로움에 대한 인간의 선호도 역시 강력한 동인이다. 그렇다면 이것은 인간이 간통을 저지르도록 선천적으로 타고났다는 의미일까? 인간은 이런 행동을 저지르는 성향이 있다고 주장할 수 있다(그리고 많은 사람이 그래 왔다). 그러나 친밀함을 꾸준히 느낄 수 있는 대상이 있다는 것도 대단히 큰 동기를 부여해 주는 요인으로 밝혀졌다. 인간은 장기적인 사랑을 원하도록 만들어졌다는 주장 역시 가능한 것이다.

인간의 뇌는 한 사람과의 친밀감 유지를 조장하도록 진화해 왔다. 친밀한 상호작용을 통해 정기적으로 보상을 얻는 것만으로도 사람을 그 관계에 평생 붙잡아두기에 충분하다. 연구에 따르면 자신의 관계를 행복한 관계로 설명한 오랜 부부들은 서로에게 신체적으로 중독되어 있는 것 같아 보인다. 자기 배우자를 생각하기만 해도 쾌락체계가 활성화되면서 마약 중독자가 자기가 좋아하는 마약을 기대할 때와 비슷한 방식으로 뇌가 도파민으로 불이 켜진다.

뜨거운 초기 연애 시절 이후로도 관계를 유지하는 데는 몇몇 신경화학 물질이 관여한다. 예를 들어 배우자의 부드러운 손길은 피부에 있는 신경 말단을 자극해 뇌의 시상하부 영역으로 전기신호를 보낼 수 있다. 그러면 이 영역에서는 프로호르몬(호르몬의 전구물질—옮긴이)인 옥시토신이 분비된다. 옥시토신은 사람들 사이의 유대감에 깊숙이 관여하고 있으며, 엄마와 신생아 사이의 유대감 형성에서 특히나 중요하게 작용한다. 옥시토신은 대단히 강력한 물질이다. 알코올과 비슷한 방식으로 작용해 앞이마겉질(의사결정에 관여하는 뇌 영역)과 둘레계통limbic system(동기, 감정, 학습, 기억을 지배)의 억제신경세포를 활성화한다. 이 억제신경세포를 활성화함으로써 스트레스와 불안을 약화하고 사회적 억제social inhibition(사회적 관계 속에서 그 구성원들이 거부감을 느낄 만한 행동을 스스로 의식적, 혹은 무의식적으로 제약하는 것—옮긴이)에 브레이크를 건다. 이렇게 하면 행복, 긴장 완화, 신뢰 등의 느낌을 강화하기 때문에 성적 절정에 도달할 가능성이 높아진다. 사실 옥시토신은 코 분무 치료제의 형태로 부부치료에도 성공적으로 이용되어 왔다. 이것을 사용하면 서로의 친밀감을 높여준다.

그렇다고 옥시토신이 마냥 상냥하고 즐겁기만 한 것은 아니다. 이 호르몬은 '포옹 호르몬'이라는 감상적인 이름이 붙어 있지만 남녀의 유대감을 촉진할 뿐만 아니라 외부자를 향한 지역주의 territorialism와 공격성을 고취하기도 한다. 섹스를 하고 난 후에 연인과 어디로 숨어서 세상 나머지 사람들은 모두 무시하고 싶은 유순한 형태의 욕구로 발현되기도 한다. 사랑하는 사람 말고는 그누구도, 그 무엇도 신경 쓰고 싶지 않은 낭만적인 느낌은 부분적으로는 옥시토신 때문에 일어나는 결과다. 그보다는 매력이 떨어지는 얘기지만, 옥시토신은 사회적 적대감의 역학에도 관여하고 있음이 밝혀졌다. 옥시토신은 사람들로 하여금 타인을 희생시켜서라도 자신의 내집단을 강력하게 선호하도록 고취시킨다.

만약 낭만적 사랑과 남녀 사이의 장기적 유대감이 어느 정도까지는 뇌에서 분비되는 쾌락 물질에 따른 것이라면, 성공적인 관계 유지에서 의식적 선택에 의한 부분은 어디까지일까? 종종 주변에서 50년 넘게 함께 삶을 살아왔음에도 여전히 서로의 존재에 기쁨을 느끼는 놀라운 노부부들을 목격한다. 만약 이런 관계가 어느 수준에서는 뇌가 서로에게 이끌어내는 도파민에 의지해서 생긴 것임을 알게 되면 그 경외감이 쪼그라들까?

나는 인간의 뇌가 그런 일을 할 수 있게 그토록 교묘하게 설계되어 있다는 사실 자체가 경이롭게 느껴진다. 내 경우에는 이런 지식이 장기적인 친밀감의 신비를 깎아내리기보다는 오히려 힘을 불어넣는 유용한 지식이 되어준다. 만약 신경화학 물질이 장기적인 관계의 내구성에 결정적인 역할을 한다면 우리는 내 인간관계의 건강을 보살필 수 있는 위치에 서게 된다. 자신의 배우자와 서로 즐거운 활동에 정기적으로 참여함으로써 신경화학 물질의 분비를 촉발하려는 노력을 극대화할 수 있다. 이 활동은 섹스가 될 수도 있지만 집에서 단순한 친절로 해주는 안마, 포옹, 애무 등도 그만큼이나 효과적일 수 있다. 연구에 따르면 배우자에게 오늘 하루 어땠느냐고 물어보고, 그 말에 귀 기울이고, 그 말에 공감하며 대화를 나누는 단순한 행동만으로도 유대감 형성 과정을 촉발하고 강화하기에 충분하다고 한다. 어쩌면 당연한 얘기다.

자신의 유전자를 전달하고 이성애적 사랑을 통해 쾌락을 추구하려는 욕구에 따라오는 여파에 대한 이야기는 이쯤 하기로 하자.

배우자 선택의 결정요소로써 '유전적 갈망'과 쉽게 연결하기 어려운 성적 행동은 어떨까? 신경과학이 동성애적 성적 취향에 대해서도 설명할 수 있을까?

이런 질문을 던진다는 것 자체가 행동, 특히 성적 행동에 관한 연구가 이데올로기적 목적을 위해 도용될 위험이 있음을 반드시 인정해야 한다는 의미를 갖고 있다. 일부 극단적인 사회적 보수주의자들은 과학을 이용해 이성애만 '정상'이고 나머지 다른 형태의 성적 취향은 모두 '성도착'이라는 주장을 정당화하려 시도하기도 했다. 대단히 불쾌한 주장일 뿐만 아니라 결함도 있다. 생물학자들은 임의의 단일 종에서 나타나는 엄청나게 다양한 행동들을 관찰하는 일에 신속하게 익숙해진다. 다양한 행동들이 모두 하나의 스펙트럼 위에 놓여 있다는 자명한 진리가 성적 취향만큼 적나라하게 적용되는 곳도 없다. 내가 보기에는 너무도 뻔한 것이라 굳이 강조하고 싶지도 않지만 성적 취향에 관한 한, 그리고 인간의 뇌에 관한 한 '정상'이라는 것은 존재하지 않는다.

이런 점을 분명히 한 상태에서 성적 취향의 신경생물학에 관해 알려줄 수 있는 신뢰할 만한 정보 소스로 고개를 돌려보자. 어떤 사람들은 의학연구센터 분자생물학 실험실의 새 빌딩을 '노벨상 공장'이라고 부른다. 나는 그레그 제퍼리스 박사를 방문했다. 그는 초파리 수컷과 암컷의 성적 행동의 차이를 연구하고 있다. 이야기를 더 진행하기 전에 한마디 하자면, 초파리의 성적 취향에서 인간의 행동에 대해 무언가를 배울 수 있다고 주장하는 것이 정신 나간 소리로 들릴 수 있다는 것은 나도 알고 있다. 하지만 이 분야에서 초파리나 생쥐 같은 모형 생물을 가지고 진행한 연구들 덕에 여러 해에 걸쳐 혁신적인 돌파구가 마련된 것도 사실이다. 예를 들면 식욕에 대한 연구 같은 것이다. 그 내용을 그대로 인간에게 적용할 수는 없겠지만, 어떤 뇌 구조와 기능성에 관해서는 충분히 비슷한 구석이 있기 때문에 흥미로운 질문들을 던지고 검증해 보기에는 부족함이 없다.

그레그는 초파리가 구애행동을 하고 있을 때 활성화되는 뇌 회로를 공들여 지도로 제작했다. 그는 3개의 신경세포 연속배열을 구분해 냈다. 이 신경세포 배열은 수컷의 페로몬을 감지하며, 암컷에게는 짝짓기에 더 적극적으로 나서게 만들고, 수컷에게는 그 반대 효과를 나타내서 더 공격성을 띠게 만든다. 그는 초파리에게 페로몬을 뿌린 다음 어느 세포에 불이 들어오는지 관찰했다. 그 결과 뇌에서 스위치로 작용하는 것은 3개의 신경세포 중 마지막 세포임을 알아낼 수 있었다. 이 스위치는 정상적으로는 수컷에게만 발현되는 단일 유전자에 의해 '조절'된다. 다른 초파리 연구자들은 유전공학을 이용해 이 유전자를 암컷 파리에서 발현시켜 보았다. 이렇게 조작하니 암컷들은 수컷의 구애에 반응하는 대신 다른 암컷 파리와 짝짓기를 하려고 했다. 단일 유전자 스위치 하나를 튕겨주었을 뿐인데 초파리의 성적 취향이 바뀐 것이다.

하버드대학교 분자세포생물학과 캐서린 듀락 교수의 실험실 과학자들은 생쥐의 페로몬 감지 시스템을 조작해서 그와 비슷한 '성적 취향 스위치'를 만들어낼 수 있었다. 그레그의 말이다.

"초파리와 생쥐의 페로몬 연구 사이에는 분명한 유사점이 존재합니다. 앞으로 포유류의 뇌를 대상으로 하는 연구에서도 그와 비슷한 종류의 뇌 회로 이형성dimorphism을 관찰할 수 있으리라 기대합니다. 하지만 인간의 성적 취향은 사회적 요인, 발달적 요인에 분명하게 영향을 받는 신경 통제 과정이 여러 층으로 작용하고 있기 때문에 이보다는 훨씬 더 복잡합니다. 그래도 만약, 대다수의 인간이 이성인 배우자를 선택한다는 사실에 유전자가 기여하는 부분이 없다고 한다면 대단히 놀랄 일이죠."

　모든 복잡한 행동이 그렇듯이 하나의 유전자 부위가 성적 취향을 통제하는 것은 아니다. 게다가 아직은 성적 취향에 연루된 유전자를 찾기도 요원한 상태다. 수십 년에 걸쳐 남성이나 여성의 동성애와 관련된 유전자가 존재하는지, 존재한다면 어느 유전자인지 확인하려는 시도가 이루어졌지만, 연구 결과들을 꼼꼼히 살펴보면 일관성이 없고 결론도 불분명하다.

　그렇긴 해도 초파리와 생쥐의 경우와 마찬가지로 인간의 성적 취향도 신경생물학적 요소를 갖고 있을지 모른다는 증거가 존재하기는 한다. 남성과 여성 모두에서 자기보다 나이가 많은 동성 형제자매의 숫자가 동성애와 양(+)의 상관관계를 갖는 것으로 나타났다. 자기보다 나이 많은 형제가 한 명씩 늘어날 때마다 해당 남성은 동성애자일 확률이 33퍼센트 증가했다. 그런데 이것은 타고난 특성 때문일까? 아니면 나이 많은 동성 형제자매와의 인생 경험을 통해 학습된 것일까?

　일부 연구자들은 이것이 발달 중인 태아의 뇌에 엄마 면역계의 반응을 통해 새겨진 것이라고 제안한다. 데이터가 더 풍부한 남성의 경우에는 이런 가설이 나와 있다. 가설에 따르면 엄마의 배 속에 남자 태아가 들어설 때마다 엄마의 몸에서 생산되는 남성 호르몬을 공격하는 산모의 면역 반응이 촉발된다. 이 남성 호르몬이 '외부 이물질'로 인식되기 때문이다. 이렇게 산모의 몸속에 남자아이가 새로 임신될 때마다 산모의 몸은 더 신속하게 면역 반응을 개시할 수 있기 때문에 태아의 뇌는 테스토스테론 생산을 줄임으로써 태아의 뇌를 '여성화'할 수 있는 기회의 창을 극대화하게 된다. 이렇게 줄어드는 테스토스테론 생산이 자신을 동성애자로 여기는 경우와 상관관계가 있는 것으로 밝혀졌다.

이 연구는 추측에 머물러 있고 분명 그 자체만으로는 모든 동성애를 설명할 수 없다. 우선 집안의 장남 중에서도 동성애자인 남성이 무척 많다. 그리고 이런 메커니즘이 여성 동성애의 기여 요소일 가능성은 희박하다. 여자 태아는 이렇게 강력하게 산모의 면역 반응을 촉발하지 않기 때문이다.

초파리의 성적 취향을 만들어내는 신경적 기반에 대해 파고든 그레그의 연구는, 적어도 이 종에서만큼은 생물학적 성별과 짝짓기 행동 사이의 변경 불가능해 보이는 상관관계가 결국 뇌 속의 회로 문제로 귀결된다는 것을 입증했다. 하지만 이 연구 결과만 가지고 이제 인간의 동성애를 만들어내는 신경적 기반에 대해 이해할 날이 얼마 남지 않았다고 주장하는 것은 지나친 과장일 것이다.

현재로서 무성애 뇌의 연구는 아주 초기 단계에 머무르고 있다. 무성애의 의미를 어떻게 정의하느냐에 따라 통찰도 달라진다. 브리티시컬럼비아대학교의 부교수 로리 브로토는 스스로를 무성애자라고 하지만 성욕은 그대로 가지고 있고, 다만 그 누구와도 성욕을 해소하고 싶어 하지 않는 실험 참가자들을 데리고 실험을 진행했다. 그녀가 이런 행동과 관련이 있는 생물학적 표지를 찾아보니 일반적으로 이런 사람들은 이성애자보다 왼손잡이가 2.5배 정도 많다는 것을 알게 되었다. 이들은 또한 일반적인 임신 기간인 40주보다 엄마 배 속에 더 오래 있었거나 짧게 있었을 확률이 더 높았다. 로리는 이 발견이 이들이 나중에 무성애자가 되는 데 기여했을지 모를 초기 신경 배선의 차이를 말해주는 것이라 믿었다.

성 활동에 관한 관심의 결여는 오래 지속되는 특성이라기보다는 한 개인의 삶에서 특정 상황에 의해 촉발되는 일시적인 상태인 경우가 많다. 질병이나 정신적 외상 등이 원인이 될 수도 있고, 아기를 막 낳았다거나 업무로 스트레스를 받는 등의 비교적 온순한 문제에 이르기까지 성 활동에 대한 무관심의 이유는 많다. 하지만 그럼에도 이런 맥락의 요인은 섹스 욕망에 영향을 미칠 신경 요소를 갖고 있다. 성욕이란 결국 어떤 면에서는 신경과학적 현상이다. 어떤 성행위든 개시되려면 뇌와 몸에 작용하는 다중의 신경화학 물질들 사이의 복잡한 상호작용이 필요하다는 데 이의를 제기할 사람은 없을 것이다. 예를 들면 도파민, 에스트로겐, 황체호르몬, 테스토스테론은 흥분성으로 작용하는 반면, 세로토닌과 프로락틴은 억제성으로 작용한다. 한 개인에게 나타나는 이런 신경화학 물질의 수치는 어느 정도 유전자의 영향을 받겠지만, 온갖 환경적 촉발 요인에도 마찬가지로 민감하게 반응한다.

나도 아들을 낳고 오랫동안 그 누구하고도 섹스할 마음이 들지 않았다. 어쩌다 운명의 장난으로 우연히 영화배우 라이언 고슬

링과 얽힐 일이 생긴다 해도 아마도 나는 그와 향이 좋은 차를 한 잔 마시면서 대화나 나누었을 것이다. 아들에게 모유를 수유하고 있는 동안에는 내 몸의 프로락틴 호르몬 수치가 높아져 있어서 성욕이 억제되었다. 만약 아들이 태어나고 1년 동안 만성적인 수면 부족에 시달리고 있었을 때, 누가 나를 뇌 스캐너에 밀어 넣고 섹스에 대해 생각해 보라고 했다면 아마도 기분 좋은 연상으로 측좌핵으로 도파민이 솟구쳐 들기는커녕 공포 반응으로 편도체에 불이 들어오는 것을 보았을 것이다. 내가 가진 모든 자원은 의식적으로, 무의식적으로 이미 낳아놓은 아이를 돌보는 일에 초점이 맞춰져 있었다.

비이성애적 행동의 신경기반에 관한 연구에서 연구 결과들이 계속해서 나오고 있지만 번식을 위한 것이든 유흥을 위한 것이든 모든 형태의 성적 관계는 수십만 년에 걸쳐 다듬어진 뇌 회로와 본능에 의해 주도되는 것이다. 섹스는 우리를 비이성적인 욕구와 가장 긴밀하게 연결하는 행동 중 하나지만, 그저 무의식적인 동기에 의해서만 좌우되는 행동은 결코 아니다. 또한 자신의 인생 이야기와 '용인 가능한' 성적 행동을 규정하는 사회규범이라는 맥락 안에서 온전한 의식을 가지고 참여하는 행동이기도 하다.

영국에서는 남성 간의 동성애 행동이 1967년이 되어서야 처벌 대상에서 제외되었다. 지금은 이런 행동이 널리 용인되고 있다. 입양권이 새로 제정되고 시험관아기 시술에서 혁신적 돌파구가 마련되면서 표준적 형태를 벗어난 가족이 등장할 가능성이 더욱 커졌다. 트랜스젠더 남성이 아이를 낳는 경우가 점점 늘어나고 있다. 끝없이 늘어나는 인구가 지구의 수용 능력을 초과할지도 모른다는 인식이 고조되고 있는 동시에 한편으로는 경제적 압박 때문에 과연 아이를 낳을 필요가 있는지 다시 생각해 보는 사람들이 많아지고 있다.

따라서 어떤 형태이든 섹스는, 그리고 섹스에 대한 관심 결여조차도 어떤 면에서는 사회적 측면에 의해 주도되는 것이라 할 수 있다. 통용되는 사회적 규범과 외부의 압박이 생물학적으로 깊숙하게 새겨져 있는 욕망과 경쟁할 수 있다. 이런 요인들이 미치는 영향력을 정교하게 분리하는 것이 현재는 불가능하지만 그래도 확실하게 말할 수 있는 부분이 있다. 자기 고유의 개인 생활에서 가장 소중한 측면 중에는 보편적으로 타고난 성적 지상명령에서 비롯되는 것이 있다는 점이다. 사랑에 빠질 때 경험하는 육체적 간절함, 사랑하는 사람을 돌보고 보호하려는 맹렬한 욕구, 심지어는 사랑을 위협하는 사람을 향한 질투심 어린 적대감 등 이 모든 필수적인 감정 상태는 섹스와 육아에 시간과 에너지를 투자하도록 오랜 세월에 걸쳐 진화한 격렬한 신경화학적 활동의 결과물이다.

육아 본능에 대한 놀라운 진실

사람의 육아는 섹스와 마찬가지로 사회적으로 구축된 행동들이 겹겹이 겹쳐 있지만, 우리들 대부분은 육아가 분명 선천적으로 타고난 생물학적인 동기에 의해 이루어진다는 개념을 불편함 없이 받아들일 수 있다. 어떤 동물이든 성공적으로 번식을 하고 나면 그 자손이 성적으로 성숙해서 또다시 소중한 유전자를 후대에 전달할 수 있을 때까지 반드시 보살펴주어야 한다. 어떤 면에서 보면 부모가 자기 자식에게 느끼는 사랑은 자식이 살아남아 번식하는 것을 보고 싶은 바람에 의한 것이다. 사실 부모-자식 패러다임은 유용한 프리즘이다. 이 프리즘을 이용하면 타고난 성향 때문에 무의식적으로 빠져드는 행동이라는 개념으로 사랑을 바라볼 수 있다. 이 패러다임을 이용하면 애착이 섹스 및 번식과 연결된 선천적 욕구의 부산물임을 아주 명확하게 이해할 수 있다. 예외는 있지만 대체로 인간은 아이가 자신의 사랑에 보답을 하든 안 하든 자기 아이를 돌보고 사랑하도록 운명 지워져 있다.

몇몇 흥미로운 연구에서. 새로 부모가 되었을 때 육아 행동 스위치가 켜지는 메커니즘을 조사했다. 수컷 생쥐는 방임주의 부모라기보다는 잔인한 부모로 악명이 높다. 조금 소름 끼치는 이야기지만 일반적으로 수컷 생쥐는 새로 태어난 수컷 생쥐를 우연히 만나면 죽여서 먹어버린다. 아마도 미래의 경쟁자를 제거하기 위함일 것이다. 하지만 수컷 생쥐가 성행위를 하고 3주 후에는 마주치는 모든 갓 태어난 새끼들에게 육아 행동을 보이는 시간의 창이 열린다.

하버드대학교의 캐서린 듀락은 짧은 기간 동안 수컷 생쥐가 어린 새끼들을 털 고르기 해주고, 입으로 물어 날라 둥지로 돌려보낸다는 것을 보여주었다. 생쥐의 임신 기간이 얼마일까? 맞다. 3주다. 수컷 생쥐의 뇌 속에는 시계가 있어서 짝짓기를 하고 3주가되면 평소의 공격성 스위치가 꺼지면서, 그 공격성이 자기의 잠재적 새끼를 돌보아야 할 정확한 '시기 맞추어 돌봄 행동'으로 대체된다. 수컷 생쥐는 새끼들이 자기 새끼인지 확실히 알 수 없다. 수컷이 전통적 핵가족에 해당하는 생쥐의 가족과 함께 머물면서 새끼를 돌보거나 하는 것은 아니다. 수컷은 새끼를 만나면 비록 수컷이라고 해도 상관하지 않고 그냥 자기가 짝짓기한 시기와 새끼가 태어난 시기만 맞아떨어지면 차별 없이 돌보아준다. 이렇게 갑작스러운 행동 변화를 일으키는 정확한 메커니즘은 아직 분명하지 않다. 섹스하는 동안에 분비된 호르몬이 테스토스테론의 감소와 더불어 육아 행동을 지시하는 새로운 뇌 회로의 형성을 유도하는 것인지도 모른다.

다행히도 생쥐처럼 잔인한 동족 포식의 형태는 아니지만 남성 사람에게도 성향이 관찰된다. 예비 아빠는 테스토스테론 수치가 1/3 정도 낮아지는 반면, 임신 여성의 육아 행동과 수유와 관련된 호르몬인 프로락틴은 아기의 출산 예정일 몇 주 전에 크게 상승한다.

육아처럼 복잡한 행동을 시간 순서에 따라 조절하는 스위치가 뇌 속에 들어 있다고 생각하면 참 재미있다. 부모의 사랑이라는 폭넓은 주제에서 엄마의 역할과 아빠의 역할이라는 구체적인 주제로 들어가니 참신한 느낌이 든다. 간혹 엄마는 자식에게 헌신하도록 선천적으로 타고난 반면, 아빠는 육아에 무관심하도록 타고났다고 믿는 사람도 있는 것 같다.

이런 고정관념은 여러 면에서 도움이 되지 않는다. 잘못된 개념을 강화하기 좋아하는 사람들이 학계에만 있는 것은 아니다. 전 세계 어디를 가든 술집에서 나누는 얘기만 들어봐도 남자가 해야 할 일이 무엇이고, 여자가 해야 할 일이 무엇인가에 대한 의견들이 끝없이 쏟아져 나온다. 이제는 대다수 여성이 집 밖에서 일하는 후기산업 평등주의 사회라고 공언하는 곳에서도, 부모로서 엄마와 아빠의 역할에 대해서는 여전히 문화적 불안감이 팽배해 있다.

섹스와 마찬가지로 육아에 관해서도 본질주의적 주장을 확실히 경계해야 한다. 일부 저자들은 신경과학을 끌어들여 여성의 역할, 특히나 엄마의 역할에 대해 사회적으로 보수적인 주장을 강화하려 한다. 이런 주장 대부분이 사이비과학일 수밖에 없는 이유를 엄격하게, 때로는 재미있게 보여주고 있는 코델리아 파인의 『젠더, 만들어진 성』은 반박이 불가능한 훌륭한 책이며, 분야를 막론하고 뻥튀기 신경과학에 회의적인 사람이라면 놓치지 말아야 할 책이다.

파인이 인용한 한 연구에서는 필요야말로 발명의 아버지임이 입증되었다. 수컷 쥐는 보통 새끼를 돌보는 일에 주도적으로 나서지 않지만, 만약 수컷 쥐가 새로 태어난 새끼와 함께 굴속에 남아 있고 그 새끼를 돌볼 어미가 없다면 수컷 쥐는 새끼의 털을 고르고, 돌보고, 심지어 둥지를 짓는 일까지 완벽한 능력을 보여준다. 시간이 이틀 정도 걸리기는 하지만 머지않아 수컷은 마치 새끼를 돌보기 위해 태어난 존재라도 되는 것처럼 새끼에게 착 달라붙어 지낸다. 파인은 이렇게 적고 있다.

"정상적으로는 수컷이 새끼를 돌보지 않는 종에서도 수 컷의 뇌 속에 육아 회로가 존재한다. 수컷 쥐가 윌리엄 시어 스(미국의 소아과 의사로 육아 서적을 30권 이상 출간했다―옮긴이)의 육아 매뉴얼에 도움받지 않아도 이렇게 육아 본능을 일깨울 수 있다면, 사람 아빠도 전망이 밝다고 생각한다."

양쪽 성 모두에게 육아 행동은 애착과 돌봄을 강화하는 데 도움을 주는, 깊숙하게 자리 잡은 선천적 욕구에서 나온다. 유전자, 호르몬, 환경이 모두 중요하며 이것을 함께 평가하지 않고서는 행동에 대해 신뢰할 만한 설명을 내놓을 수 없다. 수컷 쥐는 환경의 제약 때문에 반드시 그래야 하는 경우가 아니고서는 아비 노릇을 하지 않는다. 하지만 환경의 제약을 마주하면 그 환경이 신경 경로를 활성화하는 호르몬의 분비를 촉발하고, 행동의 변화로 이어진다. 수컷 생쥐에게도 이와 비슷하게 아빠로서의 돌봄 행동을 일으키는 스위치가 존재한다. 이 경우에는 촉발 요인이 시간이다. 맹목적으로 받아들인 사고방식에 눈이 멀기 쉽지만, 받아들이이지 않으면 상황이 훨씬 흥미로워진다.

쥐처럼 인간에게도 애착은 신경화학적 사건이다. 애착은 번식에 의해 동기가 부여되고, 보상회로를 통해서도 동기가 부여된다. 육아는 생존에 필요할 뿐만 아니라 대단히 큰 기쁨을 주기 때문이다.

타인과 연결되도록 설계된 뇌

일대일의 낭만적인 관계와 육아를 통해 구축되는 유대감을 알아보았으니 이번에는 친구관계와 친족관계를 지배하는 역할로 넘어가 보자. 우리는 이런 형태의 애착을 주로 사회적으로 구축된 관계라 생각하기 쉬운데 신경과학은 이에 대해 무엇을 말해줄 수 있을까? 연구를 통해 옥시토신 생산이 사랑의 열병과 외부자를 향한 적대감 모두와 연관되어 있음이 밝혀졌다. 이 사실은 신경 및 호르몬의 활동과 사회적 유대 사이의 관계에 대해서도 놀라운 통찰을 안겨준다. 나는 인간이 공동체 안에서 만들어지는 느슨한 사회적 연대와 함께 그보다 더 가까운 친구 패거리를 형성하는 능력을 어떻게 진화시켰는지 더 알고 싶었다. 대부분 사람은 상대적으로 부끄러움이 많거나 내성적이라도 복잡한 사회에서 살아가는 탁월한 능력이 있다. 이 기능 중 상당 부분은 무의식적으로 쉽게 이루어진다. 이는 모든 인간관계가 기쁨, 보상, 동기와 관련이 있는 심부 뇌 기능에 어느 정도는 의존하고 있음을 말해준다.

나는 사회적 뇌를 연구해 온 옥스퍼드대학교의 진화심리학 교수 로빈 던바와 대화를 나누었다. 로빈은 인간이 애착과 관심에 화답하는 과정을 어떻게 보상으로 느끼며, 더 나아가 왜 그렇게 느끼는지 탐구하고, 이것이 궁극적으로 인간이 하나의 종으로 진화하는 데 어떻게 도움을 주었는지 탐구해 왔다.

우리는 그의 거실에서 대화를 나누었다. 돌출된 창에서 봄 햇살이 쏟아져 들어오고 있었고, 자신의 탐구 대상에 대한 그의 열정은 목소리와 밝은 표정을 통해 빛이 났다.

로빈은 우정이 개인적 행복에 기여하는 이득에 대해서는 분명한 입장을 취하고 있었다.

"우정은 단일 요인으로는 건강과 행복에 가장 큰 영향을 미칩니다."

다른 사람에게 애착을 느끼고 함께 교류하는 것은 기본적으로 좋은 일이다. 그는 이 주제와 관련해 자기가 좋아하는 연구에 대해 말해주었다. 이 연구는 심장마비 이후의 회복 여부를 알려주는 최고의 예측인자는 하루 한 갑씩 태우는 흡연 습관을 끊느냐, 혹은 콜레스테롤이 뚝뚝 떨어지는 감자튀김을 끊느냐의 여부가 아니라, 자신을 뒷받침해 주는 인적 네트워크와 우정이 얼마나 강력한가에 달려 있음을 보여주었다. 포옹, 걱정의 표현, 웃음 등 애정이 담긴 신체적 접촉은 엔도르핀의 생산을 촉진한다. 엔도르핀은 면역계에 긍정적인 영향을 미쳐 회복 속도와 감염에 대한 저항성을 높여주고, 기분도 좋아지게 한다. 그는 이렇게 설명했다.

"우정은 뇌에 새겨져 있는 자기보호 메커니즘입니다. 우정은 유사시에 위험으로부터 우리를 완충하고 보호하는 데 도움을 줍니다. 하지만 그전에 동맹관계가 미리 확립되어 있어야 하고, 여기에는 에너지가 필요하죠. 친구를 만들고 유지하는 것은 인지적 비용이 따릅니다. 하지만 우정은 이렇게 투자할 만한 가치가 있습니다. 때로는 즉각적인 자기만족보다 우정과 공동체의 가치를 더 우선해야 할 때가 있죠."

로빈은 인류가 눈확앞이마겉질orbital prefrontal cortex(눈 바로 뒤에 자리 잡고 있는 뇌 영역으로 충동을 억제하고 감정을 처리하는 일에 관여한다)을 발달시키던 것과 때를 같이해서 든든한 우정을 구축하고 가꿈으로써 자신의 미래를 계획하는 능력을 진화시켰다고 믿는다. 그는 눈확앞이마겉질이 인간에게 상대적으로 크기가 크다는 점이 우리가 인간이라는 종으로 진화하는 데 핵심 토대가 되었다고 본다. 중요한 것은 경이로운 처리 능력 자체가 아니라, 크고 복잡한 인간관계 네트워크를 성공적으로 유지하고 그 속을 헤쳐 나갈 수 있는 능력이다.

로빈은 그가 '사회적 뇌 가설social-brain hypothesis'이라고 부르는 것을 종과 종 수준에서 분석해 보고 포유류, 특히 영장류에서 이 뇌 영역의 상대적 크기가 그 종의 사회집단 크기와 상관관계가 있음을 입증해 보였다. 이 뇌 영역의 크기는 인간에 와서 정점을 찍는다. 그는 인간이 평균적으로 150명 정도의 사람과 안정적인 사회적 관계를 유지할 수 있다고 제안한다. 인지적 한계에 의해 결정되는 이 대략적인 공동체 규모를 넘어서면 사회의 역학을 통제하기 위해 더욱 형식적인 규칙이 필요해진다. 로빈이 말하는 '던바의 수Dunbar's number'는 적어도 1년에 한 번 정도는 얼굴을 보려고 의식적으로 노력하는 사람들의 수를 말한다.

이 수치는 분명 사람마다 차이가 있을 수 있다. 다른 행동과 마찬가지로 사회성도 사람마다 차등화되어 있는데 이것 때문에 연구가 재미있어진다. 눈확앞이마겉질의 크기로 그 사람의 사회적 네트워크의 크기를 대단히 정확하고 민감하게 예측할 수 있다.

사회적 기질에는 두 가지 뚜렷한 유형이 존재한다. 그리고 두 가지 별개의 뇌 프로필이 그와 관련되어 있다.

어떤 사람은 눈확앞이마겉질의 부피가 더 크다. 이런 사람을 '외향성'라고 부르자. 이들은 그 부피에 비례해서 더 넓은 사회적 네트워크에 참여한다. 이 개개의 인간관계에 헌신하는 시간을 아껴 인간관계의 질은 조금 희생해 사람을 얕게 만나는 대신, 아낀 역량을 더 큰 네트워크를 유지하는 데 투자한다.

반면 '내향성'인 사람들은 유지하는 사회적 네트워크의 크기는 작지만, 그 안에 포함된 각각의 우정은 더욱 강력하고 신뢰할 수 있다. 이 스펙트럼에서 어느 쪽으로 치우쳐 있든 뇌 화학 수준에서 보면 사람들은 여전히 자신의 우정과 동맹관계를 가꾸며 시간을 보내는 것을 보상으로 여긴다.

이렇듯 서로 다른 사교 스타일이 종 전체를 이롭게 하는 사회 구조를 뒷받침해 준다. 사이가 더 가까운 내향성 사람에 의해 형성된 작은 집단은 사회적 응집성을 갖춘 안전한 집단을 만들어내고, 외향성 사람들은 이런 무리들 간에 다리를 이어주어 아이디어를 교환할 수 있게 해준다. 이는 반향실 효과_{echo chamber effect}(생각이 비슷한 사람들끼리만 모여 편협한 사고방식이 계속 증폭되는 효과—옮긴이)를 막아 이질적인 집단 사이에서 정보와 아이디어의 교환을 용이하게 만드는 역할을 한다. 사회적 행동에서 이런 다양한 차이를 보일 수 있는 능력이 진화적으로 성공하는 데 핵심 요인이었다. 이 능력 덕분에 하나의 종으로서 인간은 필요한 시기에 긴밀한 동맹을 결성하여 서로를 뒷받침하면서도 새로운 정보를 처리하고 서로 다른 폭넓은 관점을 받아들일 수 있었다. 이것은 효과적인 집단의식을 만들어내는 데 결정적인 역할을 했다. 이 부분은 뒤에서 신념 체계를 만들어내는 신경 기반을 살펴볼 때 다시 다루겠다.

우정과 사회집단의 형성에 대해 조사해 보면, 사회적 행동을 주도하는 데 도움을 주는 여섯 가지 핵심 신경화학 물질이 존재함을 알 수 있다. 베타엔도르핀, 세로토닌, 테스토스테론, 바소프레신, 옥시토신, 그리고 우리의 오랜 친구 도파민이다. 이 화학물질들은 사회적 뇌 네트워크에서 복잡한 방식으로 상호작용하지만(그리고 이들 중 다수가 성적 활동과 관련해서도 머리를 내민다), 아주 대략적으로 말하면 도파민은 동기와 보상을 제공해 주는 반면, 엔도르핀은 사회성에 따라오는 편안, 만족, 여유의 측면을 부여해 준다.

로빈은 다른 사람들과 웃거나, 포옹하거나, 노래하거나, 이야기하거나, 춤추거나, 함께 보조를 맞추어 운동할 때 베타엔도르핀의 활성으로 뇌에 불이 들어온다는 것과 이런 활동들이 모두 사회적 소속감과 응집의 느낌을 고취해 준다는 것을 발견한 후로 베타엔도르핀의 역할에 특히나 관심이 많았다. 로빈은 이렇게 말했다.

"노래 부르기가 이런 점에서는 최고로 좋습니다. 한 시간 정도 함께 노래하면 그 후에는 처음 보는 사람들끼리도 자기 인생을 나누는 사이가 됩니다."

인구밀도는 높지만 익명성이 강한 사회 여기저기서 마라톤이나 철인삼종경기 같은 집단적 운동의 인기가 많아지는 이유도 어쩌면 이것으로 설명할 수 있을지 모른다. 우리는 외로움의 위기를 겪고 있다. 건강과 행복에 미치는 잠재적 영향으로 유행병처럼 번지는 비만 말고는 이보다 더 심각한 문제가 없다고 할 수 있다. 이런 점을 고려하면 이 연구가 갖는 함축적 의미가 대단히 심오하다. 약간의 상상력을 발휘한다면 스토리텔링이나 공동체가 함께 모여 노래하기가 공공보건 정책이나 화해의 기술로 선보이게 될지도 모른다.

흥미롭게도 사회성이 대단히 좋은 사람들은 사회적으로 덜 활발한 사람들보다 눈확앞이마겉질에 베타엔도르핀 수용체가 훨씬 더 많다. 로빈은 선천적으로 뇌에 이 수용체가 많은 사람은 그것을 채우기 위해 더 많은 사회적 자극이 있어야, 즉 많은 친구를 두어야 기쁨을 느낄 수 있으리라고 추측한다. 수용체가 적은 사람은 사회적 상호작용이 그보다 적어도 같은 만족 수준에 도달할 수 있다.

만약 사회 속에서 사람의 숫자와 우리가 형성하는 유대의 스타일이 대체로 정해져 있는 것이라면, 친구를 고를 때 이용하는 기준은 무엇일까? 이것 역시 통제를 벗어난 요인에 의해 새겨져 있는 것일까?

로빈은 인간도 친구를 고를 때, 상품의 특성을 알려 주는 슈퍼마켓 바코드처럼 자기 정보를 드러낸다고 말한다. 그 '바코드'가 가장 선명하게 드러나는 통로 중 하나가 바로 언어다. 사람들은 대화를 주고받는 동안 말투와 표현, 주제 선택을 통해 상대를 빠르게 가늠하고, 동시에 자신이 어떤 사람인지도 내비친다. 그리고 많은 특성을 공유하는 사람일수록 가까운 친구가 될 가능성도 그만큼 커진다. 여기에 영향을 미치는 요소로는 나고 자란 장소와 방식, 교육 수준, 취미와 관심사, 세계관, 유머감각 등이 있다. 대화를 통해 이 모든 것에 대한 스캔이 이루어진다. 예비 정보 중 상당 부분은 자신을 표현하는 방식을 통해 전달된다. 이렇게 상호작용하는 사람들은 관계를 공고히 하기 위해 시간을 투자하는 것이 가치가 있는 일인지 평가하게 된다. 물론 이 과정은 양방향으로 진행되기 때문에 다른 사람의 세계관이 자신과 너무 달라서 서로를 이해하는 데 많은 정신적 에너지가 필요하지 않을지 알아내려 지속적으로 노력한다. 세계관이 너무 다른 경우에는 우정이 싹을 틔우려다 자라지 못하고 십중팔구 사그라지게 된다.

이것은 기본적으로 대단히 효율적인 메커니즘이다. 만나는 사람마다 동맹을 맺을 만한 사람인지 알아내기 위해 막대한 양의 시간과 인지 역량을 투여할 필요 없이 간략하게 확인이 가능하기 때문이다. 이 모든 것이 무의식 수준에서 일어난다는 점을 잊지 말자. 타인을 평가할 때 모든 사람이 편견에서 자유롭지 못한 이유를 설명하는 데 이것이 도움이 된다.

친구를 고르는 성향은 대체로 공통점을 기반으로 이루어진다. 그렇다고 자기와 판박이처럼 닮은 사람한테만 끌리는 지경까지 가서는 곤란하겠지만 말이다. 뒤에서 살펴보겠지만 결국 인간은 새로움에 끌리도록 만들어져 있다. 친구를 사귈 때 공통점을 선호하는 것은, 번식을 위해 배우자를 찾을 때 적용하는 기준과는 대조적이다. 면역계가 튼튼한 자손을 생산하려는 강력한 선천적 욕구가 있다는 주장이 있는데, 면역계가 건강에서 담당하는 중요한 역할을 조사한 최근의 연구를 통해 이런 주장이 정당성을 입증받았다.

예를 들어 '염증에 걸린 뇌' 가설에서는 우울증의 발생에 결함이 있는 면역계에 의해 야기된 뇌의 염증도 한몫을 한다고 주장한다. 이로써 자기 유전자를 생존시킨다는 측면에서 이런 욕구를 통해 개인에게 돌아가는 이득이 무엇인지는 명확해진다.

성적 행동이 아닌 사회적 행동과 면역계 기능 사이의 상관관계는 심한 감기나 독감, 혹은 복통으로 고생할 때 거의 모든 사람이 경험하는 우울한 감정에서 잘 드러난다. 면역계가 감염원과 싸우느라 바쁠 때는 기분이 가라앉고 사람을 별로 만나고 싶지 않을 때가 많다. 이럴 때 하루나 이틀 정도 집에서 푹 쉬는 것은 자신과 접촉하는 집단에 감염원이 퍼지는 것을 막는 데 도움이 된다. 몸과 뇌의 여러 시스템은 종과 개인 모두의 이득을 위해 대단히 높은 수준으로(그리고 무의식적으로) 협동한다. 여기서도 역시 유전자, 행동, 번식 적합성, 사회성이 서로 복잡하게 얽혀 있다.

사회성은 나란히 함께 작용하는 복잡한 메커니즘들로부터 나오는 결과물이다. 이것은 본질적으로 미래를 계획하는 능력에 좌우되는 일종의 보험이다. 여기에 소모되는 시간과 에너지를 생각하면 다행히도 이런 능력은 온전한 의식적 노력이 필요하지 않다. 신뢰, 호혜, 의무를 바탕으로 성공적인 인간관계를 구축하는 것은 무척 어려운 일이지만, 새로운 아이디어와 관점의 입력을 가능하게 해주어 개인, 집단, 인류라는 종 전체에게 모두 이롭게 작용한다. 그렇다 보니 우리는 긴밀한 사회적 상호작용을 귀하게 여기고 사회적 거부를 두려워하도록 선천적으로 타고났다. 캘리포니아대학교 로스앤젤레스 캠퍼스의 나오미 아이젠버거 교수와 그녀의 동료 메리-프랜시스 오코너 박사는 사회적 거부가 뇌에 미치는 영향이 심각한 물리적 타격과 비슷하다는 것을 발견했다.

"사회적 애착 시스템이 신체 고통 시스템에 올라타 있는 형국이기 때문에 인간은 고통을 피하기 위해 타인과 가까이 이어져 있으려고 합니다."

헤어짐의 아픔으로 가슴이 찢어지고 사람이 죽을 수도 있다는 옛말을 이런 메커니즘으로 설명하고 싶은 유혹이 느껴진다. 사랑하는 연인, 배우자, 혹은 가까운 친구와 헤어지면 스트레스 호르몬의 분비가 촉발되어 사람이 견딜 수 없는 수준과 지속 기간으로 고통의 신경로가 활성화될 수 있다. 만성적인 고립과 외로움은 질병 및 사망 발생률 증가와 밀접하게 연관되어 있다. 실연의 아픔으로 가슴이 찢어진다는 표현이 그냥 비유만이 아닐지도 모른다.

하지만 사회성의 범주 안에는 사회적 교류에 관심이 없는 사람, 사실상 '비사회적인 사람'에 해당하는 범주가 존재한다. 여기서 말하는 것은 사회적 요구에 적극적으로 적대적인 반응을 보이는 사람이나 자폐증 등의 질병으로 사회적 교류에 관심이 결여되어 있거나, 사교적으로 행동하기 위해 안간힘을 쓰는 사람이 아니다. 자기 시간을 대부분 혼자 지내려고 하고, 사회적 접촉의 즐거움에 무관심한 사람을 말한다. 인간은 애착을 느끼고 타인과 연결되어 있는 기쁨을 추구하기 위해 사회적 접촉을 추구하는 성향이 있다는 연구가 점점 많아지는 상황에서, 연구 결과와 동떨어진 이런 행동을 어떻게 설명할 수 있을까?

'비사회적인 사람'에 대해, 그리고 이것이 우리 종은 소통, 보상, 사회성을 선천적으로 타고난다는 개념과 어떻게 관계되어 있는지 조사하기 위해, 나는 황당하게 들릴 수도 있지만 꿀벌 집단의 행동을 탐험해 보고 싶어졌다. 나는 일리노이대학교의 유전체학연구소 소장인 진 로빈슨 박사와 대화를 나누었다. 그의 연구실은 서양꿀벌Apis mellifera에서 유전자 활성과 사회적 활성이 어떻게 연결되어 있는지 연구하고 있다. 사회유전체학social genomics은 스트레스, 갈등, 고립, 애착 같은 서로 다른 사회적 요인들이 한 개인의 뇌 속에서 유전체의 활성에 어떻게, 왜 영향을 미치는지, 어떻게 감정과 사회적 행동을 빚어내는지 조사하는 신생 연구 분야다. 본질적으로 이 연구 분야의 목적은 환경이 어떻게 유전자를 활성화하는지 이해하는 것이다. 하지만 진의 연구 중에 과연 사람과 관련이 있는 것이 있을까? 꿀벌과 인간을 비교하는 것이 정말 가능한가?

내 질문에 눈 깜짝할 새 없이 빠른 속도로 대단히 전문적인 대답을 쏟아내던 진은 너무 단순하게 비유하는 것은 문제가 될 수 있다는 데 의견을 같이했다.

"꿀벌의 뇌에는 버섯체mushroom body(생물학에서 제일 이상한 이름에 주는 상이 있다면 분명 이 이름이 강력한 후보가 될 것이다)라는 뇌 영역이 존재합니다. 이 뇌 영역은 사회적 자극에 반응하고 옥토파민이라는 신경화학 물질을 받아들입니다."

알고 보니 옥토파민은 인간에게 있는 도파민의 무척추동물 버전으로 그와 비슷하게 쾌락을 중재하는 데 관여하는 물질이었다.

이제 언어 혹은 소통, 그리고 사회적 응집과 개인의 보상에서 그것이 맡는 역할이 무엇인가로 돌아가 보자. 꿀벌은 8자 춤waggle dance을 통해 서로 '대화'를 나눈다. 꿀벌은 이 춤을 이용해서 좋은 먹이가 있는 곳의 거리와 방향을 소통한다. 진은 꿀벌에게 코카인을 복용시키면 이것이 그들의 옥토파민 시스템을 활성화해서 춤을 강화한다는 것을 알아냈다. 꿀벌에게 당도가 떨어지는 꿀을 먹여도 코카인에 취해 있는 상태라면, 벌집으로 돌아가 엄청 좋은 꿀을 찾아냈다며 열변을 토할 것이다. 여기서는 인간과 벌 사이에 현저한 유사성이 있는 것으로 보인다. 코카인에 취한 꿀벌은 자기 동료들에게 좋은 소식을 퍼뜨리는 것을 엄청 즐겁게 여긴다(하지만 그 사회적 함축에 대해서는 고개를 갸웃거릴 수밖에 없다. 그 소식이란 것이 실제로는 그렇게 좋은 소식이 아니기 때문이다. 기분에 취해서 친구들을 잘못된 정보로 인도한 꿀벌에게 불평이 생기지는 않을까?). 이런 점을 무시하면 이 연구는 한 개체의 보상체계 기능을 공동체 전체의 이익 담보라는 측면과 깔끔하게 연결한다.

진의 연구에서 흥미로운 두 번째 연구 결과는, 어떤 개체군이든 그 안에는 전혀 사회적이지 않은 소규모의 꿀벌 집단이 존재한다는 점이다. 이 벌들은 여왕벌이 죽어도, 새로운 벌이 자기네 영역으로 침범해 들어와도 반응하지 않는다. 진이 이런 벌들의 버섯체에서 유전자가 어떻게 발현되는지 조사했더니, 이런 벌은 약 1,000개 정도의 유전자가 다르게 발현되는 것으로 나왔다. 또한 이 꿀벌 유전자와 일부 사람에 유사하게 나타나는 사회성 결여와 관련된 유전자가 통계적으로 유의미하게 중첩된다는 것을 발견했다. 진은 이렇게 주장했다.

"지금 여기서 사람과 꿀벌을 대상으로 허울 좋은 비교를 하려는 것이 아닙니다. 꿀벌은 크기가 작은 사람도 아니고, 사람은 크기가 큰 꿀벌도 아니니까요. 하지만 분자 수준에서는 사람과 꿀벌 사이에 유사점이 존재합니다. 이는 서로 다른 몇몇 진화 가지 위에서 진화한 사회적 뇌가 비슷한 기질을 사용하며 비슷한 행동에 관여하고 있음을 암시합니다."

그는 사회적인 반응을 보이지 않는 벌들은 어쩌면 그와 비슷한 사람들과 마찬가지로 집단에서 대단히 특수한 자산으로 기능하고 있을지 모른다고 추측한다. 예를 들어 감정을 뒤흔들어놓는 재앙이 닥쳤을 때 휘둘리지 않는 차분하고 안정적인 소수 집단은 계속 평소처럼 살아갈 수 있어서 미래 세대를 볼 가능성을 높일 수 있다.

이 장을 통해 알아본 거대한 사랑의 퍼즐에서 핵심은 바로 미래 세대다. 그들을 낳아서 기르고 그들이 자라 기능할 수 있는 집단을 보존하는 것이 핵심인 것이다. 앞서 식욕이 우리가 잉태되기 훨씬 전에 일어났던 일에 영향을 받는다는 사실을 살펴보았다. 이 장에서는 섹스와 그 부산물인 감정은 미래가 가장 중요하다는 점을 확인했다.

그렇다면 개인으로서의 인간은 어떤 면에서 보면 그저 전달자에 불과하다는 의미일까? 인간이란, 종의 이해관계를 무의식적으로 염두에 두고 행동하다 어느 시점에 가서는 삶을 마감하는 생물학적 기계에 불과한 것일까? 새로 등장하는 신경과학 연구들은 실제로 이런 암시를 던지고 있는 듯 보인다. 이런 주장이 도전적으로 느껴질 수도 있겠지만, 개별 인생에서 일어났던 어떤 사건들에 매달렸던 자기중심적인 애착을 내려놓을 기회를 제공해 주기도 한다. 그 바람에 마법과도 같은 환상적인 사랑을 뇌 속에서 일어나는 화학적 활동의 잔물결로 고쳐 생각하게 되었지만, 진정한 사랑을 장기적으로 유지하는 것이 전혀 불가능한 일이 아님을 확인할 수 있었다. 또한 인간은 다른 종들과 마찬가지로 애착과 보살핌을 구하고 나누어주도록 선천적으로 타고났다는 점을 발견하고 안심할 수 있었다. 이 마지막 부분은 이어서 연민의 신경과학이 사회에 가지는 함축적 의미를 고려할 때 대단히 중요해질 것이다.

5장

우리가 현실이라고
믿는 것의 정체

———

지각하는 뇌

✳

피할 수 없는 것은 포옹해 주어야 한다.

윌리엄 셰익스피어 William Shakespeare

뇌는 모든 상황에 대비해 미리 정해져 있는 능력과 반응의 꾸러미를 지니고 있다. 뇌는 환경과 상호작용하는 방식을 지휘하고, 상호작용의 결과로 일어나는 생각과 감정에 의해 형성되는 새로운 신경로를 통해 변화한다. 앞 장에서는 은밀하고 감정적인 삶에서 뇌가 어떤 역할을 하는지 살펴보았다. 그리고 사회적 본능이 어떻게 뇌의 특성을 통해 주도되며, 개인의 성격과 집단적 관계 형성 양쪽에서 어떤 역할을 하는지 살펴보았다. 이 장에서는 추상화의 수준을 한 단계 더 끌어올려 뇌의 물리적 상태와 뇌가 처리하는 인생 경험 사이의 되먹임 고리feedback loop가 매순간, 매일, 매년 어떻게 일어나는지 살펴보겠다.

뇌는 항상 수많은 서로 다른 시간 척도 위에서 작동하고 있다. 먼저, 다양한 인생의 단계를 거치면서 의식하는 시간 척도가 있다. 이 척도 위에서 신발 끈 묶는 법을 배우거나, 피아노 연주를 배우거나, 다른 사람들의 기이한 행동을 해석하는 법을 배운다. 다음으로는 깨어 있는 동안 대부분 의식하지 못하는 사이에 초, 밀리초 단위로 일어나는 엄청난 처리 과정이 존재한다. 뇌는 반드시 끊임없이 자신의 주변 환경을 지각해서 그로부터 일관성 있는 모형을 구축해야 한다. 그래야 삶을 이어갈 수 있기 때문이다. 입이 딱 벌어질 정도로 복잡한 과제이지만, 무언가 잘못되지 않는 한 그 복잡한 과정이 일어나고 있음을 거의 알아차리지 못한다. 뇌는 감각을 통해 수신한 신호를 해석하고, 그 신호를 이용하여 그 안에서 기능이 가능한 버전의 현실을 창조해 낸다.

앞으로 이 과정을 구체적으로 살펴볼 것이다. 지각은 단순하든 복잡하든 모든 신념 체계 구축의 밑바탕이다. 신념은 우리가 가진 가장 특이한 부분으로 느껴지기는 하지만 사실 이미 살펴본 바 있는 소위 '하위 인지 기능'만큼이나 선천적인 생물학적 제약에 예속되어 있다. 나중에는 종교와 정치를 비롯한 구체적인 신념 체계의 신경과학에 대해 생각해 볼 테지만, 지금은 뇌가 자기만의 개인적 현실을 어떻게 구축하는지에 초점을 맞추겠다. 사실상 이것이 모든 신념의 소프트웨어가 가동되는 밑바탕 플랫폼이기 때문이다.

'나는 하늘이 파랗다고 믿는다'라는 지극히 평범한 신념에서 '나는 신의 존재를 믿는다'라는 심오한 신념의 도약에 이르기까지, 당신이 참이라 받아들이는 모든 것은 물리적 대상이든 다른 누군가의 의견이든 자기 밖에 존재하는 것을 지각하고, 그 입력을 처리해 거기에 의미를 부여하고 그에 반응하는 뇌의 메커니즘에 달려 있다. 결정을 내리고, 협력하고, 창조하고, 발명하고, 가설을 세우는 능력은 모두 여기서 비롯된다. 의식, 성격, 인생은 모두 궁극적으로는 현실에 대한 만족스러운 버전을 구축하는 뇌의 능력에 달려 있다.

70억 인구가 만든 70억 개의 현실

'버전'이라는 단어가 중요하다. 뒤에서 살펴보겠지만 객관적 현실이라는 것이 사실 존재하지 않기 때문이다. 그렇다고 물리적 세계가 존재하지 않는다고 말하려는 것은 아니다. 그저 지구 위에 사는 모든 사람이 세상을 조금씩 다른 방식으로 지각한다는 의미일 뿐이다. 모든 사람은 뇌의 독특한 왜곡, 내재된 필터와 인지편향 등 자기만 갖고 있는 뇌의 특성 덕분에 자기만의 맞춤형 '현실'에서 살고 있다. 세상에 대한 인간의 지각은 정확한 스냅사진이 아니라 그냥 주관적인 환상에 불과하다. 이것은 전에 무엇을 보고 살았는지를 바탕으로 결정된다.

2015년에 선풍적인 관심을 불러 일으켰던 '드레스The Dress' 사건을 예로 들어보자. 한 여성이 딸의 결혼식에 입을 드레스를 사러 갔다가 머지않아 악명을 떨치게 될 이 드레스 사진을 폰으로 찍어 딸에게 보내고 어떠냐고 물어봤다. 그런데 엄마와 딸이 옷 색깔이 무엇인지를 두고 의견이 엇갈렸다. 한 사람은 이 옷이 검은색과 파란색 줄무늬라고 말하고, 한 사람은 흰색과 금색이라고 말한 것이다. 자기가 보는 것을 엄마가 보지 못한다는 사실을 믿을 수 없었던 예비 신부는 이 사진을 소셜미디어에 올려서 사람들의 의견을 구했다. 그리고 일주일 만에 1,000만 건 이상의 트윗을 이끌어냈다. 사람들이 이 드레스의 색깔을 두고 격하게 의견이 엇갈린 것이다.

강력하게 옹호받고 있는 이런 지각의 차이는 대체로 맥락, 기존의 경험, 기대 등을 바탕으로 한다. 아침 일찍 일어나는 사람이라면 색각color vision이 자연 일광에 맞춰 적용되어 있어서 드레스 색을 하얀색과 금색으로 볼 가능성이 높다. 반면 노란색 기운이 있는 조명 아래서 이미지를 보는 올빼미형 사람이라면 파란색과 검정색 줄무늬를 볼 가능성이 높다. 개개인이 갖고 있는 현실에 대한 감각은 구성된 것이다. 서로 다른 개인이 경험하는 현실에서 차이가 생길 수 있는 잠재력은 막대하다. 당신이 매일매일 경험하는 하루는 모든 감각을 통해 뇌로 끊임없이 쏟아지는 막대한 정보를 어떻게 해석하느냐에 따라 달라진다. 그리고 이 모든 정보는 당신이 기존에 세상을 어떻게 당신만의 방식으로 이해했느냐는 색안경을 통해 처리된다.

아주 간단하게 말하면, 인간은 어떤 주어진 상황에서도 자기가 예상한 것만을 보는 경향이 있다. 이것이 되먹임 고리로 작용해서 미래의 지각에 영향을 미쳐 당신의 평가와 의견을 강화한다. 그래서 현실은 계속해서 세상을 바라보는 인간의 관점에 맞춰지게 된다. 지구 위에는 70억 명 이상의 사람이 살고 있으니 결국 서로 다른 70억 개의 현실이 존재한다는 의미다. 그리고 이 각각의 현실은 고유의 방식으로 연결되어 그런 현실을 부지런히 빚어내고 있는 100조 개의 뇌 연결이 소유하고 있다. 그보다 훨씬 더 믿기 어려운 것은 세상에 대한 인간의 지각, 이 현실 아닌 현실이 우리가 현실과 상호작용하는 방식을 지휘한다는 점이다. 점심에 어떤 샌드위치를 먹을까, 하는 일상적인 문제에서 대학으로 다시 돌아갈지, 혹은 임신을 시도할지 등등 우리가 내리는 모든 결정에 영향을 미친다. 우리에 관한 모든 것은 뇌의 물리적 구성과 과거 경험 사이의 상호작용으로 만들어지는 고유의 환각을 바탕으로 나온다.

이 장에서는 아무 생각 없이 '현실'이라 부르는 것을 생산하는 데 얼마나 많은 노력이 들어가는지 이해하기 위해 지각 환상과 아울러 조현병 환자가 겪는 망상, 환각물질의 영향 등을 살펴볼 것이다. 지각이라는 것은 셀 수 없이 많은 인지 기능의 근본이기 때문에 뇌가 의식과 성격을 만들어내는 메커니즘을 들여다볼 수 있는 프리즘을 제공해 준다.

우리 뇌에 결함이 있는 이유

여기서 제일 먼저 이해하고 넘어가야 할 부분이 있다. 운이 좋아서 신경질환이나 정신질환으로 고통받지 않는 사람이라고 해도, 세상에 대한 지각이 개개인의 고유한 인생 경험 때문에 모두 제각각일 뿐만 아니라, 인간이라는 종 전체가 뇌의 정보처리 방식에서 결함을 갖고 있는 바람에 내재적으로 결함이 있을 수밖에 없다. 사람의 지각은 자신의 주변 환경을 잠정적으로 이해한 것을 하나로 이어 붙이는 데는 만족할 만한 능력을 보여준다. 그러나 항상 완벽하지는 않다. 지각이 방대한 과제를 처리하려면 지름길을 취할 수밖에 없는데 지름길이 오류로 이어진다.

하지만 거대하고, 정교하고, 강력한 뇌가 어째서 세상의 근사치를 제공하는 데서 만족하는 것일까? 만약 지각이 다른 수많은 인지 기능이 의존하는 플랫폼이 맞는다면 지각을 바로잡는 것은 분명 그만한 가치가 있을 것이다. 그런데 어째서 정확한 현실이 아니라 환상을 다룬단 말인가? 정확한 현실을 다룬다면 재앙을 낳을 수 있는 판단 오류의 가능성이 더 낮아지지 않을까?

그 대답은, 그러기에는 뇌가 너무 바쁘다는 것이다. 바빠도 너무 바쁘다. 게다가 지각은 뇌가 동시에 처리하고 있는, 사실상 무한히 많은 과제 중 하나에 불과하다. 잠정적인 버전의 현실을 만들어내기 위해 뇌는 귀, 눈, 코, 그리고 다른 감각 기관에서 유입되는 신호를 전하를 띤 나트륨 이온과 칼륨 이온으로 변환해서 그 이온들을 신경세포 안팎으로 펌프질해야 한다. 또 뇌는 그 결과로 생기는 전기를 우리가 상상할 수 있는 가장 정교하고 복잡한 회로판인 커넥톰 여기저기로 시속 400킬로미터의 속도로 내보내야 한다.

이런 과정은 엄청난 에너지가 필요하다. 뇌가 얼마나 고되게 일해야 하는지 생각해 보면, 뇌가 일을 더 편하게 할 수 있는 잔재주를 진화시켰다는 것이 그리 놀랍지 않다. 세상이 방출하는 모든 신호를 구체적인 부분까지 하나하나 다 처리하고 해석하려면 훨씬 많은 에너지가 필요했을 것이다. 그래서 뇌는 일부 정보를 우선으로 처리하고, 나머지 정보는 무시해 버린다. 뇌는 기존의 경험으로 신호를 걸러내어 어떤 것은 에너지를 들여 처리해야 할 것으로 분류하고, 어떤 것은 '중요하지 않은 것'이라고 표시된 쓰레기통으로 직접 보내 버린다(이 과정은 무의식적으로 일어난다). 이런 식으로 정보를 분류하면 처리 과정을 단축할 수 있다. 이는 항상 변화하는 최신의 세계관을 유지하는 데 필요한 신속한 분석에서 핵심적인 역할을 한다.

그런데 문제는 이 분류 시스템에 실수가 없지 않다는 점이다. 인간은 지각에서 문제나 결함을 일으키는 경향이 다분하다. 이런 결함은 놀라울 정도로 정교하고 복잡한 인지 기능이 낳은 필연적인 산물이다. 완전히 건강한 사람에게도 해당한다.

뇌가 자기가 타고난 지각의 지름길을 무시하는 것에 완고하게 저항한다는 것을 잘 보여주는 착시 현상이 있다. 뒤에 나오는 빈 마스크 이미지 두 개를 보자. 왼쪽 이미지는 앞면이고 오른쪽 이미지는 사실 마스크의 뒷면이다.

하지만 이것을 알고 있어도 아마 당신은 여전히 양쪽 이미지 모두 코, 눈, 입술이 볼록하게 바깥쪽으로 튀어나와 있다고 지각할 것이다. 오른쪽 이미지의 그림자를 보면 반대임을 알 수 있는

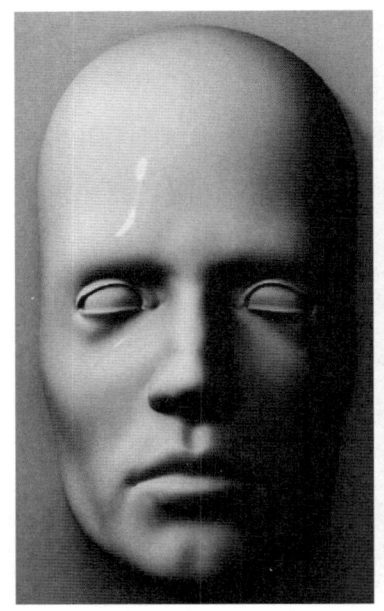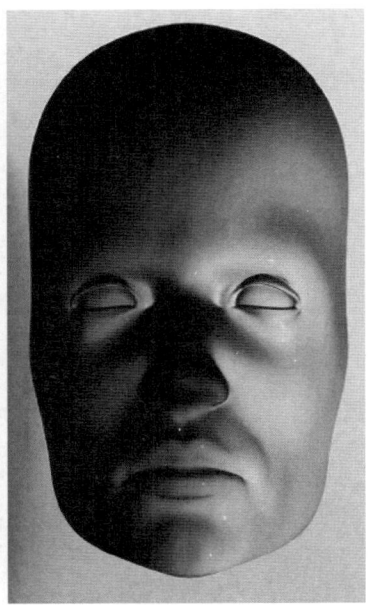

데도 말이다.

　패턴을 얼굴 모양으로 배열하는 편향은 사실상 인류 전체에서 보편적으로 나타나는 현상이다. 물론 우리는 세상 어디를 가든 얼굴을 보는 일에 대단히 익숙해져 있다. 이런 원형에 대한 기대가 너무도 강력하고, 오랜 세월에 걸쳐 뇌의 깊숙한 지각 회로에 내장되어 있기 때문에, 이 이미지들을 볼 때 그림자가 알려주는 단서를 무시하고 뒤집어진 마스크를 그냥 또 하나의 얼굴이라고 계속 가정하게 된다.

　뇌는 지속적으로 기존의 경험을 끌어들여 자신이 지각하는 것에 대해 가정한다. 이것은 생존에 크게 기여한 중요한 기술이다. 덕분에 과거에 있었던 일을 바탕으로 빠른 추론을 내리고 엄청난 정보가 홍수처럼 입력되는 상황에서도 세상을 이해할 수 있었다.

위에 나온 착시는 각자가 어떻게 서로 아주 다른 관점을 가질 수 있는지 이해하게 도와준다. 각자의 현실감은 자신의 독특한 과거 경험을 바탕으로 구성되기 때문이다. 인간은 수많은 보편적인 삶의 경험에 노출되기 때문에(예를 들면 우리는 빈 마스크가 아니라 사람들의 얼굴에 둘러싸여 있다) 나무나 얼굴같이 아주 흔한 대상을 언급할 때 그것이 무엇을 의미하는지를 종 전체에 걸쳐 합의할 수 있지만, 우리가 말하는 '현실'은 본질적으로 개개인의 구성물이다. 심지어는 합의가 이루어진 부분에서도 모든 사람이 무한히 많은 독특한 버전으로 지각할 수 있는 여지가 남아 있다. 이 독특한 버전의 조합이 각자 자기만의 방식으로 세상을 지각하게 만드는 것이다.

지금쯤은 이런 말을 들어도 놀라지 않겠지만 물려받은 뇌 회로와 환경에 의한 학습 사이에서는 복잡한 상호작용이 진행되고 있다. 쓸 만한 버전의 현실 구축을 용이하게 만들기 위해 뇌는 바깥세상으로부터 배우는 동안 자신의 회로판을 물리적으로 변화시킨다. 뇌는 지식을 습득하면 세포 간의 연결에 변화를 주어 새로운 생각의 경로를 만들어낸다. 앞에서 살펴보았듯이 뇌는 평생에 걸쳐 유연성과 역동성을 유지한다(물론 그 정도는 달라지지만).

하지만 직관과 달리 유연성이 미래의 정보처리를 제약해 버린

다. 뇌는 정보를 처리한 결과로 자신의 신경 경로를 변화시킬 수
있고 또 그렇게 하지만, 이 변화가 다시 '새로운 기준new normal'으
로 자리 잡아 뇌가 미래에 정보를 지각하고 처리하는 방식의 밑바
탕을 형성한다. 어떤 신경 수준에서 보면, 우리는 자기가 보리라
예상한 것만 보게 된다. 세상에 대한 예상은 기존 경험의 총합에
불과하기 때문이다.

뇌가 정보를 거르지 못할 때 벌어지는 일

지금까지는 모두에게 영향을 미치는 지각의 결함을 살펴보았
다. 이런 결함들은 진화가 아직 바로잡지 못한 설계의 결함이다.
현실의 본질에 대해 이해할 때, 이 결함이 함축하는 바가 결코 적
지 않다. 하지만 그럼에도 대부분 사람은 결함을 안은 채 살아갈
수 있고, 또 그렇게 하고 있다.

아마도 모두 귀신이라도 본 것 같은 으스스한 느낌을 순간적
으로 경험해 본 적이 있을 것이다. 저기 그늘 속에 들어 있는 것은
얼굴일까, 아니면 그냥 나뭇잎일까? 하지만 대부분 이런 결함을
인식하지도 못한다. 뇌가 결함에 대처해서 현실감을 조정하는 일
에 워낙 탁월하기 때문이다.

안타까운 일이지만 뇌가 현실에 대해 일관되고 안정적인 착
시를 구성할 수 있는 능력이 탁월하다는 점이 때로는 엄청난 재

앙으로 이어질 수 있다. 전 세계적으로 조현병을 진단받은 사람이 2,500만 명이나 된다는 것이 그 예다. 이들은 망상이나 환각 같은 증상을 통해 심각하게 왜곡된 지각을 경험한다. 그 결과 세상에 대해 일반적으로 합의된 신념과 조화되지 못한 신념을 바탕으로 움직이게 된다. 자기 자신과 타인 모두에게 불안과 고통을 주는 상황이다.

정신의학과 병동에 있을 때 조현병으로 고통받는 사람들과 함께 일을 해본 적이 있는데 그때의 경험이 나에게 아주 깊은 영향을 미쳤다. 나는 지각과 조현병에 관한 박사 논문을 쓸 때, 그 사람들과 우리 가족이 아끼는 한 친구에 대해 생각하고 있었다. 그 친구는 몇 주를 보내는 동안 자기네 집에 있는 것을 점점 불안하고 두려워했다. 특히나 거실에 앉아 있을 때 더 그랬다. 그는 살인자들이 정원 덤불 속에 몸을 숨기고 자기를 기다리고 있다고 확신했다. 결국 그는 동네 슈퍼마켓에서 폭발하고 말았고, 그와 다른 사람들을 보호하기 위해 경찰을 호출했다.

조현병은 이 책 전체에서 다양한 논의를 진행할 때 기준점 역할을 할 것이다. 이 질병에 관한 연구가 광범위하게 진행되어 왔기 때문에 데이터가 탄탄한 것도 부분적인 이유지만, 이것이 계속해서 나의 관심을 끌고 가슴 아프게 만드는 질병이기도 하기 때문이다. 조현병은 다양한 증상을 아우르는 포괄적 용어지만 그 공통적 특성과 신경 구조를 살펴보면 정보처리에 대한 뇌의 역치, 그리고 지각을 떠받치는 메커니즘을 더 많이 이해할 수 있다. 본질적으로 조현병은 의식이 어떻게 생성되는지 들여다볼 수 있는 유용한 프리즘이다. 그래서 생물학에서 철학에 이르기까지 다양한 학문 분야의 전문가들이 조현병에 흥미를 느끼고 있다.

빈 마스크 얘기로 다시 돌아가 보자. 조현병이 있는 사람은 일반적으로 이런 영향에서 자유롭다. 이들은 그 이미지를 있는 그대로 본다. 그냥 빈 마스크의 뒷면으로 보인다는 얘기다. (자기도 이런 착시 효과에 빠지지 않았다고 걱정할 필요는 없다. 얼굴 두 개가 보이지 않는다고 해서 조현병이 있다는 의미는 아니다. 정신의학 진단이 그렇게 간단하지 않다!) 조현병 환자들도 눈으로는 다른 사람들과 똑같은 정보를 수집하고 있지만, 하향식으로 그 정보를 해석하고 가정을 세우는 과정이 바뀌어 있다. 조현병 진단을 받은 사람들의 뇌를 분석해 보면 학습, 기억, 추론, 유연성, 고등 인지 조절에 관여하는 회로(해마와 눈확앞이마겉질)에 신경 연결이 더 적은 것으로 나온다. 전기 활성의 속도도 느려져 있다. 전체적으로 볼 때 이것이 의미하는 바는 조현병 환자들은 과거의 경험을 바탕으로 정보를 걸러내고, 이 지식을 이용해서 자기가 현재 경험하고 있는 내용을 지각하는 하드웨어에 결함이 있다는 것이다.

여러분도 상상할 수 있겠지만 이렇게 되면 모든 감각을 통해 들어온 걸러지지 않은 온갖 정보가 폭포처럼 뇌에 쏟아지기 때문에, 세상은 대단히 혼란스러운 장소가 되어버린다. 조현병 환자들은 사실상 모두가 지니고 있는 회로의 결함을 아예 검열되지 않는 극단적인 버전으로 갖고 있는 셈이다. 그 결과 세상에 대한 이들의 가장 근본적인 신념은 인류라는 종 전체에서 합의된 신념과 아주 달라질 수밖에 없다. 우리는 아무 생각 없이 하늘은 파랗고 정원 덤불에는 이웃집 고양이보다 위협적인 것은 들어 있지 않다고 주장하겠지만, 조현병을 앓는 사람은 그렇지 않다고 생각해도 할 말이 없다. 이들은 이야기를 꾸며내는 것이 아니라 자신이 철저히 다르게 지각하고 있는 세상을 충실하게 표현하고 있을 뿐이다. 그리고 만약 이들이 스스로가 적대적 장소라고 지각하는 데 두려움으로 반응한다면, 아마도 뇌가 마땅한 하드웨어를 갖추지 못해 제대로 처리할 수 없는 신호들이 끝없이 흘러들어오면서 과부하로 스트레스를 받기 때문일 것이다. 조현병 환자의 뇌에서는 생리적 회로와 인생 경험 사이의 상호작용이 재앙을 일으킬 만큼 편파적으로 치우쳐져 있다. 뇌가 기존의 접촉으로부터 학습하고, 사소한 것으로부터 중요한 것을 걸러낼 수 있는 능력이 결여되어 있다면, 경험은 아무짝에도 쓸모가 없다.

조현병은 그 장애를 설명해 줄 정확한 메커니즘이 대단히 복잡하지만, 크게 보면 유전적 문제라 할 수 있다. 2018년 현재, 180개 이상의 유전자가 조현병의 발현에 관여하는 것으로 여겨지고 있다. 이 유전자들은 대부분 뇌에서 심부 신경회로를 깔고 유지하는 역할을 맡고 있다. 한 큰 무리는 특별히 뇌의 연결을 도와주는 단백질을 암호화한다. 물려받은 유전 암호가 결함이 있는 단백질을 만들어내어 정신의 연결 상태에 장애를 일으키고, 세상을 학습하고 기억하고 지각하는 방식을 바꾸어놓아 신뢰할 만한 버전의 현실을 확립하는 데 문제를 일으킨다. 조현병 사례 중 약 80퍼센트 정도는 이런 위험한 유전자를 물려받은 사람이 환경 요인에 노출되어 생기는 결과로 추정된다. 이 환경 요인에 해당하는 것으로는 엄마의 임신 기간 중 감염이 일어난 경우나, 나중에 커서 약물을 사용한 경우 등이 포함된다(이 두 가지 요인 모두 뇌의 회로판 배선에 해로운 영향을 미칠 수 있다).

물론 정신병의 증상들이 꼭 조현병에서 생겨나는 것은 아니다. 뇌 회로의 토대를 까는 데 관여하는 위험한 유전자 변이와 꼭 연관되어 있는 것도 아니다. 어떤 사람은 면역계가 잘못돼서 뇌 세포의 연결 단백질을 공격하는 바람에 정신질환을 경험하기도 한다. 최근에 발견된 질환인 자가면역성 뇌염autoimmune encephalitis이 그 예다.

이 현상을 연구해 온 옥스퍼드대학교의 벨린다 레녹스 교수는 혈액을 여과해서 뇌를 공격하는 면역계 요소를 제거함으로써 이 질환으로 고통받는 사람들을 치료할 방법을 찾아냈다. 이 치료법을 시도해 보기는 아직 시기상조이지만, 기존에 조현병으로 진단받은 적이 있는 초발 정신질환자first-episode psychotic patient 중 5~10퍼센트 정도는 이런 방식으로 도움을 얻을 수 있을 것으로 추정한다. 이 치료법은 면역계를 수정하는 것만으로도 환자의 망상을 촉발한 극단적인 지각 결함을 사실상 완전히 제거해서 덜 이질적이고 좀 더 운용 가능한 버전의 현실을 회복시켜 준다.

마약으로 뇌를 치료한다는 말의 정체

조현병으로 고통받는 사람들의 경험은, 자기 주변 세상의 본질에 대한 개인의 가장 근본적인 신념이 얼마나 취약한 것인지 잘 보여주는 극단적인 사례다. LSD나 실로사이빈(환각물질이 들어 있는 버섯—편집자) 같은 환각제를 복용하는 것도 변경된 현실의 지각을 유도할 수 있다. 때문에 이런 약물은 오랫동안 심리학자와 신경과학자들의 관심사였다. 이런 약물의 사용은 불법이라 이 약물들의 작동 방식을 조사하는 연구는 연구비를 확보하기 어려웠다. 1970년대 중반에 미국 중앙 정보국CIA, United States Central Intelligence Agency에서 사람들을 마인드 컨트롤하여 신념을 조작하는 도구로 사용할 목적으로, 그 사실을 모르는 인간 피실험자에게 은밀하게 LSD를 실험해 본 것이 발각되어 대중의 공분을 산 이후로는 특히나 어려워졌다. 하지만 거의 반세기가 지난 지금은 약물에 대한 관심이 다시 부활했다. 크라우드펀딩으로 연구의 길이 열린 덕분에 최근에는 이 분야에서도 향정신성 약물이 정확히 어떻게 작동하는지 밝혀내기 위한 연구가 진행되고 있다.

데이비드 너트는 임페리얼 칼리지 런던의 신경정신약리학 교수이고 이 분야의 선두주자다. 그는 다양한 합법적, 비합법적 약물이 뇌에 미치는 영향을 조사하는 데 자신의 경력을 바쳤다. 또한 중독, 불안장애, 수면에 관한 전문가다. 게다가 그는 논란이 생기는 것을 두려워하지 않는 성격 때문에 2009년에는 알코올과

담배가 모두 엑스터시(마약의 일종—옮긴이), LSD, 대마초보다 사람에게 더 해롭다고 주장하여 영국 정부의 약물남용 자문위원회 Advisory Council on the Misuse of Drugs에서 해고되기도 했다. 그는 상냥한 사람이고 자신의 전문 분야를 쉽게 설명하는 재주가 있다. 나는 그에게 LSD가 뇌에 미치는 영향을 조사한 최근의 실험에 대해 물어보고 싶었다.

데이비드와 그의 연구진은 실험 참가자들에게 미세한 양의 LSD나 위약을 투여한 다음 뇌를 스캔해 보았다. 그는 아주 적은 양일지라도 LSD를 투여했을 때 서로 다른 뇌 영역의 활성 수준에 어떤 영향을 미치는지에 관해 특히나 관심이 많았다. 그는 이 약물이 거의 뇌 전체의 스위치를 켜는 것을 관찰했다. 모든 뇌 영역 간에 연결성이 증가되는 현상이 일어난 것이다. 사람들은 큰 시각적 환각을 경험하고, 분석적인 사고를 할 수 없고, 또 분석적 사고를 하고 싶은 흥미도 사라졌고, 자아가 녹아 사라지는 즐거운 기분도 느꼈다고 보고했다.

뇌는 기존의 경험으로부터 학습한 가정을 바탕으로 일하기를 선호하는데 본질적으로 약물들은 이런 선호도를 느슨하게 만드는 것으로 보인다. 약물이 지각에 미치는 깊은 영향력 때문에 일반적인 사고방식을 급진적으로 변화시키는 것이 가능해진다. 어떻게 보면 환각제는 임시로 가벼운 버전의 조현병을 유도한다고 할 수도 있다. LSD는 이미 조현병으로 진단받은 사람의 환각과 망상을 악화시킬 수 있고, 이미 조현병에 대한 유전적 소인을 갖고 있던 사람에게 갑자기 조현병이 시작되게 만드는 원인으로도 지목되고 있다. 하지만 조현병 성향이 없는 건강한 사람이 적은 용량으로 투여하는 경우에는, 환각 체험 그 자체보다 더 오래 지속되는 잠재적 이득을 제공한다.

LSD를 복용한 사람의 뇌에서는 정확히 어떤 일이 벌어지고 있을까? 모든 환각제는 외부 세계로부터 들어오는 시각 정보의 하향식 처리를 방해한다. 사물의 모양과 색깔 왜곡, 거미줄 형태의 환각 등 사람들이 보통 경험하는 시각적 환각은 1차 시각 처리가 평소에 적용되던 필터가 적용되지 않은 채 작동하고 있다는 증거다. 뇌의 시각겉질이 갑자기 평소에는 소통하지 않던 뇌 영역들과 연결되는 바람에 엄청나게 복잡한 환각의 세계가 머릿속에 만들어질 수 있다. 이런 세계는 그 사람에게 영적으로 중요한 것들로 채워지는 경우가 많다. 데이비드는 이렇게 말한다.

"LSD의 영향에 놓인 뇌는 우선적으로 처리해야 할 것들을 차버리고 아기 때부터 한 번도 시도해 보지 않은 방식으로 자기만의 일들을 할 수 있게 됩니다."

데이비드는 LSD나 실로사이빈 같은 다른 환각제를 소량으로 이용해서 우울증, 강박신경증, 외상 후 스트레스 장애 등으로 고통받는 사람들을 치료하는 일에 관심이 있다. 이런 약물들은 말 그대로 이들이 세상을 새로이 보게 하여 건강하지 못한 신념을 다시 구성할 수 있게 해준다. 그는 내게 이렇게 말했다.

"하드디스크의 조각 모으기와 비슷합니다. 사람들은 부정적인 생각을 따를 필요가 없다는 강력한 심리를 느꼈다고 보고합니다. 사실 부정적인 생각 자체를 더 이상 갖지 않을 수도 있어요. 이것이 예를 들어 환각제인 LSD와 진통제인 케타민의 큰 차이점입니다(케타민은 데이비드도 현재 연구하고 있는 약물이다). 케타민의 경우에는 부정적인 생각을 일시적으로 억누를 수 있지만 그 생각을 변화시킬 수는 없습니다."

LSD가 정확히 어떻게 습관적인 사고에 이런 변화를 일으키는지는 분명하지 않다. 하지만 데이비드는 사람들이 자신의 생각을 리셋할 수 있는 데는 뇌의 세로토닌 2A 아형에 대한 약물의 작용이 결정적인 역할을 한다고 믿는다. 이것이 가소성을 제공하여 뇌가 새로운 학습을 할 기회를 열어준다. 정확히 어떤 메커니즘이 작동하고 있는지 밝혀내려면 더 많은 연구가 필요하겠지만, 현재는 예비 임상실험을 통해 환각제가 외상 후 스트레스 장애, 중독, 우울증의 치료 방법으로 유망하다는 것이 분명해지고 있다.

환각제를 치료제로 사용하는 것은 지각과 신념의 형성 사이에 상관관계가 있음을 분명하게 드러낸다. 지각의 회로에 변화를 주어 현실을 새로이 이해하게 해주면 사람의 삶에 부정적인 영향을 만드는 '병든' 신념(예를 들어 습관적인 부정적 사고방식에 붙잡혀 과거의 정신적 외상을 자꾸 떠올리고, 자기 삶이 무가치하다 믿고, 강박에 빠지거나 부정적인 연상을 하며, 잘못된 신념을 형성하는 경우)을 개인적 안전이나 능력에 관한 더 건강한 신념으로 돌려놓을 수 있다. 현실이 객관적이고 불변인 개념이 아니게 되면, 현실에 대해 우리가 믿는 내용과 현실에 반응하고 현실과 상호작용하는 방식이 훨씬 유연해진다.

결함을 극복하는 집단의식

약물로 지각의 문을 열어젖히는 것에 매력이 느껴지지 않는가? 그렇다면 병든 신념으로 이어질 수 있는 지각 결함을 완화하는 데 그보다 덜 위험하면서 완전히 합법적이고 더 쉬운 방법이 있다. 밖으로 나가 자신을 새로운 경험, 혹은 새로운 의견에 노출하는 것이다. 자신이 구축한 현실을 다른 사람의 것과 비교해서 실험해 보는 방법이다.

유니버시티 칼리지 런던의 크리스 프리스 교수는 이 분야에서 획기적인 연구를 진행해 우리가 자신의 주관적인 관점에 대해 다른 누군가와 얘기하면 세상에 대한 더 정확한 그림을 얻게 될 가능성이 커진다는 개념에 힘을 보탰다(아마도 대부분 직관적으로 이미 알고 있는 개념일 것이다). "머리 하나보다는 두 개가 낫다"는 옛말은 신경학적 수준에서도 옳은 이야기로 보인다. 스스로의 지각에 대해 곰곰이 생각하고, 자신의 지식을 타인에게 전달해서 현실에 대한 그들의 생각의 틀에 영향을 미칠 수 있고, 반대로 영향을 받을 수도 있는 능력은 세상을 더욱 미묘하게 이해할 수 있게 도와줄 잠재력이 있다.

하지만 이것이 효과를 보려면 자신의 세계관과 의견을 그냥 인정받기보다는 세상에 드러내어 문제 제기를 받아볼 필요가 있다. 앞에서 살펴보았듯이 어떤 수준에서 보면 뇌는 이런 문제 제기에 저항하는 습성이 있다. 세상의 작동 방식에 대한 기존의 가정을 재평가할 것을 요구하는 새로운 정보는 뇌에게 환영받지 못한다. 그런 변화에는 에너지와 관심이라는 비용이 들기 때문이다. 뇌는 이 문제 제기를 걸러내는 데 아주 능숙하다. 자기 자신이나 다른 사람의 생각을 바꾸어놓기가 그리도 힘든 이유를 이것으로 설명할 수 있다. 다음 장에서 신념 바꾸기의 신경적 기반에 대해 다시 살펴보겠다.

이런 면에서 뇌는 선천적으로 보수적이다. 하지만 균형을 잡기 위해 또 다른 경쟁 메커니즘이 작동한다. 바로 새로움을 탐구하고 추구하고 싶은 욕구다. 우리는 다른 사람들을 만나 개념과 세계관을 공유하는 것을 즐기도록 어느 정도는 선천적으로 타고났다. 이는 인간이 집단의식을 형성할 수 있게 도와준다. 집단의식이란 세상을 돌아다니면서 온갖 종류의 문화와 연구에 반영되고, 그것들을 지속시키는 많은 개념을 지칭하는 말이다. 지적 자원과 창의적 자원을 모을 때 생기는 큰 이득 중 하나는 개개인의 지각과 신념 구축 시스템에 생긴 오류를 해결하는 데 도움을 줄 수 있다는 것이다.

사랑과 인간관계에 대해 살펴볼 때 확인했듯이 사회적 상호작용, 소통, 보상경로는 모두 얽혀 있다. 타인과의 상호작용은 생화학적 수준에서도 즐거운 기분이 들 수 있다. 이 과정은 인간이 한 집단으로서의 신념 체계를 구축하게 한다. 이로써 개인과 문화 모두는 경쟁 개념들의 도전에 맞추어 조정된 더 건강한 신념 체계를 구축하는 잠재적 이득을 얻게 된다. 이런 신념 체계는 의미를 만들어낼 때 더 많은 유연성과 창조성을 가능하게 해준다.

이번에는 집단도 개인과 마찬가지로 병든 신념을 유지할 수 있다는 점을 인정하는 것이 중요하다. 만약 자기와 같은 방식으로 세상을 바라보고 아무런 문제 제기를 하지 않는 사람들하고만 아이디어를 교환한다면 집단의식도 부풀어 오르다가 내부에 축적된 모순의 무게로 휘청거리게 된다. 집단으로 모이면 좋은 아이디어를 만들어낼 수 있다는 자기만족에 빠져 있기에는 병든 신념 체계가 공권력과 손을 잡고 대량 학살을 저질렀던 비극적인 사례가 너무 많았다. 대안의 관점을 찾아가 귀를 기울이고 심사숙고하지 않는다면, 아무리 세련되고 활발한 토론이 이루어진다고 해도 꼭 건강한 아이디어로 이어지는 것은 아니다.

소셜미디어 때문에 일부 집단에서는 반향실 효과가 그 어느 때보다도 심해지고 있다. 이 때문에 대단히 선택적인 버전의 현실에 갇혀 있음에도 건강한 버전의 현실을 가지고 있다는 착각에 빠질 수 있다. 그럼에도 서로 다른 의견을 가진 사람들끼리의 접촉이 역사 전반에 걸쳐 여러 번 집단적 가치관에 변화를 가져왔다. 길을 이탈하는 일 없이 계속 이어질 과정이다. 이런 과정이 꼭 이 세상에 널리 퍼지기를 바라는 좋은 개념으로 매끄럽게 이어지리라고 장담할 수는 없지만 말이다.

　새로운 개념과 경험에서 즐거움을 느끼는 이 선천적 기질은 지각의 결함을 완화하는 메커니즘으로 작동하지만, 돌아다니기 좋아하는 성향을 이끌어내는 원동력이기도 하다. 발달 중인 뇌와 노화하는 뇌에 관한 장에서 살펴보았듯이 운동은 새로운 뇌세포의 탄생을 촉진하고, 뇌의 건강을 강화하는 데 도움을 준다. 이 시스템을 최신 업데이트된 상태로 유지하기 위해 물리적 세계를 탐험하고, 새로운 환경 및 사람과 상호작용하도록 동기를 부여하는 뇌 회로가 보상체계 속에 선천적으로 새겨져 있다. 하나의 종으로서 인간은, 특히나 어린 시절에는 새로움을 찾아 돌아다니는 성향이 있기 때문에 아이와 10대 청소년들은 급속히 발달 중인 뇌를 위해 이런 지상명령에 이끌린다. 물론 학습은 평생 계속 이어지므로 생각을 하면 뇌 속에서는 새로운 소통 경로가 만들어진다. 과학자들이 가소성이라 부르는 현상인 이 유연성은 개인적으로 살아남는 데 필수적인 부분이다. 이 가소성 덕분에 세상을 지각하고 세상과 상호작용하는 방식을 빨리 변화시킬 수 있다. 가소성은 출근하기 위해 버스에 올라타는 평범한 행동이나 한 번도 가본 적이 없는 도시를 찾아가는 어려운 과제에 이르기까지 주변의 세상이 항상 변화하고 있는 동안 최신으로 업데이트된 현실을 제공해 준다. 우리가 어떤 존재이고 어떤 일을 하든 간에 뇌는 우리에게 환경에 대해 지속적으로 최신 업데이트된 생존 매뉴얼을 제공해 준다. 그 덕에 우리는 세상을 항해할 수 있다.

새로운 감각을 추구하려는 욕구가 강화된 유형의 뇌를 갖고 있는 사람도 있을까? 어떤 사람은 판박이 일상을 고수하는 데 본능적으로 만족을 느낀다. 당신도 당신이 소중히 여기는 활동 패턴이 무너지는 것을 싫어하는 유형의 사람일지도 모르겠다. 아니면 예상치 못한 것을 만나는 즐거움 때문에 잠시도 가만히 있지 못하고 끝없이 새로운 경험과 감각을 갈망하는 사람일 수도 있다. 이런 상반된 성격이 각자에게 태어날 때부터 새겨져 있는 것일까? 아니면 인생의 경험이 그렇게 만드는 것일까?

늘 그렇듯이 그 대답은 '양쪽 모두'이다. 하지만 이런 성격이 유전이 잘되는 성향이라는 증거가 쌓이고 있다. 최근의 연구를 보면, 새로움과 감각을 선호하는 성향이 최고 60퍼센트까지는 유전적으로 결정되는 것으로 나오고 있다. 특히나 이와 연관된 유전자들은 당신의 추측하는 바와 같이 신경화학 물질인 도파민 시스템과 관련이 있다. 도파민 시스템은 뇌가 보상에 대비하도록 도와준다. 본질적으로 도파민 기능(구체적으로는 D4 도파민 수용체 아형)이 고조되는 유전적 보완물을 타고난 사람은 뇌가 새로운 감각을 추구하게 만들어져 있다고 할 수 있다. 이런 사람이 새로움에 반응해서 더 많은 도파민이 나오는 유전자 꾸러미까지도 함께 갖고 있다면… 그렇다. 그런 사람은 탐험을 통해 보상을 추구하는 삶에 이끌리게 된다.

서로 다른 환경을 탐험해 보는 성향은 진화적인 측면에서 인류에게 분명한 이점을 주었고, 오늘날에도 계속 유효하다. 일부 연구에서는 성공한 사업가나 혁신가에게 새로움을 추구하는 행동의 수준이 높게 나오는 경향이 있음을 입증했다. 그런데 안타깝게도 오늘날 환경에서는 이런 유전적 특성 때문에 약물남용 같은 바람직하지 못한 활동에 끌리는 성향도 함께 나타나게 됐다. 이런 활동은 보상경로를 장악해 버린다.

여기서 배워야 할 인생의 교훈이 있다. 감각을 추구하는 유전적 성향이 있는 사람이 행복하고 생산적인 삶을 영위하는 비밀은, 어쩌면 삶을 모험으로 가득 채워 새로운 경험을 자극하고 예상치 못했던 얘기들을 접하는 것일지도 모른다는 점이다. 물론 익숙한 일상을 고수하는 것을 선호한다고 해서 잘못이라 할 수는 없다. 그렇기는 해도 안전하고 확실한 방식으로 스스로에게 가벼운 도전 과제를 제시해 보는 것도 큰 이득을 가져다줄 수 있다. 앞에서도 알아보았듯이 결국 새로운 기술을 학습하고, 활동성을 유지하고, 다른 사람들의 관점을 받아들이는 것이 장기적인 뇌 건강에 중요하니까 말이다.

스릴을 추구하는 사람이든 집돌이나 집순이든 몸을 움직이는 것은 인간의 본능적인 행동이다. 인간은 운동을 통해 세상과 상호작용하고, 몸짓이나 말을 통해 자신의 감정을 표현하고, 아이디어를 공유하고, 번식한다. 인간은 보잘것없는 멍게와는 정반대되는 존재다. 멍게는 어린 시절에는 바다를 탐험하며 보내다가 적당한 바위를 찾으면 그 위에 정착하는 원시적인 하등 동물이다. 멍게가 그 바위에 몸을 붙이고 처음 하는 일은 자신의 뇌와 신경계를 소화하는 것이다. 그런 다음에는 그 자리에 눌러앉아 어쩌다 물살에 떠내려온 유기물들을 섭취하며 산다. 멍게는 암수한몸이다. 양쪽 성 기관을 다 갖고 있어서 굳이 움직이지 않아도 번식을 할 수 있고, 혼자 고독하게 한 자리에서 살아가는 생존 방식에 별로 개의 치 않는다. 반면 우리 종은 그와 반대로 한시도 가만히 있지 못한다. 평생 자신의 사고방식을 새로이 업데이트하려는 욕구가 있다. 그래서 개인적으로도 정신적으로 진화하고 인간의 집단의식에 자신의 세계관을 보태게 된다.

남자의 뇌와 여자의 뇌는 정말로 다를까

인간의 행동에서 가만히 있지 못하고 끝없이 새로움을 추구하는 모습을 관찰할 수 있다. 그러나 운동 쇼비니스트movement chauvinist (쇼비니즘은 원래 맹목적 애국주의나 국수적 이기주의를 뜻하지만 여기서는 인간의 '움직임'에 지나치게 중심에 두는 태도를 빗댄 표현이다)라는 **별명이 붙은 일군의 과**학자들은 더욱 공격적인 버전의 운동 가설을 주장한다. 이들은 인간이 번창하고 진화해 오면서 개인적, 사회적 수준에서 지혜를 축적할 수 있었던 핵심 동력이 결국 운동이었다는 점을 근거로, 운동이야말로 인간에게 거의 유일한 삶의 목적이라고까지 주장한다. '삶의 의미'란 새로운 사람을 만나고 아이디어를 공유해서 종

전체에 걸쳐 합의된 현실을 만들어냄으로써 좀 더 성공적인 집단 의식을 발전시키는 것이다. "이게 다 무슨 소용이야?"라는 인류의 영원한 질문에 신경과학이 내놓은 답변이라 할 수도 있겠다.

운동 쇼비니즘은 다른 모든 신념 체계와 마찬가지로 사람들 사이에서 셀 수 없이 반복된 접촉을 통해 진화해 나왔다. 사람들은 결함과 망상에 빠진 자신의 현실 버전과 이론 및 상상 등을 공유하며, 좀 더 건강하고 세상의 모습을 잘 대변하는 버전의 현실을 구축하려 한다. 다른 모든 신념 체계와 마찬가지로 운동 쇼비니즘 역시 잠정적인 가설의 상태에 머문다. 하지만 내가 보기에 이 가설은 우아할 정도로 유용한 측면이 있다.

물론 가장 소중히 여기는 신념에 대해서도 회의적인 태도를 유지하고 그런 신념이 결함 있는 현실 모형을 바탕으로 구축되었을지도 모른다는 사실을 기억하는 것은 유용한 일이다. 뇌가 남성 혹은 여성으로 성 구별이 되어 있느냐는 골치 아픈 질문에 관한 한, 상당수의 연구와 그 연구 결과에 대한 반응은 신경과학에 들려주는 교훈처럼 들린다. 뇌는 처리 용량이 있기 때문에 패턴을 찾아내려 한다. 현실에 대한 지각은 이런 패턴 추구 모형을 바탕으로 구축되므로, 우리 눈에 보이는 패턴이 각자 고유한 개인들을 범주로 나누도록 이끌어도 패턴 추구에 저항하기 어려울 수 있다.

사람은 편견에 저항하려고 의식적으로 아무리 노력해도 성별, 성 역할, 인종, 나이, 그리고 우리가 지각하는 온갖 정체성을 바탕으로 사람들을 기존에 존재하는 범주에 끼워 맞추게 된다. 그런

데 문제는 이렇게 하면 행동의 루프를 강화하고 증폭하는 결과를 낳을 수 있다는 점이다. 사람들은 의식적으로, 혹은 무의식적으로 자신의 '유형'에 순응해서 행동해야 한다는 압박감을 느낀다. 그 결과로 발생하는 충돌이 이런 질문을 던진다. 성 역할gender은 그저 사회적 구성물에 불과한 것일까? 이것은 대단히 광범위하고 미묘한 질문이다. 여러 분야의 수많은 전문가가 이 질문과 씨름해 왔다. 신경과학적 측면에서 보면 어떨까? 성 역할 고정관념은 결함 있는 지각 시스템이 낳은 결과 즉, 내재적으로 편견에 사로잡혀 있는 게으른 뇌가 만들어낸 결과는 아닐까? 세상에 대한 지각이 어떤 식으로 구축되는지 알아낸 바에 따르면 가능한 얘기로 보인다. 하지만 이런 관점은 과학적 정밀 조사에 반하는 것일까? 이 질문을 다루려면, 성별과 성 역할이 뇌와 행동에 영향을 주고받는 방식에 관해 지금까지 밝혀진 사실들을 몇 가지로 나눠 살펴볼 필요가 있다.

첫째, 성별의 생물학적 기반에 대한 연구가 수십 년간 진행되어 왔음에도 불구하고, 성호르몬이 평생에 걸쳐 뇌의 발달과 기능에 미치는 영향에 관한 지식에는 아직 큰 구멍이 남아 있다. 또한 남성과 여성을 구별해 주는 외적 특성의 발달에 미치는 명확한 영향을 제외하면 성호르몬의 다른 영향력은 배타적, 혹은 이분법적으로 분류하기가 불가능하다는 점도 강조할 필요가 있다.

성별 전반에 걸쳐 개인들 사이에 중첩되는 부분이 굉장히 많다. 이것이 놀랄 일은 아니다. 자궁 속에서 일어나는 1차 성징 발달기 이후로 남성과 여성은 양쪽 성호르몬을 모두 생산하기 때문이다(테스토스테론은 방향화효소라는 효소를 통해 에스트라디올로 변환된다. 따라서 남성도 '여성' 호르몬을 생산한다. 한편 여성도 난소에서 테스토스테론을 생산한다).

둘째, 타인과의 상호작용이 성호르몬 농도에 영향을 미칠 수 있기 때문에 남성으로 정체성이 확인된 사람이 고정관념에 따라 '남성답게' 취급을 받으면 혈액에 순환되는 테스토스테론의 농도가 증가해 행동에 영향을 미친다.

셋째, 이것은 아주 중요한데, 기존의 지각과 현실 구축을 바탕으로 세상에 대해 학습한 가정들이 자기 자신, 타인, 각자의 특성과 능력에 대한 판단에 영향을 미칠 수 있다. 한 연구에서는 실험 참가자에게 짧은 인구통계 조사 항목에 자신의 성별을 적으라고 한 다음, 자신의 수학 능력과 언어 능력에 점수를 매기게 해보았다. 서류 양식에서 의식적으로 자신의 성별을 언급하는 것은 아무런 해가 될 것이 없어 보이는 행동인데도 남성은 수학에 더 뛰어나고, 여성은 언어 능력이 더 뛰어나다는 고정관념을 상기시켜 자신의 능력에 대한 지각을 크게 왜곡시키는 것으로 나왔다. 이것은 반대쪽 능력에 대한 자신감도 떨어뜨렸다. 그리고 이 모든 것은 참가자에게 자신의 성별이나 성 역할 고정관념에 대해 생각해 보라고 노골적으로 지시하지 않았음에도 불구하고 일어났다.

다른 연구들도 이런 유형의 효과를 조사했다. 예를 들면, 알지 못하는 사이에 여성들을 인형, 꽃, 귀고리 등의 고정 관념적인 '여성적' 단어로 미리 분위기를 잡아주고, 망치, 자동차, 담배 같은 남성적인 단어로 분위기를 잡았을 때와 비교해 보았다. 이를 연구한 저자들의 표현에 따르면, 여성들의 자기 지각 렌즈가 바뀌었다. 그래서 '여성적인' 단어로 미리 분위기를 잡은 경우에는, 수학과 관련된 활동보다 예술과 관련된 활동을 훨씬 더 선호한다고 보고하는 결과가 나왔다.

아무리 조잡한 방식으로라도 분류하려는 인간의 욕망이 지각에 영향을 미칠 수 있다는 점이 참 흥미롭다. 수 세기에 걸쳐 하나의 종으로서 인간은 개인들 사이에서 나타나는 불변의 현저한 차이를 확인하는 쪽으로 신념을 비틀고, 사람들을 몇몇 외적 특성에 따라 집단으로 나누려고 해왔다. 편견에 사로잡힌 수많은 연구의 문제점을 찾아내고 특히나 성 역할과 관련된 잘못된 수십 년 치의 연구를 확인해 보려면 챕터 하나로는 부족하다. 이에 관한 더 많은 정보를 원하는 사람에게는 코델리아 파인의 매력 넘치는 책, 『젠더, 만들어진 성』과 『테스토스테론 렉스』를 추천한다.

다음 장에서는 뇌가 의미를 생산하고, 그런 의미를 가지고 종교, 정치, 과학 이론에 대한 음모설 같은 구체적인 신념 체계를 만들어내는 메커니즘을 더 자세히 살펴보겠다. 그 모든 것이 실수가 일어나기 쉬운 지각에 뿌리를 두고 있음에도 불구하고, 우리 종이 화려하고 교묘하기 그지없는 신념 체계를 구성할 능력이 있다는 점은 진정 경외심을 불러일으킨다.

6장

'내'가
틀릴 수도 있다

———

신념과 뇌

✳

무의식을 의식화하지 않으면

무의식이 우리 삶의 방향을 결정하게 되는데

우리는 바로 이런 것을 두고 운명이라고 부른다.

카를 구스타프 융 Carl Gustav Jung

당신은 무엇을 믿는가? 유령? 영국 프리미어리그 축구팀 맨체스터 유나이티드? 타고난 인간의 품위? 인간의 신념은 사람의 머릿수만큼이나 다양하다. 이 신념들은 자아감의 핵심부에 호소하고 선택, 판단, 의견에 지대한 영향력을 행사하여 우리를 어떤 경험에는 다가서게 만들고, 어떤 경험으로부터는 멀어지게 한다. 하지만 이런 선택들이, 생각하는 것처럼 전적으로 의식의 통제 아래 놓여 있는 것이 아니라는 사실이 점점 드러나고 있다. 우리는 무언가를 선택하거나 의견을 형성할 때 그것에 대한 지각을 바탕으로 할 수밖에 없다. 앞 장에서 보았듯이 지각은 결함이 많고, 대단히 개인적이다. 심지어는 의식이 작동해서 만들어낸 궁극의 산물이라 생각하는 신념조차 의식적 자각 없이 일어나는 뇌의 작동에 의해 대체로 결정된다.

이런 작동은 종 특유의 생물학적 제약, 그리고 개인 특유의 유전과 인지 편향에 따라 달라진다. 예를 들어 신에 대한 믿음이 의식적 작용에서 유래했다고 느낄 수 있다. 영적인 접촉에 대해 숙고하거나, 신학과 철학을 지적으로 열심히 탐구해서 신을 믿게 되었다고 말이다. 하지만 정교하기 이를 데 없는 신념조차 우리가 엄격한 분석적 사고를 할 수 있기 전에 마련된, 셀 수 없이 많은 무의식적이고 선천적인 뇌 메커니즘의 산물이다. 그렇다고 인간이 상당히 많은 시간을 자신의 삶과 신념에 대해 의식적이고 분석적으로 생각하며 보낸다는 사실을 부정하거나, 이런 활동이 실용성이나 지적인 가치가 없다고 주장하려는 것은 아니다. 그러나 모든 의식적 사고는 결함이 많고 편견에 빠진 지각과 현실 형성에 근거를 두고 있음을 강조할 필요가 있다.

나는 사람이 세상의 본질에 관해서 진리로 받아들이는 것은 모두 믿음, 혹은 신념이라 생각한다.

믿음은 '나는 오늘 비가 올 것이라 믿는다'라는 쉽게 검증 가능한 사소한 것에서 '나는 신을 믿는다'라는 대단히 추상적인 추정에 이르기까지 온갖 형태와 크기로 등장한다. 이런 믿음들이 한데 모여 현실을 안내하는 자기만의 지침서가 만들어지고, 이 지침서는 무엇이 사실인지뿐만 아니라 무엇이 자연스럽거나 옳은 것인지도 알려주기 때문에 서로서로에게, 그리고 세상에 어떻게 행동해야 하는지도 알려준다. 신념이 자기만의 고유한 의식으로부터 생겨난다는 의미다.

나는 의식이라는 단어를 세상에 대한 주관적인 관점을 형성하는 능력으로 이해한다. 이런 맥락에서 보면 신념이 갖는 실용적인 가치가 더 분명해진다. 신념 형성은 인지 기능 사이에서 등장하는 사치품이 아니라 세상을 헤쳐 나가는 데 필요한 도구상자에서 필수적인 것이다. 개인에게는 명백한 진실이고, 집단에 해당하는 필연적인 결론도 있다. 일을 해치우는 데 도움이 되는 것으로는 공통의 신념만 한 것이 없다는 점이다. 집단적 신념 체계는 온갖 종류의 문화적, 사회적, 정치적 프로젝트의 토대다. 그리고 신념은 그저 실용적이기만 한 것이 아니다. 그것은 우리에게도 좋게 작용하는 듯 보인다. 어떤 것이든 무언가 신념을 가지면 뇌의 건강이 유지되고, 삶에서 자기만족도가 올라간다는 것이 수많은 연구를 통해 입증되었다.

하지만 모든 신념은 오류에서 자유롭지 않은 뇌가 만들어낸 산물이기 때문에 영광을 가져다주기도 하지만 결함도 많다. 개인 수준과 집단 수준 모두에서 문제를 야기할 수 있다. 조현병 때문에 지각 장애와 망상에 사로잡힌 신념으로 고통받는 사람들은 신뢰할 수 있는 의미가 결여된 상태로 끔찍한 삶을 살아간다. 신경학적으로는 건강한 사람이라도 자기만의 현실 버전에 사로잡혀 어떤 인종, 성별, 인간 집단이 더 우월하다는 자신의 신념이 자명한 진리라는 확신에 빠질 수 있다.

일단 신념이 체계적이고 관습적인 특성을 띠게 되면, 좋은 쪽이든 나쁜 쪽이든 경이로울 정도로 강력해진다. 신념 체계는 사람을 종교적, 혹은 정치적으로 편협하게 만들어 사람의 목숨을 앗아가기도 한다. 사회는 신념을 지키기 위해 전쟁을 일으킨다. 물론 이런 신념 체계가 문화, 과학, 기술, 등 여러 방면에서 셀 수 없이 많은 인간의 업적을 가능하게 한 것도 사실이다. 더구나 인간이 무엇을 믿을지에 대해서는 정말 한계가 존재하지 않는다. 신념은 따분한 것에서 세련되고 복잡한 것에 이르기까지 아주 다양하지만, 우리를 하나로 묶는 것은 신념과 어긋나는 온갖 증거에 직면해서도 그 신념이 여전히 옳다고 깊숙이 믿을 수 있다는 사실이다.

그렇다면 신념이라 부르는 이 막강한 현상은 대체 어디서 오는 것일까? 뇌는 어떻게 성격의 기반을 형성하고, 인생을 조종하고, 심지어 결정하기도 하는 현실에 대한 지침을 창조해 내는 것일까?

우리가 믿는 것을 대체 어떻게 믿게 되었는지 묻는 것은 새로운 현상이 아니다. 아주 옛날부터 사람들은 어떻게 개개인들이 서로 지극히 모순되는 관점을 가질 수 있는지, 한 신념이 다른 신념보다 더 정당하다고 말하는 것이 가능한지 궁금해했다. 현대 서구 사회에 사는 사람은 대부분 신념은 그 사람이 태어난 가족, 문화, 사회에 크게 좌우된다는 주장에 고개를 끄덕일 것이다.

요즘에는 신념이 반드시 어떤 접근 불가능한 전능한 힘으로부터 물려받은 '진리'는 아니라 여긴다. 어떤 대의를 맹렬히 믿거나 어떤 사안에 강한 의견을 가질 수도 있고, 다른 누군가의 의견이 자신의 의견과 다를 때 어려워하기도 하지만 일반적으로는 적어도 대부분의 사람이 개인으로서 진리를 절대적으로 독점할 수는 없다는 점을 받아들인다. 또한 자신의 신념이 아무리 진실된 것이라 해도 상대적임을 알고 있다. 신념은 하나의 구성물이다. 그렇다면 누가, 혹은 무엇이 그것을 구성하였는가? 이것이 신경과학이 그 해답을 추구하고 있는 질문이다.

신념의 신경과학은 방대하고 매력적인 주제로, 온갖 것에 문제를 제기한다. 지금까지 다루었던 그 어떤 분야보다도 그러하다. 선천적 특성, 유전, 삶의 경험이 어떻게 상호작용해서 한 개인의 행동을 만들어내는지 깊게 파고 들어갈 필요가 있다. 이 분야는 신경과학 연구의 놀라운 발전을 통해 가장 경이로운 결과들이 쏟아져나오고 있는 분야 중 하나다. 이제 어떻게, 어느 정도까지 신념이 의식적이고 지적인 노력이 아니라 심부 뇌 회로의 무의식적 작동으로 결정되는지 더 완전하게 알 수 있다.

우리가 믿는 내용이 가족과 사회로부터 입력되는 내용과 함께 경험에 따라 영향을 받는다는 것을 부정할 수 없다. 그러나 근본적으로 지각의 메커니즘으로부터도 유래한다. 신념은 자기만의 독특한 현실감을 통해 형성되고 또 그와 동시에 압축된다. 이것이 세상과 상호작용하는 방식을 좌우하기 때문에, 우리가 인생 초기에 습득한 신념을 지속적으로 강화하는 효과가 나타난다. 인간은 정치나 축구에 대한 의견을 갖기 오래전에 이미 세상의 본질에 대한 신념을 갖게 된다. 예를 들어 만약 당신이 유아기에 세상은 믿을 만한 곳이어서 자신이 고통받을 때면 어디선가 보호자가 나타나 도와준다는 신념을 형성한다면, 그 신념은 자기 강화적 경향을 가질 것이다. 그와 반대로 세상은 자기에게 무관심하고 적대적이라는 신념도 자기 영속적일 수 있어서 가끔은 한 개인의 인생에 비극적인 결말을 가져오기도 한다.

완두콩에게도 신념은 있다

종교적 신념과 정치적 이데올로기의 신경과학에 대해 살펴보기 전에 가장 일반적인 의미에서 의미의 창조를 뒷받침하는 신경학적 메커니즘을 살펴보겠다. 왜 인간은 그렇게도 끈질기게 세상과 자기 자신에 대해 설명할 이론을 추구할까? 분석하고 해석하려는 이 깊은 욕망은 어디서 오며, 대체 어떤 기능을 담당하고 있을까?

심리학 교수이자 과학 잡지 《스켑틱Skeptic》의 창립자인 마이클 셔머는 『믿음의 탄생』에서 신념을 형성하는 능력은 인간의 진화에서 필수적이었다고 주장한다. 앞에서 사랑은 어떤 면에서 보면 번식 욕구가 낳은 부산물임을 확인했던 것처럼, 셔머는 신념이 뇌의 고질적인 패턴 추구 습성이 낳은 부산물이라는 설득력 있는 주장을 펼치고 있다. 이 습성은 명확한 진화적 이점을 제공해 준 기술이다.

예를 들어 정글의 빽빽한 나뭇잎 사이로 그늘에 가린 포식자의 얼굴 패턴을 알아보고 곧 그 포식자의 점심거리가 될 수 있으니 꽁지 빠지게 달아나는 것이 좋으리라 예측하는 능력은, 해당 개체로 하여금 하루라도 더 살아남아 이 기술을 자손에게 전달할 수 있게 해주었다. 지각에 대해 다루는 장에서 이 개념을 탐구하면서 조현병의 경우처럼 때로는 뇌 속에 내장된 이런 자기보호 메커니즘이 망가질 때도 있음을 알게 되었다.

뇌를 끝없이 쏟아지는 정보로부터 지속적으로 의미를 추출해내려 애쓰는 '신념 엔진'이라 생각할 수 있다. 뇌는 자기가 받아들이는 모든 감각 입력을 분류하고 상호 참조해서 패턴을 생성함으로써 이것을 해내고 있다. 대체로 무의식적으로 진행되는 이 작업의 목표는 의식적 인지로 미래를 예측하고 계획을 세울 수 있게 돕는 것이다.

이것은 놀라운 능력이기는 하지만 항상 결함 없이 작동하는 것은 아니다. 뇌는 특정한 사실로부터 일반화하는 약점이 있다. 보통 똑같은 맥락에서 똑같은 경험을 두세 번 정도 겪게 되면, 그 사람은 이것이 '현실'을 반영하는 것이라고 기꺼이 주장하게 된다. 인간은 본질적으로 과거의 경험을 바탕으로 현재의 현실을 모형화한다. 그리고 이 예측 과정은 미래에 대한 계획을 세우게 도와준다. '직접 경험 경로direct-experience pathway'라는 것을 통해 행동을 빚어내는 데 절대적으로 중요한 부분이다.

예를 들어보자. 당신은 사과를 접하고 그것을 먹었더니 맛이 좋았다. 당신은 다음에 만나는 사과도 맛이 좋으리라 예측한다. 그랬더니 실제로 맛이 좋았다. 이런 경험을 몇 번 반복하면 당신은 결국 사과는 맛이 좋다는 신념을 갖게 된다. 그래서 당신은 사과를 찾아다니기 시작한다. 이것은 완전히 이성적인 행동이다.

세상으로부터 이런 연관성을 구축해 미래의 행동 방식에 영향을 미치는 동물이 인간만 있는 것은 아니다. 여러 종에서 관찰되는 상당히 근본적인 기술로, 생존 가능성 증진에 도움을 준다. 사실 뇌가 없는 존재들도 할 수 있다. 흔해 빠진 완두도 파블로프의 개처럼 연관을 통해 학습할 수 있다. 완두콩은 종소리와 음식을 연관 지어 종소리를 듣고 침을 흘리거나, 반짝이는 사과를 발견하고 배가 꼬르륵거리는 대신, 공기의 흐름과 빛을 연관 지어 어두운 미로에 놓았을 때 선풍기를 향해 자라도록 가르칠 수 있다. 이 식물은 경험을 통해 습득한 지식을 바탕으로 새싹을 어느 방향으로 보낼지 선택한다.

심지어 완두콩조차 자신의 세상이 어떻게 작동하는지 설명할 초보적인 신념을 만들 능력이 있다면, 우리가 생각하는 의식의 의미를 재평가해 볼 필요가 있지 않을까? 다른 생명체의 신경생물학에 대해 많이 알아갈수록 인간이 자연 위에 군림한다는 콧대 높은 생각도 점점 더 꺾이고 있다.

우리는 왜 믿고, 왜 믿지 않는가

사람의 신념 형성 메커니즘으로 돌아가 보자. 직접 경험 경로에 덧붙여 사회적 경로도 존재한다. 이 경우 정보는 사람에서 사람으로 전달된다. 우리는 사람들이 무엇을 말하는지 평가하고 그 내용을 자신의 세계관에 포함할 것인지 말 것인지 결정하는 데 인생의 많은 시간을 투자한다(당신이 조금 더 멘붕에 빠지도록 한마디 더 덧붙이자면, 식물 역시 사회적 경로를 통해 학습할 수 있는 메커니즘이 있다. 이 내용은 신경과학의 사회적 함축에 대해 생각할 때 더 자세히 다루겠다).

인간은 사회적 경로가 대단히 근본적인 중요성을 가지고 있다. 인간은 의식적으로 세상에 대해 숙고하고, 그에 관해 이야기하고, 언어를 통해 개인적 신념을 소통하는 능력으로 진화해 왔다. 언어는 오래도록 인간 인지능력의 정점으로 여겨졌고, 이론을 만들고 소통하는 능력에서 언어가 담당하는 역할은 대단히 흥미롭고도 중요하다.

이 책을 시작하면서 살펴보았듯이 세상에 대한 독특한 지각의 토대는, 인간이 스펀지처럼 정보와 경험을 빨아들이는 어린 시기에 형성된다. 청소년기에는 시냅스 가지치기와 새로운 감각에 대한 욕망이 결합해서 세상과 자아에 대한 핵심 신념을 빚어내는 또 다른 결정적인 시기가 이어진다. 그렇게 해서 20대 초반 즈음이면 우리의 뇌는 성인이 되었을 때 신념의 토대가 될 이야기를 모아서 갖추게 된다.

그런데 문제는 일단 뇌가 무언가에 대한 신념을 구축하고 나면, 그것이 아무리 불완전하고 결함이 있더라도 새로 고칠 생각을 하지 않는다는 점이다. 뇌가 별 의미 없는 사건에도 기어코 인과적인 의미를 부여하려고 열심이라는 점을 놓고 보면, 사람이 본질적으로 무작위적인 사건으로부터 잘못된 결론("백인이 더 우월하다")에 도달하기가 너무 쉬운 이유를 이해하기 어렵지 않다. 뇌는 이런 신념에 빠져들어 그와 모순되는 정보들은 무시하고 신념을 뒷받침해 주는 증거만 찾아다니면서 강화해 나간다. 미래의 현실은 그 신념을 중심으로 만들어지기 시작한다.

신념 형성에 대한 이런 기술은 신경로 형성의 생리학적 과정에서 관찰하는 내용을 잘 반영하고 있다. 양쪽 모두 자기강화 루프가 작동한다. 지각의 메커니즘과 마찬가지로 신념 형성에서도 뇌는 에너지를 아끼기 위해 처리 과정에서 지름길을 선택하도록 만들어져 있다. 이런 점에서 보면 뇌는 내재적으로 게으르다고 생각할 수도 있다. 깊은 신경학적 수준에서 보면, 뇌는 신념을 바꾸기보다는 유지하는 쪽에 매몰되어 있다. 의식적으로 무언가에 대한 생각을 고쳐먹고, 모순을 일으키는 이 새로운 생각을 위해 새로운 신경로를 까는 데 필요한 추가적인 노력은 그냥 그럴 만한 가치가 없는지도 모른다. 타인과 함께 공유하는 신념, 가족이나 종교적 신념처럼 사회적 정체성을 형성하는 신념이라면 특히나 그렇다. 이런 경우에는 그저 정보를 조정하는 문제에서 그치지 않고 인간관계 자체를 새로이 정립하는 문제가 된다. 여기에는 큰 위험이 따르기 마련이다. 사람이 정말로 자신의 세계관을 바꿀 수 있는가, 더 나아가 자기 성격의 근본적인 측면을 바꿀 수 있는가, 라는 오랜 질문이 함축하는 의미는 대단히 흥미롭다. 이 부분은 나중에 다시 다루겠다.

인간만이 똑똑한 것은 아니다

정보처리, 지각, 의식 생성, 세상에 대한 신념 생각해 내기, 언어를 사용해서 타인과 소통하기 등에 관여하는 모든 정신적 활동은 대단한 위업이다. 하나의 종으로서 우리가 자신의 인지능력을 자랑스러워하는 것도 놀랄 일이 아니다. 하지만 인간이 스스로를 '생각하는' 유일한 생명체라 믿고 있다는 것은, 다른 생명체들의 인지적 위업에 대해서는 무지한 상태에서 인간이 자연 위에 군림한다는 개념을 구축했다는 의미다. 또한 제한받지 않는 자유의지를 소유한 자유로운 주체라는 개념에 지나치게 빠져 있다는 의미이기도 하다. 인간은 스스로를 그저 똑똑한 동물에 불과한 존재가 아니라고, 혹은 현대적 비유를 들면 기계에 불과한 존재가 아니라고 필사적으로 믿고 싶어 한다. 스스로 결정을 내리고, 세상 속에서 그런 결정을 바탕으로 행동하는 사실을 관찰하고, 그로부터 우리는 무제한의 개인적 주체성을 갖고 있다고 주장한다. 심지어 불완전할 때가 많은 예측 기계로부터 유래된 신념을 이용해서 자신의 결정을 사후에 합리화하려 하고, 환경과 자신의 삶에 의미를 부여하기 시작한다.

이것이 나쁜 것은 아니다. 종으로서의 자부심이 없었다면 우리는 지금의 삶과 생활양식, 문화적 풍요 등을 누리지 못했을 것이다. 그러니 자부심을 느끼는 것도 이해할 만하다. 하지만 자신에 대한 자부심을 어느 정도의 회의적 시선으로 바라보는 것 역시 인류의 집단적 자아를 바로잡는 데 유용할지도 모르겠다. 우리가 스스로를 우월하다고 여길 때는 보통 자연을 소모품으로 바라보는 경향이 있으니 말이다. 게다가 어쩌면 인간은 생각하는 것만큼 혼자만 머리가 좋은 것은 아닌지도 모른다. 낭만적인 사랑이 어느 선까지는 내면 깊숙이 새겨진, 우리를 번식으로 이끌거나 미래를 위한 지원 네트워크를 조성하는 메커니즘에 대한 감정적 인식인 것과 마찬가지로, 우리의 믿음도 의식이 외부 현실에 대해 일관된 버전을 구축하는 데 필요한 심부 정보처리 과정을 추론해서 나온 결과물인지도 모른다. 바꿔 말하면, 우리는 똑똑하다. 하지만 의식은 뇌-몸 시스템brain-body system이 우리에게 제공하는 수많은 것 중 하나에 불과하며 인간에게만 고유한 것도 아니다.

2012년에 케임브리지대학교에서 열린 '인간과 인간 아닌 동물의 의식Consciousness in Human and Non-Human Animals'을 주제로 한 학회에 참가한 신경과학자 집단은 의식에 대한 선언문을 발표했고, 이것은 '의식에 관한 케임브리지 선언Cambridge Declaration on Consciousness'이라고 알려졌다. 이 선언문에서는 이렇게 주장하고 있다.

"지금까지 축적된 증거들은 인간이 의식을 생성하는 신경학적 기질을 처리하는 유일한 존재가 아님을 말해주고 있다. 인간 외에도 모든 포유류와 조류, 문어를 비롯해서 많은 다른 생명체들을 포함한 동물들 역시 이런 신경학적 기질을 가지고 있다."

광합성을 하기 위해 미로에서 길을 찾아가는 존재가 앞에서 언급했던 완두콩만 있는 것이 아니다. 이솝우화에서 먹이를 얻기 위해 문제를 푼 까마귀가 그렇고, 인간이 직접 농사 기술을 발견하기 훨씬 오래전에 작물을 경작하는 법을 배운 개미가 그렇다. 이들은 모두 의식을 보여주고 있다. 의식이란 곧 과거의 경험으로부터 학습하여 현재의 현실과 미래 예측에 대한 믿음을 염두에 두고 행동하는 능력이다.

개인의 의식적 노력이 복잡한 신념의 생성에 기여하는 부분을 덜 강조하면 의식이라는 과업을 달성하는 엔진으로서 진화의 역할이 더욱 부각된다. 정글 속에서 그늘진 포식자의 얼굴 패턴을 알아보는 수준에서 조직화된 종교나 정당 정치를 가능하게 하는 정교한 사고 체계까지 가는 여정은 분명 아주 먼 길이었다. 하지만 의미를 창조하려는 뇌의 노력이 지니는 진화적 이점이 워낙 강력했기에 진화는 실제로 우리를 그 먼 길로 데리고 갔다. 이것은 개인이나 복잡한 사회집단 모두에 해당한다.

도널드 맥케이는 1970년대와 1980년대에 킬대학교의 소통 및 신경과학부에서 활동하던 물리학자였다. 그는 신경과학이 인간의 의식과 기독교 신학 모두에 대한 이해를 밝혀주는 것에 특히나 흥미를 느꼈다. 맥케이는 신념이 제공하는 목적에 대해 영향력 있는 논증을 펼쳐 보였다. 그는 신념이란, 판단을 내리기 위한 조건부 준비성conditional readiness이라 생각했다. 누군가, 혹은 무언가와 상호작용하도록 스스로를 준비시키는 방법인 것이다. 이런 관점에서 보면 신념은 부수적인 추상적 개념이라기보다는 개인이 삶과 상호작용할 수 있게 준비시키는 소중한 시스템이다. 인간은 세상의 본질에 대해 엄청나게 많은 신념을 갖고 있고, 결정을 내릴 때마다 이런 의미의 네트워크에 의존한다. 이미 확립된 관습을 바탕으로 미래의 가능성에 가설을 세울 수 있는 능력이 있으면 더 신속하고 창의적인 반응이 가능해진다.

수천 년에 걸쳐 인류는 사회적 유대에서 예술, 문화, 기술의 발달에 이르기까지 엄청나게 다양한 목적을 수행하는 정교하고 복잡한 신념을 만들어냈다. 신념을 생성하고 정확하게 표현하는 능력이 없었다면, 철학자와 과학자들이 시대를 거치며 이론을 만들어내기는 불가능했을 것이다. 보편적 인권이라는 개념에서 셀 수 없이 많은 질병의 근절에 이르기까지, 이 모든 것을 낳은 지적 운동과 협력은 분석하고 설명하는 뇌의 믿기 어려운 능력이 아니었다면 결코 진화해 나오지 못했을 것이다. 개인적, 집단적 시스템에는 결함이 있을지도 모르지만, 인류가 이룬 수많은 업적은 의미의 생산과 효율적 사용이 지닌 가치와 효과를 스스로 증명해 보이고 있다.

이 모든 신념 구축에는 분명 사회적 효용이 있지만, 늘 그렇듯이 진화를 통해 보존된 보상체계가 그런 활동을 유용할 뿐만 아니라 즐겁게 만드는 데도 역할을 하고 있다는 것이 그리 놀랍지는 않다. 우리가 왜 신념을 갖고 있느냐는 질문에 대한 대답 중 하나는 이렇다. 신념이 없었다면 바퀴, 배, 위생시설, 소설, 오페라, 현대무용, 무균 외과 수술 기법 같은 것들을 발명하지 않았으리라는 것이다.

하지만 이 모든 놀라운 결과에 더해서 신념은 무형의 자산도 제공할 수 있다. 개인과 사회 전체의 안녕과 행복을 크게 증진해 준다는 뜻이다. 신념은 자부심과 목적의식을 부여해 준다. 신념은 엄청난 보상의 느낌을 부여할 수 있다. 물론 항상 그런 것은 아니다. 이데올로기는 무수히 많은 사회에 엄청난 해악을 끼쳐왔다. 예를 들어 성적 지향 같은 문제에 죄책감과 수치심을 불러일으키는 종교적 신념은 그런 부분을 지지하는 사람의 안녕에 부정적인 영향을 미칠 가능성이 크다. 하지만 이런 문제점에도 불구하고 뇌 활동의 한 범주로서 신념은 전체적으로 이롭게 작용해 왔다.

● 신념에 매달리게 되는 이유

몬트리올대학교 출신의 인지신경과학자 마리오 보르가드 박사는 개인의 의식적 신념 체계(이 경우는 기독교에 대한 깊은 신앙)와 그 사람의 행복 수준 사이의 상관관계를 보여주는 교과서적 사례가 된 연구를 진행한 바 있다. 보르가드 박사는 카르멜회의 수녀 집단에 과거의 신비로운 경험을 최대한 자세하게 떠올려보게 했다. 그렇게 하는 동안 수녀들의 뇌를 스캔해 보았다. 그는 뇌의 어느 영역이 이런 활동에 관여하는지 관찰하고 싶었다. 여러 가지 뇌 네트워크가 활성화되었는데 개인마다 활성화 영역에 차이가 있었다. 짐작건대 이런 차이는 사람들의 구체적인 기억 내용, 연상, 감정 반응에 의한 것으로 보인다. 하지만 계속해서 반복적으로 활성화되는 뇌 영역은 보상체계였다. 수녀들에게 영적 경험을 떠올리는 것은 즐거운 일이었던 것이다.

그 이후로 종교적 신념과 보상경로를 연관 짓는 다른 뇌 영상 연구들이 진행되었다. 이번에도 측좌핵이 활성화되면서 불이 들어왔다. 심지어는 영적 경험을 기대하는 동안에도 활성화됐다. 이는 교리에 노출되는 것이 개인에게 본능적으로 강한 보상과 동기로 작용할 수 있는 메커니즘의 존재를 암시한다.

종교 활동은 흔히 모두 어울려 기도하거나 노래를 부르는 행동과 함께 이루어진다. 앞에서 보았듯이 이는 강력한 사회적 응집의 느낌을 만들어낼 수 있다. 여기에 웅장한 종교적 건물, 기분 좋은 냄새, 건물 안에서 울려 퍼지는 소리, 공동체에 대한 소속감 등이 더해지면 쾌락 반응을 만들어낼 수 있다. 어쩌면 독실한 사람들이 자신의 종교적 신념을 고조된 행복감과 연관시키기 때문에 이것이 신념을 더욱 강화하려는 추진력으로 작용한다고 해도 놀랄 일이 아니다. 사실 종교인은 일반적으로 종교적 신념이 없는 사람에 비해 자체 평가한 행복과 만족 점수가 높게 나온다.

하지만 흥미롭게도 여기서 핵심은 종교가 아니라 신념일지도 모른다. 이런 연구 결과는 다른 다양한 공동의 신념을 갖고 있는 사람을 대상으로 한 연구에서도 재현되었다. 친구들과 함께 경기

장에서 자기네 축구팀이 중요한 경기에서 승리하는 것을 관람하는 것도 대단히 황홀한 감정적 영향을 미칠 수 있다. 혼자 집에서 TV로 관람하는 것보다 훨씬 큰 영향이다. 보상의 느낌이 이렇게 치솟으면 팀에 대한 헌신이 더욱 공고해져서 올해야말로 자기네 팀이 챔피언에 등극하리라는 신념이 강화되고 또 다른 시즌에 대한 충성심도 굳어진다.

현재는 패턴을 찾아내고, 그 패턴을 이용해 의미를 창조하고, 그런 의미들로부터 정교한 신념 체계를 만들어내려는 사람 뇌의 충동이, 중요한 진화적 이점을 갖고 있는 선천적이고 보편적인 욕구라는 사실이 밝혀졌다. 실용적인 관점에서 보아도 신념은 유용한 것이고 행복이 증가하고 사회적 응집력이 강해지는 느낌과 강력하게 연결되어 있다. 우리가 어떻게, 왜 특정 신념을 습득하게 되는지는 아직 정확하게 파악하지 못하고 있지만, 종교적 신념과 보상체계에 관한 연구에서 그 단서를 찾을 수 있다. 정치적 확신, 감정의 스펙트럼에서 보상의 반대쪽 끝에 있는 두려움 사이의 상관관계를 파고든 한 흥미로운 연구에서는, 신념이 지적 과정의 산물이지만 적어도 그에 못지않게 감정적 반응으로부터도 유래한다는 것을 입증해 보였다.

한 연구에서는 스스로 보수주의자, 진보주의자라고 말하는 지원자들을 인지된 위협에 노출해 뇌 활성을 조사했다. 이 실험은 뇌의 편도체 영역의 활성을 기록했다. 편도체는 몸이 투쟁-도피 반응fight-or-flight response을 준비하도록 지시하는 회로를 활성화하는 일에 관여한다. 현재는 위협을 인식하면 스트레스 호르몬인 코르티솔이 높은 수준으로 생산된다는 것이 밝혀졌다. 추론, 학습, 유연한 사고, 미래 계획 등에 관여하는 뇌 영역들의 연결 잠재력을 낮추는 역할을 한다. 이것은 합리적인 단기 생존 전략으로 보인다. 지금 당장의 위협에 대처하기 위해 미래의 문제는 일단 제쳐두는 것이다. 하지만 뜨거운 인지hot cognition와 차가운 인지cold cognition를 제대로 돌아가지 못하게 하기도 한다(간단히 설명하면 뜨거운 인지란 감정에 물드는 사고를 말하고, 차가운 인지는 정보를 처리하고 판단을 내리는 사고를 말한다. 뇌는 이 둘 사이에서 항시적으로 균형을 잡는다).

흥미롭게도 강력한 정치적 확신이 있는 보수주의자와 진보주의자의 뇌 스캔 영상을 분석해 보니 일반적으로 보수주의자가 진보주의자보다 더 예민한 편도체를 갖고 있는 것으로 나왔다. 사실 편도체의 해부학과 크기 모두가 달랐다. 보수적인 사람의 편도체 속 세포들 간의 연결성은 훨씬 더 정교해 보였고, 편도체가 뇌 속에서 차지하는 부피도 더 컸다. 이 두 연구 결과를 종합해 보면 보수주의자는 위협의 인지에 더 민감하기 때문에 즉각적인 보호를 염두에 두고 행동에 나선다고 생각할 수 있다. 반면 진보주의자의 뇌는 뇌섬에서 활성이 고조된다. 뇌섬은 '마음 이론'에 관여하는 뇌 영역이다. 마음 이론이란 대략적으로 말하면 타인을 '생각하는 존재'로 지각할 수 있는 능력을 말한다. 진보주의적 신념을 가지고 있는 사람은 앞쪽띠겉질anterior cingulate cortex(전대상피질)이 더 크고 반응성이 높을 가능성이 크다. 앞쪽띠겉질은 불확실성과 충돌

가능성을 감시하는 데 관여하는 뇌 영역이다. 미지의 것과 복잡한 사회적 상황에 대한 내성이 큰 것으로 생각할 수 있다.

이것이 마치 진보주의자들의 손을 들어주는 달콤한 논리로 들릴 수도 있겠다. 보수주의자들의 뇌는 공포 때문에 제약되어 있고, 진보주의자들의 뇌는 창조적으로 협력할 수 있는 능력으로 충만하다고 말이다. 하지만 중간 단계인 신념 형성의 복잡성에 대해서는 고려하지 않고 뇌 활성 수준에서 정치적 의견으로 너무 성급하게 건너뛰는 것을 경계해야 한다. 아기가 태어날 때부터 진보주의자나 보수주의자라는 의미가 아니라, 뇌(예민한 편도체나 예민한 뇌섬)가 세상을 무서운 곳이나 따뜻한 곳으로 바라보는 관점을 구축하도록 아이들을 길들일 수도 있다는 의미다. 앞에서 보았듯이 유아기에 확립되는 이런 근본적 신념은 그 위로 추가적인 신념들이 더해질 수 있다. 예를 들면 자신의 사회집단 밖에서 이사해 들어온 사람들이 가하는 위협에 대한 신념, 기술이 제기하는 위험에 대한 신념, 급진적 이슬람교도나 우익 복음주의 기독교도의 위협에 대한 신념, 혹은 그 자체로 하나의 신념 체계의 구성물인 다른 잠재적 위험에 대한 신념 등이다. 평생에 걸쳐 복잡하게 얽힌 망처럼 신념이 형성되다가 어느 날 스스로에게 진보주의자나 보수주의자라는 딱지를 붙이게 되는 것이다.

이런 부분에는 신중하게 접근하는 것이 옳겠지만, 이 연구 결과를 무시하고 싶은 마음이 든다면 연구를 수행한 미국의 연구자들이 그런 뇌 스캔 영상을 이용해서 사람의 정치적 성향이 공화당 쪽인지 민주당 쪽인지 아주 정확하게 예측할 수 있었다고 주장했다는 점을 유념하기 바란다. 따라서 이 연구 결과가 암시하는 바가 대단히 크다고 말할 수는 있겠지만, 진보주의나 보수주의 중 어느 한쪽이 더 낫다는 것을 밝혀주고 있는지에 대한 가치 판단은 견해의 차이가 있을 수 있다. 이 연구가 세상에 대해 무엇을 말해주고 있는지에 대한 당신의 해석은 편도체와 뇌섬의 상대적 크기는 말할 것도 없고, 정치 이데올로기의 상대적 장점에서 신경과학의 유효성에 이르기까지 온갖 것에 대해 당신이 기존에 갖고 있던 의견에 크게 좌우된다.

나의 신념은 양쪽 뇌 유형이 우리 사회에서 함께 공존하는 것이 중요하다는 해석으로 기울고 있다. 어쩌면 보수성이 강한 유형은 현재의 사람들을 보호하는 데 도움을 주는 반면, 진보성이 강한 유형은 미래 세대의 성공 가능성을 높이는 데 도움이 되는지도 모른다.

● 고정된 믿음은 바뀔 수 있을까

내가 정말로 흥미를 느끼는 부분은 이런 지식을 적용해서 정치적 관점을 역설계하는 것이 가능할까 하는 점이다. 24시간 쉬지 않고 돌아가는 뉴스에 자신을 노출시키고 소셜미디어에서 쏟아내는 내용들을 읽어 내려가는 사람은 뇌에 위험 경고를 쏟아붓고 있는 셈이다. 몇몇 소규모 연구에서는 페이스북 피드를 바꿈으로써 사람의 감정 상태를 바꾸는 것이 가능하다고 지적한다. 이것은 지각과 의사 결정의 미세 조정에 변화를 주며 인지에 영향을 미쳐 협동적, 공감적, 혁신적 문제 해결 능력을 훼손시키고 그 대신 우리를 보호하도록 진화된 습관적, 자동적, 방어적 시스템을 더 활성화시킨다. 그 결과 더욱 '보수적인' 선택이나 판단이 나올 수 있다.

주체의식에 대한 함축적 의미가 심오하다. 의식적이고 지적인 활동의 결과로 나온다고 여기는 의견이나 신념 중 상당 부분이 사실은 심부 뇌 기능이 주도하는 감정 반응에 의해 빚어진다는 의미니까 말이다. 사회적, 정치적 함축 또한 심상치 않다. 특히나 페이스북에서 개인 정보 취급 문제로 스캔들이 연이어 터지고, 그 정보들이 정치적·상업적으로 사용되고 있는 상황에서는 더욱 그렇다. 이 주제는 뒤에서 다시 살펴보겠다.

'이데올로기 스위치' 설계의 가능성은 한 인간의 신념을 일반적으로 어느 정도까지 바꿔놓을 수 있겠느냐는 의문을 제기한다. 이 장의 시작 부분에서 보았듯이 뇌는 최소한의 에너지만을 소비하려는 욕구가 있기 때문에, 지각과 의미의 생성이라는 측면에서는 내재적으로 보수적인 성향이 있다. 하지만 사람들은 실제로 극적인 사건의 결과로, 혹은 삶의 경험이 천천히 축적되면서 자신의 생각과 의견을 바꾸기도 한다.

윈스턴 처칠의 말로 전해지는 "사람이 나이 스물에 사회주의자가 아니면 심장이 없는 것이고, 나이 마흔에 보수주의자가 아니면 머리가 없는 것이다"라는 말은 우리가 직접 경험해 보지는 않았더라도 아마 누군가에게 목격했을 만한 의견의 변화를 잘 압축해서 보여준다.

더 많은 것을 알아보기 위해 나는 서던 캘리포니아대학교 〈뇌와 창의력 연구소〉의 심리학 교수 조나스 카플란과 대화를 나누었다. 그는 신념의 신경 메커니즘을 연구하고 있고, 사람이 자신의 신념과 반대되는 증거에 직면해 핵심 신념을 그대로 유지하려 할 때 뇌에서 어떤 일이 일어나는지 알아보는 훌륭한 연구를 진행한 바 있다. 그의 연구진은 스스로 진보주의자라고 하는 사람들을 모아(보아하니 적어도 서던 캘리포니아에서는 보수주의자보다 진보주의자를 모으기가 더 쉬운 것 같다) 사실은 토마스 에디슨이 전구를 발명하지 않았고, 종합비타민이 몸에 별로 좋지 않다는 증거에 대해 생각해 보게 했다. 그리고 상대적으로 거슬리지 않는 증거와 함께 다른 증거도 제시했다. 부자 증세, 무기 규제, 낙태 허용 확대 등의 정당성과 유용성에 대한 이들의 신념을 깎아내릴 증거들이었다.

실험 참가자들은 보통 에디슨과 종합비타민에 대해서는 마음이 열려 있었지만 정치적 신념에 관한 문제 제기에는 극단적으로 저항했다. 조나스는 다음과 같이 말했다.

"좌파라고 해서 열린 마음을 갖고 있는 것은 아니었습니다. 실험 참가자들은 자신의 정치적 가치관에 대단히 헌신적이었습니다. 이들은 다음과 같은 말들을 했죠. '이 문제에 대해 내가 생각을 고쳐먹으면 내 친구들한테 뭐라고 설명하겠어요?' 만약 좌파라는 것이 자신의 정체성에서 대단히 중요한 부분이면 변화에 크게 저항합니다."

정치적 성향은 특정 뇌 유형과 상관관계가 있지만, 정치 스펙트럼에서 어느 쪽에 있는 사람이든 일단 핵심 정체성 신념이 확립되고 나면 그 변화에 강력하게 저항한다.

그렇다면 핵심 신념에 문제가 제기되었을 때 뇌에서는 대체 어떤 일이 일어날까? 조나스와 연구진은 이 질문에 답하기 위해 서로 다른 뇌 영역에서의 활성 수준을 측정해 보았다. 조나스는 이렇게 말했다.

"처음에 뇌는 외부 인지 네트워크를 이용하던 것을 내부 인지 네트워크를 이용하는 쪽으로 옮겨 갑니다. 사람들이 무엇이든 자기 앞에 놓인 것에 대해서는 관심이 시들해지고 기억을 훑어보거나 자기 자신에 대해 생각하는 모드로 옮겨 갈 때 이런 현상을 보게 됩니다."

본질적으로 사람들은 자신의 핵심 신념에 의문이 제기되면 자기에게 제시된 증거에 대한 반론을 찾기 위해 머릿속 목록을 뒤진다. 기존의 관점에 새로운 정보를 끼워 맞춰보려고 하며, 그것이 용이하지 않으면 그 증거를 묵살하고 기존의 인지 모형을 재확인하려 한다. 조나스는 이런 평가 단계가 수행되고 있는 동안에는 편도체와 뇌섬에서의 활성이 폭주하는 것을 알아냈다. 이는 새로운 정보가 있을 때 판단을 내리는 과정에서 새로운 정보에 대한 감정 반응이 중요한 역할을 한다는 것을 암시하고 있다. 조나스는 이렇게 얘기했다.

"자신의 신념 체계에 의문을 제기하는 정보가 등장하면 큰 반발이 일어납니다. 자신의 핵심 자아에 대한 위협이기 때문에 진보주의와 보수주의 어느 쪽 뇌 유형이든 상관없이 뇌의 자기보호 시스템이 가동됩니다. 편도체 시스템이 크게 활성화되는 사람들은 그런 증거를 조금도 인정하지 않으려 들죠."

조나스의 연구는 생각의 유연성을 고취하는 맥락에서 유용하게 적용이 가능할지도 모른다. 나는 그에게 이런 연구를 통해 사람이 자신의 세계관을 새롭게 업데이트하는 법을 배울 수 있다고 믿게 되었는지 물었다. 예를 들면 기후 변화를 부정하며 좀처럼 생각을 바꾸려 하지 않는 사람들이 있다. 이런 사람에게 기후 변화에 관한 설득력 있는 연구를 제시해, 자신의 정신이 구축한 핵심 정체성 신념의 요새를 박차고 나오게 도울 방법이 있을까? 조나스는 바로 이런 개념을 연구하고 있다. 그는 사람들에게 감정 조절 훈련을 시켜서 생각을 고쳐먹게 만들 수 있을지 시도해 보고 있다. 그는 '감정 재검토emotional reappraisal'라는 기법을 이용한다. 이 기법은 처음에는 참가자들에게 이들이 역겹다고 여기는 사진을 보여준다. 그리고 그 사진에 대해 다른 방식으로 생각해서 자동 반응과 자동 해석으로부터 빠져나오도록 북돋운다. 그의 예비연구는 전망이 좋아 보인다. 그는 반사적인 자기보호 반응보다는 삶에 대해 두려움 없는 호기심을 고취하는 것이 개인의 창의성과 안녕, 혁신, 기업가 정신, 심지어는 집단적 행동이나 세계관에도 훨씬 좋은 영향을 미칠 수 있다고 믿는다.

아직은 본격적인 연구 결과가 나오지 않았지만 이 연구 분야가 앞으로 어떻게 전개될지, 어떻게 하면 이 연구 결과를 이용해서 개인의 자기보호주의와 생존, 또한 건강한 열정과 호기심 사이의 건강한 균형을 맞출 수 있을지 지켜보면 흥미로울 것이다. 지금이 빠른 변화를 겪고 있는 시대라 특히나 그렇다. 다음 장에서 생각의 유연성을 위한 뇌 훈련의 원리를 교육 프로그램에도 적용할 수 있을지 알아보자.

● 자주 움직이고 충분히 휴식하라

신념의 형성과 변화에서 감정은 큰 역할을 담당하지만 이 역할만 하는 것은 분명 아니다. 최근의 연구에서는 인간이 자신의 환경과 그 안에서 자기가 맡는 역할에 대한 신념을 키우고 바꾸어가는 방식에 신체의 움직임과 휴식이 각각 어떤 영향을 미치는지 조사했다. 이것이 정신건강을 고취하는 데 미치는 함축적 의미는 심오하다.

수많은 연구에서 신체 운동과 보상체계 기능 사이의 연관성을 찾아냈다. 우리는 몸을 움직이기를 원하고, 운동은 뇌의 가소성 유지에서 역할을 담당하며, 거기에 수반되는 뇌 건강상의 이득도 많은 것으로 보인다. 한편 운동과는 거의 정반대의 행위인 명상은 오랫동안 정신건강에 좋은 것으로 여겨졌으며, 불교나 기독교에서 영적 수행의 한 기둥을 담당하고 있다. 명상에 열심인 사람은 명상이 생각을 명료하게 해주고 세상과 자아에 대해 덜 자아 주도적인ego-driven 관심을 이끌어낸다고 주장한다.

지금은 뇌 영상 기술로 뇌 속 네트워크에서 어느 영역이 대사 활동에 에너지를 공급하기 위해 산소를 소비하고 있는지 관찰할 수 있기 때문에 fMRI(기능적 자기공명영상)로 명상 중인 뇌의 내부를 들여다보며 이런 주장을 조사해 볼 수 있게 됐다. 오랫동안 수련해 온 불교 수도승과 진행한 몇몇 연구를 통해 명상이 꼬리핵caudate(주의력을 집중하는 역할을 함), 안쪽앞이마겉질medial prefrontal cortex(자기인식에 관여), 그리고 결정적으로는 해마(학습과 기억) 등 뇌 속 네트워크 무리를 활성화하는 것이 밝혀졌다. 명상이 새로 태어난 뇌세포에 영양을 공급해서 이 세포들이 뇌에서 온전히 기능하는 연결과 회로망을 형성할 수 있게 도움으로써 신경발생 과정을 뒷받침한다는 주장이 있다. 명상은 또한 이 뇌세포들 주변으로 보호성 지방층의 생산을 촉진하고, 스트레스 호르몬인 코르티솔의 해로운 영향을 줄여서 신경 연결이 풍성해지도록 돕는다.

다른 연구들은 명상하는 뇌의 서로 다른 전기 활성도 수준에 구체적으로 초점을 맞추어 진행했고, 명상하는 뇌의 전기 활성도가 잠을 자는 뇌와 어떤 면에서는 비슷하다는 것이 밝혀졌다. 잠을 자는 뇌에서 전형적으로 나타나는 저주파수 전기파가 명상하는 시간 동안에도 지배적으로 나타났지만, 독특하게도 인지 작업과 일반적으로 관련되어 있는 고속도의 전기진동과 결합해 나타났다. 명상은 회복을 돕고 영양을 공급하는 수면의 일부 측면을 모방하면서 그와 함께 여유 있는 창의적인 사고도 불러와 기억을 공고화하는 편안한 각성 상태를 만들어내는 데 도움을 준다. 이는 정신건강과 인지 기능 개선에 대단히 좋다.

뇌 건강을 북돋우고 사람들로 하여금 자신과 자신의 상황에 대해 유연하고 열린 마음을 유지할 수 있게 하려면 운동, 그리고 성찰reflection과 휴식을 위한 자리가 모두 필요다. 사실 운동 쇼비니스트들은 자신의 신념 체계가 인간의 목적이라는 수수께끼를 설명해 준다고 다소 편협한 주장을 펼치지만, 운동과는 정반대 상태이며 수천 년 동안 종교적 신념 체계의 핵심 교리였던 정적 상태stillness 역시 개인의 안녕과 집단의식의 발달에서 똑같이 중요한 부분인 것으로 보인다. 이 두 상태는 신경학적 수준에서 서로 깊이 상호보완적인 것으로 밝혀졌다.

이런 연구 결과를 바탕으로 우울증 치료를 위해 MAPmental and physical training(정신육체훈련)이라는 새로운 임상적 방법이 개발되었다. 우울증은 다른 정신질환과 마찬가지로 세상에 대해 도움이 되지 않는 믿음들을 갖고 있다. 그렇다고 사람들을 우울증에 빠지게 만드는 이유가 진짜 현실이 아니라거나 우울증이 단순히 세상에 대한 긍정적 재해석만으로 치료가 가능하다는 의미는 아니다. 하지만 누군가가, 예를 들어 자신은 아무런 가치가 없다고, 자기가 없는 세상이 더 아름답다고 믿고 있다면 그 밑바탕에 깔린 뇌 메커니즘을 바꾸어 이런 부정적인 믿음이 지속되는 것을 막아 큰 도움을 줄 수 있다.

MAP 훈련은 신경과학자들이 신념 형성과 관련해서 심부 뇌 기능에 대해 알아낸 것들을 취해서 치료에 적용해 볼 수 있는 대단히 실용적인 시도다. 이 훈련 방법은 일정 시간은 초점 주의 명상focused-attention meditation을 하고, 일정 시간은 30분 달리기 같은 유산소 운동을 하는 방식으로 이루어진다. 예비 연구에서는 이런 접근 방식이 효과가 있는 것으로 보였다. 최근에 노숙자가 되어 정신적 외상을 겪었던 젊은 엄마 집단이 MAP 훈련 이후에 행복 지수가 향상되는 결과가 나왔다. 이 훈련은 주요우울장애로 진단받은 사람에게도 도움이 되는 것으로 밝혀졌으며, 심지어 아무런 진단 없이 이미 전반적으로 행복하다고 보고하는 사람의 행복 지수까지도 향상시켜 주는 것으로 나왔다. MAP 훈련의 결과로 뇌 속에서 뉴런과 회로가 늘어나는지 아직은 확실하지 않다. 하지만 이 예비 연구 결과들은 어떻게 하면 신경과학 연구의 결과를 새로운 임상 치료법으로 성공적으로 전환하여 개인의 건강과 행복을 증진시킬 수 있는지 잘 보여준다. 사람들이 MAP 훈련을 이용해 자신에 대한 믿음에 건강한 변화를 맞이하기를 바라는 마음이다.

지금까지 뇌의 공포 반응을 장악하는 '이데올로기 스위치'나 기업이나 정치적 이익집단에 의한 마인드 컨트롤 같은 디스토피아적 악몽에서 벗어나, 자기 성찰과 운동을 통해 자신과 타인의 생각을 변화시키는 훨씬 자율적인 모형을 살펴보았다. 이런 밝은 부분을 다루고 나니 마음이 한결 놓인다.

● 신념, 운명 그리고 자유의지

이 장에서는 우리가 이 세상과 자기 자신에 대해 믿는 내용이 어떻게 경험과 인생 결과에 심대한 영향을 미칠 수 있는지 살펴보았다. 신념은 어떻게 형성되며, 의식적 수준이든 무의식적 수준이든 자기 자신이나 타인의 힘을 빌려 신념을 변화시키는 것이 과연 가능한가라는 질문에 깊숙이 파고들어 보았다. 신념 형성 과정의 복잡성을 과소평가해서는 안 된다. 이 과정은 종 수준의 지각 결함에서 복잡하게 층층이 쌓인 고유의 경험에 이르기까지 모든 것에 좌우되고, 유전적으로 결정된 뇌 회로의 세부에까지 모두 스며들기 때문이다. 이 어마어마하게 복잡한 시스템은 신념, 의식, 우리가 얼마나 자율적인 존재인지에 대한 무수히 많은 자기 참조적 확신을 뒷받침하고 있다.

지금까지 알면서도 언급하지 않고 빙빙 돌며 외면해 온, 이 책의 핵심 질문이 있다. 인간은 과연 생물학적 운명의 노예인가, 아니면 자유의지를 가진 주체적 존재인가? 인간은 정말로 선택의 자유를 갖고 있는 것일까? 아니면 인간이 매일 내리는 결정들이 모두 사실은 미리 정해진 계산을 통해 나온 결과인가? 자유의지는 환상에 불과한가?

1985년에 신경과학자 벤저민 리벳은 한 가지 실험을 고안했다. 몸을 움직이겠다는 의식적인 결정이 뇌가 신체 운동 착수 신호를 개시하기 전에 만들어지는지, 아니면 그 후에 만들어지는지 판단하려는 실험이었다. 그는 실험 참가자들에게 자기가 원하는 시간에 반복적으로 손목을 구부려보라고 했다. 그는 운동이 일어나는 순간과 뇌의 운동겉질의 활성이 일어나는 순간을 기록해서 그 데이터를 실험 참가자가 의식적으로 손목을 구부리기로 결정했다고 보고한 시간과 비교해 보았다. 손목 운동의 정확한 시간은 근육의 전기 활성을 측정해서 얻었다. 그와 유사하게 두피에 전극을 장착해서 운동겉질의 전기 활성도 대단히 예민하게 기록했다. 그 결과 리벳은 운동겉질로부터 나오는 무의식적인 지시가 먼저 등장한다는 것을 발견했다. 몸을 움직이겠다는 의식적인 결정은 350밀리초 후에 등장했다. 그리고 실제 운동이 일어나기까지는 200밀리초 정도의 지연이 발생했다. 사실상 뇌가 행동을 지시한 후에야 의식적 각성이 일어난 것이다.

이 실험에는 명백한 한계가 존재한다. 실험 참가자가 시선을 시계에 맞추고 정확한 시간을 읽어내는 데 걸리는 시간이 오류를 만들어낼 수 있다. 게다가 그 사람이 의사 결정을 내린 느낌에 대한 보고도 주관적이다. 가장 근본적인 한계는 이 실험이 실험실에서 구축된 패러다임 안에서 일어났고, 아주 단순한 1단계 결정 과정만을 조사했다는 것이다. 그래도 이 실험은 여러 번에 걸쳐 더 세련된 방식으로 재현되었는데 거기서도 비슷한 결과가 나왔다. 이것은 일상적으로 내리는 수많은 복잡하고 미묘한 결정과 어떤 관련이 있을까?

이를 두고 다양한 해석이 나왔다. 어떤 사람은 뇌가 운동 개시를 준비하는 것과 움직이겠다는 결정을 의식적으로 자각하는 것 사이에 생기는 시간 지연이 이론적으로는 그 행동을 거부할 수 있는 시간을 제공해 준다고 주장했다. 실제 세상에 대입해서 추측해 보면 어쩌면 인간이 주체성을 행사할 기회를 제공해 주는, 정신 속에 내장된 일시정지 버튼인지도 모른다. 좋은 아이디어이기는 하지만 충동조절과 의지력이 점점 더 유전적 성향과 인생 초기 학습의 조합에 의해 결정되는 것으로 보인다는 사실을 놓고 보면 이야기가 달라진다. 어떤 사람은 일시정지 버튼을 잘 활용하는 성향이 있지만, 어떤 사람은 그렇지 못하다.

조나스 카플란이 신념 변화에 대한 연구를 진행해 본 적이 있었기에 그에게 자유의지라는 개념에 대한 의견을 물어보고 싶었다. 그는 단호하게 대답했다.

"나는 자유의지를 믿지 않습니다. 우주는 결정론적이에요. 우리는 자신의 행동을 써내려 가는 주체가 아닙니다. 모든 것은 그보다 앞선 무언가에 의해 야기되니까요."

그는 이런 경고도 덧붙였다.

"하지만 결정은 부분적으로 감정 상태에 의해 조절되고, 대부분의 사람은 자기에게 자유의지가 거의, 혹은 전혀 없다는 것을 우울하게 생각합니다. 그러므로 자유의지의 존재를 믿는 것은 상당한 가치가 있습니다."

서로 다른 관점을 가진 인지과학 종사자들에게 이런 이야기를 듣는 것이 처음은 아니었다(마지막도 아닐 것이다). 최근의 수많은 연구는 자유의지에 대한 개인의 믿음이 약해지면 자기중심적이고 충동적인 행동이 늘어난다는 것을 보여준다. 사람들은 자신의 행동이 미리 결정되어 있다고 생각하면, 자기가 무슨 짓을 하든 중요하지 않다고 생각하고 사회의 규칙을 무시하고 욕망을 충실히 따르는 성향이 있다. 자유의지에 대한 신념은 환상일지도 모르지만, 사회가 매끄럽게 돌아가기 위해서는 꼭 필요한 것인지도 모른다(매끄럽게 돌아가는 인생을 위해서도).

● 열린 마음 연습하기

주체성을 믿어야 할 필요성을 나와는 다소 차이가 있는 관점에서 탐구해 보기 위해 캔터베리 대주교였던 저명한 신학자 로완 윌리엄스를 만났다. 신경과학자들 사이에서는 개인적 의식, 세상에 대한 주관적 관점, 그것에 대해 형성하는 신념 등이 우리의 똑똑한 뇌가 전기화학 회로를 통해 만들어내는 수많은 것들 중 하나에 불과하다는 주장이 점점 늘어나고 있다. 나는 만약 로완이 자유의지를 믿는다면 뇌의 물리적 구성에서 유래한다고 생각하는지, 다른 원천으로부터 유래한다고 생각하는지 궁금했다. 자유의지는 신에게서 오는 것일까? 어쩌면 인간이 주체성을 갖기 위해서는 의식과 공존하는 영혼의 존재가 필요한지도 모른다. 그는 이렇게 말했다.

"나는 자유의지의 존재를 믿습니다. 하지만 '자유의지는 뇌 속에서 이렇게 만들어진다'라고 말하는 것과 '자유의지는 사실 완전히 예측 가능하지 않은 방식으로 이렇게 작동한다'라고 말하는 것 사이에 모순이 존재한다고 생각하지는 않습니다. 제가 생각하기에는 우리가 내리는 모든 결정이 미리 결정되어 있을 수는 없을 것 같습니다. 제가 다음 5분 동안에 무엇을 말할지 당신이 예측할 수는 있겠지만, 저도 '아니, 나는 그렇게 말하지 않을 거야'라고 말할 수 있죠. 따라서 언어를 통한 정보 교환이 결정론적 틀에 영향을 줍니다."

그렇다면 어쩌면 결정론은 개인의 수준에서는 적용되지만 또 다른 사람의 존재가 추가되면 붕괴되는 것인지도 모른다. 물론 대화가 도입할 수 있는 변수의 수는 이론적으로 무한하므로 어떤 사람이 하는 말이나 행동을 설명할 때 전혀 빈틈없는 결정론적 모형을 유지하기는 더 힘들다. 그렇기는 해도 우리가 말하는 대부분은 예측 가능한 변수에 의해 제약되기 때문에(이러한 변수에 해당하는 것으로는 대화 상대와의 관계, 배경, 대화의 감정적 맥락, 사회적 기대, 언어의 규칙 등이 있다) 엄청난 양의 예측이 가능함을 보여주는 흥미로운 실험들이 나와 있다. '오이는 훌륭한 애완동물이다'라는 말을 아예 할 수 없는 건 아니지만 '밖이 아주 춥다'와 같이 자기가 알고 있는 내용에서 벗어나서 말하지는 않는다.

로완은 자연과학의 발전에 관한 글을 읽으면서 복잡성이 어떻게 펼쳐지는지를 깊이 생각하게 되었다.

"생명체가 존재하는 방식에는 어떤 패턴이 있습니다. 그 패턴 안에서 어떤 지점이 되면 자아를 머릿속에 그리고 세상에 존재하지 않는 것도 상상할 수 있는 능력이 등장하죠. 이렇게 일단 의식이 생겨나면 그것이 유기 세상으로 되먹임되면서 세상을 완전히 기계적으로 예측할 수 없게 만들어놓는 것 같습니다. '주체성'이라고 부르는 것을 통해 그런 일을 하고, 시스템을 붕괴시킵니다. 따라서 내가 그저 하나의 메커니즘은 아닌 것이죠."

로완은 언어, 구체적으로는 사람들 사이의 언어적 상호작용이 주체성이 발휘되는 도구라는 의견을 갖고 있다. 나는 그에게 자신이 상상하고, 깊이 생각하고, 질문을 던진 다음 자신의 관점을 다른 사람들과 소통하고 논의하려는 성향을 타고났다고 믿는지 물어보았다. 그의 과거 경험이 그가 던지게 될 질문과 거기에 내놓을 해답에 영향을 미치지 않았을까? 그는 이렇게 말했다.

"영향을 미치죠. 하지만 영향을 미치는 것과 결정하는 것에는 차이가 있습니다. 제 과거는 하나의 요인이죠. 제 성향도 마찬가지입니다. 그러나 그런 것 중에 완전히 결정론적이어서 그것 말고는 미래에 다르게 행동할 수 있는 대안이 존재하지 않는 것이 있을까요?"

현재로서는 생물학이 이 질문에 적절히 대답할 수 없다는 로완의 지적이 옳다. 아직은 과거 경험과 신경생물학적 하드웨어가 미래에 그냥 영향만 미치는 것이 아니라 미래를 예측해 준다고 자신 있게 말할 수 없다. 지각의 개념으로 다시 돌아가서 어떤 사건이나 대화에 대한 기억이 필연적으로 사람마다 대단히 특유하다는 점을 고려하는 것도 중요하다. 말로 나온 단어들에 대한 해석과 거기에 연결된 감정은 과거 경험에 의해 빚어진다.

나는 인간의 모든 복잡한 행동이 대체로 생물학적 결정론에 입각해서 설명 가능해지는 시나리오를 머릿속에 그려낼 수 있다. 어쨌거나 우리는 지난 50여 년 동안 유전자, 호르몬, 후성유전학 같은 분야의 급속한 발전을 목격해 왔으니까 말이다. 그러나 행동을 야기하는 원인에 대해 우리가 모든 것을 속속들이 알 수는 결코 없으리라는 점을 인정하지 않을 수 없다. 어쩌면 이것은 좋은 일인지도 모른다. 조나스의 주장처럼 자유의지가 환상일지는 몰라도 반드시 필요한 환상인지도 모르니까 말이다. 이론적인 맥락에서 보면 결정론이 깔끔하지만 로완의 지적처럼 연구실 환경에서 알아낸 초보적인 연구 결과를 실제 세상에 그대로 적용해서, 자기 자신을 심문해 볼 필요도, 다른 사람은 어떻게 생각하는지 상상해 볼 필요도 없어진다고 단정 짓는 것은 옳지 못하다. 로완은 이렇게 간결하게 요약했다.

"제가 보기에 그것은 인간다운 상호작용을 위한 방안은 아닙니다."

나는 그에게 사람들이 스스로를 기계라고 생각하지 않게 막아 나서도록 선천적으로 타고났다고 생각하는지 물어보았다. 그는 웃으며 말했다.

"나는 아마도 세상에 변화를 불러오고, 사람들이 깊이 성찰하도록 돕고, 인류에게로 흘러드는 다양한 요인들을 이해하고 싶도록 태어났을 겁니다. 나는 사람들이 환경이 통제를 완전히 벗어나 있다고 생각하지 않게 막고 싶어요. 그렇게 생각하면 우울해져서 아무런 변화도 생기지 않을 테니까요. 간단히 말하면 저는 사람들이 자기가 차이를 만들어낼 수 있다고 믿었으면 좋겠습니다. 나는 그와 다른 목소리를 내는 신념 체계는 크게 경계합니다. 당신이 당장 이렇게 말할 수도 있겠죠. 그것은 내가 길든 조건이고 나의 성향일 뿐이라고 말이죠. 하지만 나는 결정론에 관한 진술이든 무엇이든 일단 한 아이디어가 세상에 나오기만 하면 그것을 두고 논의를 나눌 수 있다는 기본적인 사실로 다시금 되돌아가려 합니다."

신경과학과 생물학적 결정론에 관한 내 신념을 로완과 함께 논의하고 큰 영감을 얻었다. 그는 이 주제를 다른 관점에서 접근했다. 신경과학에서 나온 새로운 발견과 신학 및 철학의 전통적 학문 사이에 중첩되는 부분이 있다는 것도 안심이 됐다. 모든 아이디어가 변하기 쉬운 속성이 있음을 강조하는 로완의 입장은, 신념 변화의 신경과학에 대한 조나스의 실험을 다시 떠올리게 해주었다.

습관을 바꾸기는 불편하다. 우리가 신념이라 부르는 정신적 습관이라면 더더욱 그렇다. 성찰, 논의, 희망의 중요성에 대한 로완의 개인적 신념이 나에게 희망을 품게 했다. 어쩌면 우리가 모두 조금은 그를 닮아서 유연한 사고, 공감, 호기심을 능동적으로 연습할 필요가 있지 않나 싶다.

7장

뇌과학으로
운명을 미리 읽을 수 있다면

예측 가능한 뇌

✳

우리는 운명을 받아들일 수밖에 없지만,

그것을 다스릴 수 있는 힘도 있다.

토머스 칼라일 Thomas Carlyle

앞 장에서, 우리가 소중히 여기는 자유의지라는 개념이 과연 신경과학 연구에서 버티고 살아남을 수 있겠느냐는 추상적인 질문에 대해 생각해 보았다. 나는 로완 윌리엄스와 인간의 주체성에 관한 대화를 나누면서, 생물학적 결정론에 대한 내 자신의 신념을 나와 다른 막강한 관념과 대립시켜 보기도 했다. 나는 이 만남을 통해 마음의 유연성 훈련이 갖는 역동적인 효과에 영감받을 수 있었다. 나는 인류가 인간의 행동을 신경생물학적으로 더욱 잘 이해하기 위한 길을 걷고 있다고 여전히 확신한다. 하지만 이런 지식은 반드시 실제 세상에도 적용해 보아야 한다. 그러지 않으면 인간성의 미묘한 구석들을 이해하는 데 실패하고 아무 생각 없이 윤리의 늪으로 빠져들어 갈 위험이 있다.

이번 장과 다음 장에서는 '개인적 행동과 자아감이 뇌 속에서 어떻게 생성되는가'라는 추상적인 질문은 내려놓을 것이다. 이제는 신경과학에서 나온 온갖 새로운 지식을 가지고 실용적인 수준에서 무엇을 할지 고민할 시간이다. 의학은 그 출발점이자 이번 장에서 초점을 맞출 내용이다. 의학은 신경과학이 실용적인 부분에서 이미 상당한 영향을 미치고 있는 분야이고, 인생의 결과가 생물학적으로 결정된다는 개념이 가장 분명하게 드러나는 분야이기 때문이다. 의학 연구자와 임상가들은 이미 복잡한 윤리적 질문을 던지고 있다. 점점 더 이런 질문과 씨름할 일이 많아질 것이다. 신경생물학이 건강상의 결과를 어떻게 빚어내는지 더 많이 알아냄에 따라 개인의 의학적 미래를 더욱 잘 예측할 수 있게 될 것이다. 하지만 정말 그러기를 바랄까? 자기가 알츠하이머병, 파킨슨병, 뇌종양 같은 것에 걸릴 가능성이 높다는 것을 미리 아는 것이 과연 도움이 될까? 오히려 장밋빛 미래를 망쳐놓지는 않을까?

이 질문은 '자기 삶에서 자율성이 어떤 위치를 차지하고 있다고 생각하는가'라는 문제의 핵심을 찌르고 있다. 물론 이 문제의 답은 여러 가지에 좌우된다. 내가 혈색소증 유전자 보유자라는 사실을 알면서 직접 체험해 보았던 것처럼, 상대적으로 가벼운 시나리오인 경우에도 무척이나 복잡하게 전개된다. 헌팅턴병 진단용 검사를 받을지 말지 결정해야 하는 사람들과 대화를 해보았더니, 그러한 지식이 피할 수 없는 운명을 확인해 주는 것이라면 꼭 사람들의 자율권을 높여주는 것은 아님을 알게 됐다. 자기가 알츠하이머병에 걸릴 위험이 큰데 그 위험을 완화하기 위해 할 수 있는 일들이 있다는 것을 아는 것과, 재앙과도 같은 질병에 걸릴 것이 거의 분명한데 치료도, 완치도 불가능하다는 말을 듣는 것은 차원이 다른 이야기다. 나는 극단적인 경우이기는 하지만 일부 사례에서는 자신의 운명을 아는 것보다는 차라리 모르는 것이 약이라는 것을 알고 마음이 겸손해졌다.

하지만 헌팅턴병같이 희귀하고 골치 아픈 사례를 생각해 보기에 앞서서 다른 정신질환과 신경질환의 생체지표를 확인할 수 있는 혁신적 방법들을 살펴볼 것이다. 이런 사례에서는 낙관론적 희망을 가질 만한 상당한 근거가 마련되어 있다.

● 미래를 바꾸기 위해 미래를 예측하기

생체지표란 한마디로 생물학적 상태나 질병을 예측할 수 있는 측정 가능한 표지를 말한다. 예를 들어 혈구세포에 항체가 존재한다는 것은 감염의 생체지표다. 그리고 BRCA1이나 BRCA2 유전자의 특정 돌연변이는 유방암에 걸리기 쉬운 정도를 말해주는 유전체 생체지표다. 신경과학의 발달 덕분에 이제는 특정 행동을 하는 성향이 있을 때 특정 정신질환에 걸릴지, 특정 치료에 어떻게 반응할지를 점점 더 세밀하고 선택적으로 예측할 수 있는 생체지표들이 확인되고 있다. 기존에는 미신과 미스터리로 바라보았던 질병들의 비밀이 밝혀지기 시작했다. 진단이 더욱 세밀해짐에 따라 치료도 환자에 따라 맞춤형으로 더욱 효과적으로 이루어질 날이 머지않았다. 지금은 알츠하이머병에 걸릴지를, 증상이 발현되기 최고 30년 전에 예측할 수 있는 신뢰할 만한 진단 검사들이 나와 있다. 파킨슨병과 약물저항성 우울증이 발생할 위험을 예측하는 새로운 검사 방법들이 제공되고 있고, 생체지표를 이용해서 정신병 환자에게 개인 맞춤형 치료를 제공하는 것이 점점 더 가능해지고 있다.

영국 정부는 NHS 건강관리 시스템에 개인화된 의료를 포함함으로써 이런 연구 결과를 바탕으로 의료를 구축해 나가기를 바란다. 2012년에는 '10만 게놈 프로젝트100,000 Genomes Project'라는 수백만 파운드짜리 연구 투자를 진두지휘했다. 이 프로젝트는 암, 거식증, 조현병 등 기타 질병이 있는 사람들의 유전체genome를 염기서열 분석해서 의학적 도구의 구축에 도움이 될 일련의 생체지표들을 확인하기 위한 것이었다. 질병의 밑바탕이 되는 메커니즘을 더욱 잘 이해하는 것과 조기 진단을 내리는 것은 모두 치료 결과를 개선해 주기 때문에 궁극의 목표는 전 세계 수백만 명의 삶의 질을 개선하는 것이다.

이런 발전이 이루어지리라는 기대에 들뜨는 것도 당연한 일이다. 의학의 혁신에 관한 한 지난 세기에는 놀라운 속도로 발전이 이루어져 왔다. 키홀 수술keyhole surgery(환자의 몸을 아주 조금만 절개한 뒤 레이저로 치료하는 수술—옮긴이), 기관 의식, 시험관 아기 시술, 암의 표적 치료를 위한 면역치료 등의 발전을 생각해 보라. 하지만 뺑튀기 신경과학의 위험에 대해 살펴보기 좋은 때가 되었다는 생각도 든다.

현재까지는 여전히 뇌보다는 몸속 다른 기관에서 생긴 건강 문제를 예측하고 치료하기가 훨씬 쉽다. 뇌는 그 마법을 드러내기가 훨씬 어려운 것으로 밝혀졌고, 최근 들어서야 겨우 그 복잡성을 한 꺼풀 한 꺼풀 벗겨내기 시작했을 뿐이다. 따라서 한 개인에게 등장할 행동이나 성격적 특성을 신뢰성 있게 예측하라는 것은 무리한 요구다. 이 책에서 내가 강조해 왔듯이 신경생물학은 대단히 복잡하기에 단일 유전자(혹은 단일 뇌 영역, 사실 무엇이든 단독으로 작용하는 것은 없다)가 인간 행동의 어떤 측면을 만들어낸다고 주장하는 것은 도움이 되지 않는다.

이런 수많은 경고가 머릿속을 맴돌고 있지만, 나는 미래에는 뇌의 건강, 기질, 기술, 인생의 결과, 개인적 위험 등에 대해 많은 부분을 예측하게 되리라 강하게 믿고 있다. 인간의 뇌 지도 작성에서 혁신이 계속 이루어지고 있다. 앞에서 보았듯이 이제 우리는 아이가 엄마 배 속에서 발생하는 동안 커넥톰이 모양을 갖추어가는 모습을 관찰할 수 있고, 일단 세상에 나온 후에는 아기가 환경과 상호작용하면서 커넥톰이 성장하고 변화하는 모습을 시각화해서 관찰함으로써 뇌 회로가 받는 영향을 연구할 수도 있다.

거대한 유전자 지도 프로젝트 연구가 결실을 맺고 막대한 데이터가 방출되어 나오면서 과학의 풍경이 빠른 속도로 변하고 있다. 내가 이 글을 쓰고 있는 동안에도 온라인에서는 데이터들이 쏟아져 나오고 있으며, 한 주가 멀다 하고 예비 연구들이 등장한다. 부유함과 성공 같은 긍정적인 인생의 결과, 그리고 지능, 창의성, 강력한 의지 등 좀 더 바람직한 성격적 특성과 연관된 유전자들이 밝혀지고 있다. 어떤 유전자는 장수 같은 다른 생물학적 과정과도 연관되어 있다.

심지어는 누군가가 동정을 잃게 될지도 모를 나이와 관련된 유전자도 최근에 밝혀진 바 있다. 여기에는 유전학이 무려 25퍼센트나 기여하는 것으로 여겨진다. 사춘기의 개시를 지시하는 유전자도 있고, 위험 감수 행동, 충동성, 감각 추구와 관련된 유전자도 있다. 이 정도면 사춘기 종합세트다.

상업적 유전자 진단 회사들은 이 모든 연구 결과에 달려들어 지능이나 창의력에 대한 유전자 검사 방법을 처음으로 개발하기 위해 학계와 협력하기 시작했다. 제약 회사들은 이미 이런 데이터에 접근할 권리를 사들이기 위해 협상을 진행 중이다. 이제는 몇십만 원 정도면 몇 시간 만에 자신의 유전체 전체의 염기서열을 분석할 수 있다. 자신의 혈통에 초점을 맞춘 보고서를 선택할 수도 있고, 알츠하이머병과 파킨슨병 같은 질병에 대한 유전적 취약성, 혹은 자폐 스펙트럼 장애와 낭포성섬유증에서 유전적 청각 상실에 이르기까지 40가지 다양한 질병에 관여하는 것으로 여겨지는 유전자 변이의 보유 여부 등 다양한 건강 문제에 초점을 맞춘 보고서도 선택할 수 있다.

이 책을 쓰기 위해 조사하던 중에 만난 사람들 중에는 상업적 유전자 검사의 유용성이 의심스럽다고 말하는 사람이 많았다. 역설적으로 이 검사가 제공해 주는 진짜 도움이 될 정보는 접근이 불가능할 수도 있다. 일부 심각한 질병 관련 취약성에 대한 정보와 함께 유전자 상담을 제공하려면 법적 요구조건이 존재하기 때문이다. 그러나 유전자 서열 분석 시장이 계속해서 성장하리라는 데는 의심의 여지가 없다. 이런 발전이 현재의 커넥톰 혁명과 손을 잡게 되면 유전자, 뇌 회로, 환경이 어떻게 상호작용하는지 좀 더 명확히 이해할 수 있을 것이다. 요약하자면 우리는 선천적 요인을 후천적 요인과 분리하는 것이 가능해지는 시대로 접어들고 있다. 하지만 이익을 좇아 이루어지는 변화 속에서는 신뢰성에 문제가 생길 수도 있고, 수많은 잘못된 정보도 판을 치게 될 것이다. 이런 것들은 엄연한 뻥튀기 신경과학이다.

미래를 아는 데 따르는 위험은 무엇일까?

단기적으로는 개인이 자신을 인식하고 인생의 결정을 내릴 때 미치는 영향이 클 것이고, 그 영향이 꼭 긍정적이지만은 않을 것이다. 예를 들어 당신이 상업적 유전자 검사를 받았더니 불안장애에 걸릴 위험이 크다고 나왔다면 당신은 그 결과에 오히려 더 불안해져서 그 의미가 무엇인지, 그리고 자기 행동을 어떻게 바꿔나가야 하는지 온갖 억측을 이끌어내게 될 것이다. 그런 정보는 이미 밑바탕에 깔린 불안에 대한 취약성을 오히려 악화시키기만 하지 않을까?

내 의견은 이렇다. 분명 새로운 지식을 사이비과학으로 접근하는 경우가 생기기는 하겠지만, 점점 더 흥미진진하고 신뢰할 만한 연구들이 나오고, 더 건강한 접근 방식을 통해 미래를 예측해 보는 적용 분야들이 등장할 것이다. 10년 안으로 어느 시점에서는 평생 얼마나 건강할지뿐만 아니라 얼마나 행복하고, 성공적이고, 부유할지도 결정할 수 있게 될지 모른다. 그런데 문제는 과연 정말로 그것을 알고 싶을까? 이것이 개인의 자율성을 증진하는 역할을 할까, 아니면 환상을 깨뜨리고 섣부른 실망으로 이끌까?

이런 결정을 자기가 자유롭게 직접 내릴 수 있을지 물어오면 문제는 더 복잡해진다. 자신이 타고난 질병 취약성에 대해서는 아무것도 알지 않겠다고 결정하고 자신의 삶을 힘닿는 대로 최선을 다해 살아가겠다고 선택할 수도 있을 것이다. 하지만 자신의 재량으로 이런 지식을 거부하는 것이 불가능해질 수도 있다. 예를 들어 의사가 치료를 위해 유전자 검사를 요구한다고 해보자. 이런 경우는 그럴 만해서 하는 것이지만(당신에게 가장 효과적인 치료법을 알기 위해서) 유전자 프라이버시와 의료 서비스 제공에 관한 엄격한 지침이 마련되지 않는다면 더 충격적인 시나리오도 나올 수 있다. 영국에서는 모든 거주자를 대상으로 의료 서비스가 무료로 제공되고 있지만 이런 모델은 압박을 받고 있다. 영국도 다른 국가에서 흔히 볼 수 있는 민간 건강보험 기반의 모형으로 옮겨가게 될 수 있다. 이런 맥락 아래서는 보험회사 측에서 유전자 검사를 건강보험 가입의 전제 조건으로 요구하는 모습을 상상할 수 있다. 그러면 분명 보험회사에서는 검사 결과에 따라 보험료를 인상하거나, 건강이 악화될 가능성이 큰 것으로 나온 경우 가입 자체를 거부할 수도 있다.

시험관 아기 시술에서나 산전 선별 검사의 일부로 유전자 프로필을 이용하는 것에 이미 진지한 윤리적 문제가 제기되고 있다. 부모에게 아이의 운명을 해독할 권리를 주는 것이 과연 옳은가? 현재 영국에서는 다운증후군이 있는 태아를 임신한 여성들 대다수가 임신중절을 하고 있다. 이미 이런 전례가 있는 마당에 인간의 특성 중 배아의 선별적 이식을 통해 배제하고 싶은 특성은 어떤 것이고, 인구 집단에 계속 남겨두고 싶은 특성은 무엇인지 질문할 필요가 있다. 우리 사회는 선별 검사와 '맞춤아기designer baby'의 창조를 어느 선까지 허용하게 될까? 최근의 기술 발달 속도를 보면 이런 질문들은 특히나 중요해지고 있다.

새로운 검사 방법 덕분에 이제는 임신 5주 만에 유전자 검사가 가능해졌다. 산모의 혈액을 채취해서 그 혈액 속에 들어 있는 태아의 세포를 골라내면 이것을 분리해 검사가 가능하다. 양수 검사나 융모막 채취법같이 유산의 위험이 있는 전통적 산전 유전자 검사 방법보다 훨씬 덜 침습적이다.

하지만 비침습적 산전 검사의 발달과 함께 윤리적으로 고려해야 할 부분도 점점 많아지고 있다. 의학 분야에서 무엇을 용인할 것인지 기준을 정하는 데 전 세계적으로 가장 영향력 있는 기관 중 하나인 뉴필드 생명윤리위원회에서는 근래 들어 이 부분을 신중하게 심의하고 있다. 자신의 건강, 능력, 성격, 신체 속성과 관련된 정보에 접근하는 문제와 그런 정보에 타인의 접근을 허용하는 문제는 미래에 태어날 사람이 스스로 선택해야 한다. 그런데 이런 검사가 그 능력을 훼손할 가능성이 있는지도 심의의 대상이다. 성별 등 어떤 유전적 특성을 갖고 있는 사람들에 대한 차별을 부추길 수도 있고, 어떤 아기가 '정상적' 혹은 '건강한' 아기인가에 관한 인식을 손상시킬 수도 있다. 이런 우려 때문에 뉴필드 생명윤리위원회에서는 NHS나 민간 시장이 나중에 살다가 생길 수 있는 질병에 대해 아기를 선별할 용도로 유전자 선별 검사를 사용해서는 안 된다고 권고한다. 선별 검사는 '심각하지만 치료가 가능한' 질병에 대해서만, 그리고 유전체 선별 검사가 '불건강이나 사망' 가능성을 줄일 것이라는 증거가 있는 경우만을 대상으로 이루어져야 한다. 하지만 그 경계선을 대체 어디에 그을 것인가?

기술 혁신으로 유전자 선별 검사만이 아니라 유전자 편집까지 가능해지고 있어서 문제가 더 복잡하다. 2018년 여름에 뉴필드 생명윤리위원회는 인간 배아를 이식하기 전에 유전적으로 조작하는 과정을 잠정적으로 승인했다. 산전 선별 검사에 대한 위원회의 기존 입장을 생각하면 다소 놀라운 일이었다. 보고서에 따르면 이 과정이 기존에 존재하던 사회적 불평등을 강화하지 않고 아기의 최선을 위한 것이라면 도덕적으로 허용 가능하다고 했다. 그대로 두면 심각한 질병으로 이어질 유전자를 편집하는 경우가 그런 분명한 사례에 해당하겠지만 '최선'을 정의하는 데 사용되는 용어는 폭넓은 해석이 가능하다.

요 몇 년 동안에는 유전자 편집 기술이 믿기 어려울 정도로 발전했다. 자신의 유전체를 바이러스 공격으로부터 보호하는 세균의 메커니즘에서 영감을 받아 만들어진 CRISPR/Cas 기술을 이용하면 어떤 생명체의 유전자라도 변형할 수 있다. 과학계에서는 연구 목적을 위해 CRISPR/Cas 기술을 이용하는 것이 폭넓은 지지를 받고 있지만, CRISPR의 공동 발명가 중 한 명인 제니퍼 다우드나 교수를 비롯한 일부 과학자들은 과학기관과 정부기관 사이에서 이 기술이 갖고 있는 함축적 의미가 완전히 논의될 때까지는 이식하기 전에 배아를 치료하는 경우 등 이 기술을 임상적 용도로 인간의 유전체에 적용하는 것을 전 세계적으로 중단할 것을 촉구하고 있다. 윤리적, 도덕적 문제는 차치하더라도 이 기술이 장기적으로 사람에게 안전하다고 밝혀질지는 아직 불확실한 상태다.

이 책의 출판을 준비하는 동안 중국의 한 문제 있는 연구자가 이 기술을 이용해 HIV에 저항성을 갖도록 배아들의 유전자를 조작해서 그중에 성공적으로 편집된 것을 산모의 자궁에 이식했다. 이렇게 2018년에 쌍둥이 여아가 태어난 것으로 추정된다. 윤리, 안정성, 합법성에 관한 필수적인 틀이 갖추어지지 않은 상태에서 실험적인 기술을 사람에게 적용한 뻔뻔함에 전 세계 과학계가 경악했다. 해당 대학에서는 조사에 착수했다고 발표하면서, 이 연구가 학문적 윤리와 규범을 심각하게 위반했을 소지가 있다고 했다. 이 사례는 전례 없는 속도로 실험을 할 수 있는 기술 혁신의 빠르기와 이 새로운 기술들을 어떻게 적용해야 할지에 대한 신중한 고려 사이의 간극을 잘 보여준다.

행동의 유전학에 대해 더 많은 것이 밝혀짐에 따라 이런 문제들이 더욱 복잡하고 긴급해질 것이다. 개인의 사례에 사회가 개입해서 선천적 요인의 영향을 완화할 수 있는 역할이 존재하게 될까? 만약 결국에 가서 조현병의 원인을 완전하게 파악하게 되면 그 누구도 치료되지 않는 조현병으로 고통받게 하지 않겠노라고 집단적으로 결정을 내릴 수도 있을 것이다. 그런데 낮은 지능에 대해서도 똑같이 할 수 있을까? 자폐증, 주의력 결핍 및 과잉 행동 장애ADHD, 조병에 대해서는? 이런 질환에 긍정적인 측면이 함께 따라온다는 지적이 있다. 예를 들면 사회적 격동기에 회복력이 향상한다거나, 눈앞에 그 어떤 것을 던져주어도 세상을 논리적이고 체계적인 방식으로 바라볼 수 있는 능력이 생긴다거나, 모험을 위한 창의성과 열정이 생긴다거나, 생산성이 높아지고 인생을 즐기는 시기가 찾아오는 등이다. 이렇게 함께 따라오는 특성도 모두 지워야 할 것들일까? 이런 질환은 모두 여러 개의 유전자와 관련되어 있으므로 현재로서는 조작해서 지워버리는 것은 비현실적이다. 하지만 기술이 정교해질수록 상황에도 변화가 찾아올 것이다. 뉴필드 생명윤리위원회에서 강조하듯 앞으로 이런 기술을 어떻게 적용할 것인가에 대한 공공의 논의가 반드시 필요하다.

건강을 넘어 사회적인 문제로 시선을 돌리면 도덕적 고려뿐만 아니라 정치적 고려까지도 그림에 넣어야 한다. 이 장을 쓰기 위해 자료를 조사하면서 나는 에든버러대학교의 통계유전학자 데이비드 힐 박사와 대화를 나누었다. 그의 연구는 높은 지능과 연관된 유전자가 장수, 행복, 높은 사회경제적 지위와도 연관되어 있음을 암시하고 있다. 그의 연구가 말하는 대로 인생에서 중요한 이런 측면에 작지만 의미 있는 유전적 요소가 들어 있다면, 한 세대에서 다른 세대로 전해지는 빈곤을 줄이는 대책을 논의할 때 변화가 있어야 하는 것이 아닐까? 낮은 사회경제적 환경에서 자라는 것이 신경 발달에 불리하다는 것은 이미 연구를 통해 시사된 바 있다. 안타까운 일이지만 이 새로운 유전학 지식이 불평등을 완화하는 데 도움이 될 시스템을 만들어내기보다 오히려 강화하는 데 이용될 수 있음은 어렵지 않게 알 수 있다. 위험한 부분은 정치가와 다른 사람들이 생물학을 불개입의 논거로 사용한다는 것이다.

늘 그렇듯 데이터는 여러 가지 다른 방식으로 사용될 수 있다. 데이비드는 자신과 이 분야 다른 연구자들의 연구 결과를 사회적 불평등 해소를 위한 개입을 지지하는 데 사용할 수 있다고 믿고 있다. 이 연구 결과들이 이 문제의 규모가 얼마나 되는지, 개입했을 때 효과가 어떨지 측정할 유용한 방법을 제공해 주기 때문이다. 그는 이렇게 말했다.

"사회경제적 지위 같은 것의 상속 가능성 수준은 성공의 기회가 사회 전반에 얼마나 고르게 분배되는지 말해주는 지표입니다. 따라서 사회경제적 지위의 상속 가능성이 높게 나오는 것은 더욱 평등한 환경을 말해주죠."

바꿔 말하면 더 높은 사회경제적 지위와 관련된 유전자를 확인하는 능력이 있다는 것은, 더 평등한 사회를 만들고 있다는 사실을 보여주는 것인지도 모른다. 이 연구의 구체적인 내용과 그 잠재적 영향은 뒤에서 더 자세히 다루겠다.

고통스러운 운명을 바꾸기

우리는 이제 개인 고유의 프로필에 따른 맞춤형 치료를 받을 수 있는 의료 시대로 진입하고 있다. 전체 유전체 염기서열 분석, 웨어러블 추적 기술wearable tracking technology, 빅데이터의 급속고효율 분석 등의 기술적 혁신이 결합하면서 개인 맞춤형 예측 의료의 시대가 오고 있다. 머지않아 각각의 환자가 특정 질병에 걸릴 위험이 얼마나 되는지뿐만 아니라, 특정 치료에 어떻게 반응할지도 예측할 수 있게 될 것이다.

의사, 제약 회사, 정책 입안자들은 환자와 질병들을 모두 똑같은 방식으로 치료하는 낡은 방식을 점점 멀리하고 있다. 한 가지 질병에 관한 한 모든 사람을 치료할 수 있는 특효약을 발견한다는 기대는 점점 낮아지고 있다. 이는 하나의 종으로서 인간은 많은 공통점을 가지고 있지만 한 명의 개인으로서는 질병이나 건강 문제에서 모두가 독특한 존재임을 말해준다. 앞으로는 우리를 기다리고 있는 건강상의 운명을 능동적으로 예측해서 실제로 아파지기 전에 각자 몸의 개별적인 화학 상태에 딱 맞는 치료법을 확인하고 이용할 수 있으리라는 기대가 높아지고 있다. 생물학적 운명이 발현되기 전에 막을 수 있는 시대가 손에 잡힐 듯 가까워졌다.

이것이 바로 내가 정신의학 병원에서 간호조무사로 일하던 거의 20년 전부터 소망하던 시나리오다. 그 당시에도 정신의학이 새로이 거듭나야 할 필요성이 절실한 상황이었다. 진단 체계는 구체성, 민감성, 진단 결과라는 측면에서 분명한 결함을 안고 있었다. 환자가 실제로 어떤 질병을 앓고 있는지 명확하지 않을 때가 많았다. 정신의학 진단에서는 다른 의료 분야에서 일상적으로 채용하는 예민한 검사 방법이 존재하지 않는다. 예를 들어 누군가의 갑상샘이 비정상적인 것으로 의심이 되면 티록신(갑상샘 호르몬 중 하나—옮긴이) 수치를 측정해서 호르몬 처방이나 수술을 통해 거기에 맞게 조정해 주면 된다. 반면 정신의학과 진단은 대체로 환자가 보고하는 느낌을 바탕으로 이루어진다.

이런 방식에는 분명한 문제가 있다. 우선 건강한 경험과 아픈 경험은 매일매일 달라진다. 거기에 덧붙여 심각한 정신건강 상의 문제가 있는 사람 중에는 자신의 감정을 분석하거나, 무엇이 현실인지 확인할 수 있는 인지능력조차 없는 경우도 있다. 이런 사람들에게 자기 내면의 상태를 정확하게 설명하기를 기대하기는 무리다. 그 결과 똑같은 환자를 두고 두 명의 정신과의사가 진단을 해도 진단명이 일치하는 경우가 대략 65퍼센트 정도에 불과하다.

설상가상으로 조현병이든, 자폐증이든, 조울증이든, 우울증이든 진단명이 나와도 내가 지금 진료하고 있는 사람이 평생에 걸쳐 어떤 경과를 거치게 될지 예측하는 데 거의 도움이 안 된다. 질병마다 중첩되는 증상이 너무도 많고, 개인별로 증상의 발현이나 경과가 워낙 다양하기에 진단이 나와도 어떤 치료가 효과적일지, 앞으로의 예후가 어떨지 신뢰할 만한 정보를 거의 제공해 주지 않는다.

심지어는 진단명이 나온 후에도 표적 치료가 이루어지지 않고, 해도 효과가 없을 때도 많다. 치료도 심각한 부작용이 있는 몇 안 되는 약물에 의존해야 했다. 1960년대에 이루어지던 뇌엽절리술과 전기경련치료는 대부분 약물 치료로 대체되었고, 몇 년 동안 의사들은 과학이 기적의 치료법을 낳았다고 믿으면서 의학계 내부에 우쭐한 분위기가 퍼져 있었다. 하지만 불행하게도 그 이후의 시간은 약물 치료 역시 문제가 없지 않았음을 보여주었다.

약물 치료의 발전은 혁신적인 화학적 시냅스의 발견과 때를 같이 했고, 이 발견이 발전의 원동력이 되어주었다. 정신약리학은 환자가 약을 복용하여 시냅스에서 특정 신경전달 물질의 수용체를 활성화하거나 차단하여 뇌를 가로지르는 정보의 흐름을 통제하는 방식으로 작동한다. 그런데 안타깝게도 약물 치료를 하나의 뇌 시스템만 표적으로 삼아 이용하기는 불가능하다. 신경전달 물질은 열쇠처럼 뇌 속에서 하나의 신경로만 여는 식으로 작동하지 않는다. 다양한 다른 수용체와 결합하기 때문에 다중작업 방식으로 아주 많은 신경세포에 말을 걸 수 있다. 이렇게 신경전달 물질이 결합하는 수용체의 유형에 따라 아주 다른 효과가 나타나게 된다. 게다가 수용체는 신경계 전체에서 폭넓게 발현된다. 따라서 본질적으로 알약 하나를 삼켜서 특정 행동에서만 깔끔하게 변화가 일어나게 만들 방법은 없다. 약에 들어 있는 유효성분이 신경계 전체에서 광범위한 작용을 나타내기 때문이다. 모든 약에 부작용이 따르는 이유는 바로 그 때문이다.

1960년대부터 약리학은 발전을 이루어왔고 일부 증상을 보이는 환자들에게 도움이 되는 약물도 개발되었다. 하지만 신약 치료로 정신질환을 '치유'한다는 개념은 교착상태에 빠져 있다. 그동안에도 환자들은 여전히 심신을 약화시키는 부작용으로 고통받고 있다. 또 이런 부작용도 그 사람이 수용체를 어떻게 발현하는지, 몸의 기존 화학적 구성이 어떻게 되어 있고, 대사가 어떻게 이루어지는지에 따라 대단히 다르게 나타난다. 그 결과 정신건강에 문제가 있는 대부분 사람은 서로 다른 약물들을 다양한 용량으로 시도해 보면서 진이 빠지는 과정을 거치고 나서야 자기에게 도움이 되는 처방 한 가지를 간신히 찾아낼 수 있었다. 그런 다음에도 지속적으로 처방을 계속 바꾸어주어야 했다. 시간에 따라 수용체의 발현 양상이나 화학물질에 대한 감수성이 바뀔 수 있기 때문이다.

내가 정신의학 병원에서 일하던 당시에는 상황이 아주 암울했지만, 그 후로 정신적 문제를 일으키는 원인을 이해하는 데 큰 진전이 있었고 진단과 치료 방법의 개선에 대한 희망도 높아졌다. 정신질환의 상당수는 신경 발달적인 기원이 있다는 증거가 점점 많아지고 있다. 즉 엄마 배 속에서 아기가 자라는 동안에 뉴런들이 배선되는 방식에 문제가 생기면서 시작된 문제라는 것이다. 여기서는 유전적 요인이 역할을 하고 있고, 산전 환경 또한 중요한 부분이다. 산모의 높은 스트레스 호르몬 수치, 산모의 감염, 혹은 산모의 심각한 약물남용 등에 오랫동안 태아가 노출되는 것이 이런 문제를 키울 수 있다. 일단 아기가 태어나고 나면 앞에서 살펴보았듯이 유아기 초기의 다른 경험적 요인도 중요하게 작용할 수 있다.

정신질환과 발달장애에 기여하는 유전적 요인에 대해 더 알아보기 위해 나는 케임브리지대학교와 아덴브룩스 병원의 임상유전학자인 케이트 베이커 박사와 대화했다. 케이트가 특별히 초점을 맞추고 있는 부분은 아동에게 나타나는 신경 발달 문제의 유전적 원인을 찾아내는 것이다. 그녀가 만나는 가족들은 그 가족들의 일반의가 의뢰한 사람들이다. 몇 달이나 몇 년에 걸쳐 자녀를 걱정하다가 찾아오는 경우가 많다. 염색체 미세배열 분석chromosomal microarray이나 엑솜 서열 분석exome sequencing 등 새로운 유전자 검사 방법들이 등장함에 따라 자폐 스펙트럼 장애, 조현병, 학습장애 등을 비롯한 다양한 진단명과 관련된 유전자 변이를 확인하기가 점점 더 가능해지고 있다. 하지만 개개의 환자와 가족을 위해 이런 검사 결과를 해석하는 일은 대단히 복잡할 수 있다. 한 사람의 임상가로서 케이트는 자기 시간 중 상당 부분을 이 검사 결과의 의미에 대해 논의하고 그에 따른 맞춤형 진료 계획을 수립하는 데 보낸다.

나는 예전 정신의학 병원에서 일할 때 접했던 문제점들을 설명하고 그 이후로 상황에 변화가 있었는지 질문했다. 그리고 케이트가 훨씬 긍정적인 관점에서 상황을 바라보고 있는 것을 보고 기뻤다. 이제는 사람들을 어느 특정한 틀에 맞추어 영구적인 낙인을 찍어놓을 수 없다는 점이 점점 더 확실하게 인정받고 있는 것 같았다. 케이트는 이렇게 말했다.

"인간은 모두 몸, 뇌, 사회적 경험이 아주 복잡하게 혼합되어 있는 존재입니다. 나는 서로 다른 여러 가지 틀에 해당하는 환자들을 치료합니다. 예를 들면 자폐증, 간질, 통합운동장애dyspraxia, 학습장애에 모두 해당하는 아동도 있어요. 제 임무는 그런 것들을 모두 한쪽에 치워두고, 오가는 그 다양한 증상들과 관련이 있거나 증상을 일으키는 메커니즘을 우리가 이해할 수 있을지 묻는 것이죠."

현재는 정신의학과 병동에 있는 환자 중 전부는 아니어도 일부는 중요한 기여 요인으로 작용하는 확인 가능한 유전적 문제를 갖고 있으리라 기대한다. 예를 들어 염색체 검사를 해보면 자폐증과 학습장애 사례 중 10~20퍼센트 정도, 그리고 조현병 사례 중 5~10퍼센트 정도에서는 작지만 중요한 차이(유전적 정보의 결실deletion이나 중복duplication)를 확인할 수 있다. 아직은 이런 정보를 가지고 질병이 어떤 식으로 발달할지, 혹은 환자가 특정 치료에 어떻게 반응할지 정확하게 예측할 수는 없다. 이론적으로는 시행착오를 통해 적절한 치료법을 찾기 위해 다양한 치료법을 시도해 보는 고통스러운 과정을 단축하는 데 사용할 수 있겠지만, 대부분의 유전적 진단에서 개인 맞춤형 치료 옵션을 뒷받침해 줄 만한 증거는 아직 나와 있지 않다. 유전적 장애를 진단함으로써 얻는 또 한 가지 중요한 이점은 훗날 환자의 신체 건강에 문제가 생길 위험 요인을 의사가 확인할 수 있다는 점이다. 하지만 이런 아이들은 학습과 행동에 대한 걱정이 발등에 떨어진 불이기 때문에, 어른이 되었을 때 생길 수 있는 의학적 문제에 관한 정보를 미리 아는 것이 오히려 가족에게 근심만 보태는 꼴이 될 수 있다.

검사 결과가 치료에 미치는 영향은 제한적이라 하더라도 가족이 아이를 돌보는 방식에서는 긍정적인 차이를 만들어낼 수 있다. 케이트가 치료하는 일부 아동들은 정보를 처리하고 걸러내는 데 어려움을 느끼는 유전적 성향을 타고났다. 케이트와 나는 갓난아기 때문에 잠도 못 자고 힘겨운 싸움을 해야 하는 부모에 관해 가슴 아픈 이야기를 나누었다. 이 아기는 도서관에만 데려가면 심각할 정도로 공격적으로 변하고 자해 행위까지도 저질렀다. 일부 아이에게는 형광등 불빛, 소리 울림, 밝은 색상 등이 모두 감각 과부하로 작용한다. 그러면 부모는 크게 당황해서 어떻게든 도우려 하지만 방법을 알 수 없다. 케이트의 말이다.

"신체적인 요인 때문에 생기는 일이기 때문에 특정 환경을 피하고, 아이가 인생의 전환기를 맞이했을 때 안심시키면서 적응할 시간을 벌어주어 아이를 도울 수 있다고 말해주면 가족들에게 큰 위안이 됩니다."

흥미롭게도 현재 유전적 요인에 대해 앎으로써 얻는 가장 큰 이득은 심리적 이득으로 보인다. 케이트가 말하길 자기가 치료하고 있는 많은 사람은 지금까지 큰 골칫거리였던 자신의 행동들이 유전적 변화 때문에 야기되는 것임을 알고 나면 큰 안도감을 느낀다고 했다. 사람들이 자기가 생물학적 요인에 의한 질병과 싸우고 있음을 이해하면 정신질환과 관련된 오명을 덜어내는 데 도움이 된다. 가족들은 개인적인 책임감에 압도되는 경우가 많은데, 검사 결과를 보여주면 책임감을 크게 덜어 상황을 더 잘 받아들인다. 일단 주변 사람들이 모두 아이가 증상들을 그냥 훌훌 털어버릴 수 없는 상황임을 이해하고 나면, 아이가 소아당뇨에 걸렸을 때와 비슷한 태도로 그 질병을 수용할 수 있게 된다. 반면 가용한 정보가 결여되어 있다는 점 때문에 실망을 느끼거나, 유전적 원인을 알아도 치료가 달라질 것이 없다는 것을 알고 좌절할 때도 많다. 각자 개인의 미래에 대해서 알 수 없는 것들이 여전히 많다.

아직 증상이 나타나지 않은 사람, 혹은 심지어 태어나지도 않은 사람에게 유전자 진단 검사를 이용해 장애 발생 여부를 예측하는 더 모호한 문제는 어떨까? 나는 케이트에게 한 가족에서 첫째 아이가 현재로서는 완치 가능성도, 효과적인 치료법도 없는 심각한 유전적 정신질환을 갖고 태어난 경우, 가족이 이 기술을 이용해서 두 번째 아이를 가질지 말지 결정하는 시나리오에 관해 물었다.

케이트는 이 시나리오에 대해 즐거운 대화를 나누기 전에 먼저 현재 나와 있는 유전자 검사들은 특정 질병에 관한 취약성을 예측하는 것이지 결과를 신뢰성 있게 예측하는 것은 아님을 지적했다. 사람마다 각자 경우가 다르다. 그렇긴 하지만 케이트는 정확히 이런 입장을 취하고 있는 부모들과 함께 치료를 진행하고 있다. 이 부모들이 태어나지 않은 아이를 상대로 유전자 검사를 해볼 수 있도록 지지를 받기까지의 과정은 대단히 까다롭다.

"제일 먼저 염두에 둘 부분은, 첫째 아이가 지닌 문제가 얼마나 심각한가 하는 것입니다. 그것이 전체적인 대화에 영향을 미치게 되죠. 우리는 부모에게 첫째 아이가 새로운 돌연변이(de novo mutation, 아이의 초기 발달 기간에 DNA에서 완전히 무작위로 발생한 불행한 변화)를 갖고 있는지, 아니면 부모에게서 물려받은 돌연변이를 갖고 있는지 확인하는 검사를 제안할 수 있습니다. 만약 부모 중 한 명이 그 돌연변이의 보유자라면 태어나는 아기가 그 유전자 돌연변이를 물려받을 위험은 50퍼센트가 됩니다. 만약 이것이 심각한 결과를 낳을 수 있는 돌연변이에 대한 얘기라면, 부모는 태어나지 않은 아기를 검사하고 싶어 할 수 있죠. 이런 경우라면 검사가 지지를 받을 수 있습니다. 검사 결과가 양성으로 나오면 부모와 임신중절을 비롯한 모든 옵션을 대화하게 됩니다. 만약 가족이 양성 결과에도 불구하고 임신을 유지하기로 결정하면 이 검사 결과를 알고 있기 때문에 초기 치료로 매끄럽게 이어질 수 있죠.

부모가 태어날 아기에 대한 기대를 조정하고, 아이에게 맞는 환경을 구축할 수 있도록 도울 수도 있습니다."

케이트는 절박한 상황에 놓인 사람들과 일을 하고 있다. 그녀는 자기 일에 헌신적이고 좋은 일이라는 것도 알고 있지만, 이런 맥락에서 이루어지는 유전자 검사가 어려운 질문을 제기한다는 점도 함께 강조한다.

"나는 유전자 검사를 더 많이 해봐야 한다고 제일 먼저 손을 들고 말할 사람이지만, 이것은 아주 민감한 문제예요. 사람들이 마음의 준비를 할 수 있도록 애써야 합니다. '만약 이런저런 경우라면 어떤 기분이 들 것 같으세요?'라는 질문을 많이 던져보아야 합니다. 원치 않는 결과로 진단이 나오더라도 차분하게 대응할 수 있으리라고 생각했다가 막상 결과가 나오면 더 큰 불안에 시달리는 사람들을 많이 봤어요. 이것이 부모와 아이와의 관계에도 영향을 미칠 수 있습니다. '나는 X나 Y라는 질병에 취약합니다'라는 딱지를 달고 다니는 것이 과연 그 사람에게 도움이 되는가, 라는 문제에 대해 진지한 의문이 존재하기 때문이죠. 오히려 아이에게 득보다 실이 더 많을 수도 있어요. 가족과 또래 친구들로부터 소외되는 느낌을 받을 수 있으니까요. 문제가 실제로 발생할 때까지 기다리는 이유도 그 때문입니다."

케이트와의 대화는 신경생물학이 인간의 운명에 어떤 영향을 미치는지 더 잘 이해할수록 그와 함께 복잡해지는 윤리적 문제에 대한 경각심을 일깨워주었다. 그래서 나는 뇌에 대한 예측 가능성이 점점 커지는 것이 지닌 함축적 의미를 더 깊숙하고 냉정하게 파고들었다. 생물학이 정말로 운명을 결정하는 경우는 상대적으로 드물다. 하지만 그런 경우, 그 운명은 실로 어두운 운명이 되고 만다.

● 아는 것의 한계

헌팅턴병은 자신의 운명을 아는 것이 어떤 영향을 미치는지 평가할 수 있는 보기 드물게 극적이고 명백한 본보기를 제공해 준다. 이 질병은 사람의 유전 암호 속에 존재하는 돌연변이가 신경망의 구축 방식에 극적인 영향을 미칠 때 발생한다. 이 질병은 광범위하게 연구가 진행되었다. 단일 유전자 변화에서 야기되기 때문에 조사가 용이하다는 것도 이유지만, 심신을 심각하게 약화시키는데도 아무런 치료법이 없는 질환인 때문이기도 하다. 이 돌연변이를 갖고 있는 사람은 틀림없이 장애가 발생한다. 이 질병에 걸린 사람의 자녀 중 50퍼센트는 돌연변이를 물려받아 같은 질병에 걸리게 되기 때문에 가족을 황폐하게 만들 수 있다. 이 질병은 통제되지 않는 움직임, 협응실조poor coordination, 점진적으로 우울해지는 기분, 불안, 화를 잘 내는 특성irritability, 무관심apathy, 정신병 등 다양한 증상을 갖고 있다.

보통 30대에 증상이 나타나기 시작하고 진단 후 15년에서

20년 사이에 사망한다. 이 병의 근본 원인은 HTT 혹은 헌팅틴 Huntingtin이라고 하는 단일 유전자다. 이 유전자가 암호화하는 단백질은 뇌의 에너지와 연결성의 역학에 관여한다. 헌팅턴병의 정확한 원인에 대해서는 이제 많은 것을 알게 되었고, 한 주가 멀다고 진척이 이루어지고 치료 방법도 개선되고 있지만 안타깝게도 현재로서는 완치 방법이 없다. 이 질병이 있는 사람들의 자녀는 NHS에서 유전자 선별 검사가 가능하다. 하지만 이 검사를 받기로 선택할 때는 심각하게 고려해야 할 부분이 있다.

더 많은 것을 알아보려고 나는 리지와 대화를 나누었다. 리지의 아버지는 40대 후반에 헌팅턴병을 진단받았다. 아버지는 오랜 시간 동안 비교적 증상 없이 살 수 있었지만, 상태가 점차 악화돼서 2년 전인 60대 초반에는 정신병 증세로 한밤중에 깨어나기 시작했다. 결국 어느 날 밤에는 어머니가 정신의학과 진료팀을 불렀고, 아버지는 정신과 병동에 입원했다. 아버지는 그 이후로 안전한 요양소에서 생활하고 있다.

리지의 헌팅턴병 경험은 흔치 않은 경우다. 아버지가 비교적 늦은 나이에 질병이 발생했기 때문이다. 리지의 어린 시절은 아버지의 질병에 영향을 받지 않았고, 아버지가 증상을 나타내기 시작했을 무렵에 그녀는 이미 가족으로부터 독립해 나온 상태였다. 그 후로 20년 동안 그녀는 가족이 그 질병과 싸우는 모습을 직접 목격했고, 자신도 그 병에 걸릴 확률이 대단히 높다는 것을 알고 있었다. 신중하게 고려한 끝에 그녀는 검사를 받지 않기로 결정했다. 그녀는 결함 있는 유전자를 가지고 있을 확률이 50퍼센트이고, 검사에서 양성으로 나오면 그 유전자를 자녀에게 물려줄 확률도 50퍼센트였다. 이런 잠재적 위험이 가족을 꾸리는 것에 관한 그녀의 결정에 영향을 미쳤을까? 그녀는 이렇게 말했다.

"제 배우자와 저는 가족을 꾸리기로 결정했어요. 하지만 아이를 한 살이라도 젊을 때 낳기로 했죠. 제 아버지의 경우 헌팅턴병이 늦은 나이에 찾아온 것을 보면 내가 아프더라도 그즈음이면 아이들이 다 큰 상태일 것으로 판단했습니다. 그때쯤이면 치료법도 크게 발달해 있지 않을까 희망을 갖기로 했어요. 내 아이들이 증상이 나타날 나이가 되었을 즈음에는 치료법이 놀라울 정도로 발전되어 있을 것 같아요. 전체적으로 아주 어려운 경험이었지만 그 덕분에 저는 인생을 최대한 즐기는 데 초점을 맞추게 됐어요. 아버지가 요양소로 들어가셨을 때 저는 제가 좋아할 만한 일을 제안받았지만 거절하고 아버지를 좀 더 자주 찾아뵐 수 있게 맨체스터로 이사를 했어요."

마리아는 여러 해 동안 검사를 계속 미뤄왔다. 본인도 검사를 원했고, 검사를 위해 상담도 받았으며, 검사 약속도 잡았다. 몇 번이나 검사 센터에 다녀오기도 했다. 하지만 엄마의 질병이 악화되는 모습을 지켜보았던 그녀는 그 검사를 도저히 감당할 수 없었다. 매번 검사를 받으러 갈 때마다 검사 결과가 나오기 전에 뒷걸음쳐서 빠져나왔다.

"나한테 그 병이 생길 것을 알게 된 상태에서 내 삶을 어떻게 꾸려나가야 할지 상상할 수가 없었어요. 내가 대화를 나누었던 사람 중에는 이렇게 무심하게 얘기하는 사람도 있었어요. '나 같으면 그냥 검사받겠어. 궁금하잖아.' 하지만 같은 상황이 되어보지 않고는 이게 어떤 기분일지, 얼마나 무서운 일인지 상상도 못 할 거예요. 기본적인 것만 생각해 봐도, 주택담보대출이나 생명보험처럼 누구나 다 당연히 누릴 수 있는 일도 제게는 훨씬 복잡한 일이 되어버리잖아요."

마리아는 그러다 결국 2년 전에 검사를 받았다. 아직 어떤 증상도 발생하지 않았을 때였다. 그녀는 이렇게 말했다.

"마침내 굳게 마음을 먹고 검사를 받을 수 있었어요. 어쩌면 나는 헌팅턴병에 해당이 없을지도 모른다고 생각하고 있었거든요."

감사하게도 그녀의 검사 결과는 음성으로 나왔다.

"정말 얼마나 안심이 됐는지 몰라요."

하지만 불행하게도 그 소식을 들을 무렵 그녀는 그토록 간절히 원했던 아이를 가질 수 없는 나이였다. 그녀가 나와 대화를 나누게 된 이유도 이 때문이었다. 그녀는 정신질환에 대해 사람들이 열린 마음으로 더 많은 논의를 하고, 그와 관련된 오명도 해소해서 사람들이 자기 혼자만 있는 것이 아님을 알게 해주어야 한다고 주장한다. 헌팅턴병 같은 희귀한 질병도 가슴 아픈 비슷한 이야기를 안고 있는 사람들끼리 모이는 공동체가 있다. 그리고 헌팅턴병 협회처럼 헌팅턴병을 지원하고 새로운 연구에 대한 정보를 알려주는 단체도 있다. 내가 리지, 마리아와 만날 수 있게 주선해 준 곳도 이곳이었다.

나는 리지, 마리아와 대화를 나누며 그들의 이야기에 크게 감동했다. 기존에는 어떤 경우든 자신의 운명을 알고 있는 것이 더 낫다는 입장이었지만, 이 대화를 통해 더욱 조심스러운 태도를 보이게 됐다. 나 자신도 혈색소증 유전자 보유자라는 이야기를 듣고, 그 소식 때문에 내 아들이 애매한 위치에 처했던 일을 경험하고는 아는 것이 힘이라는 격언에 대한 신념이 잠시 흔들린 적이 있었다. 지금은 인생이 다 그렇듯 모든 것은 사정에 따라 달라진다는 것이 어느 때보다 분명하게 느껴진다.

리지는 검사를 받지 않기로 했고 아직은 헌팅턴병에 걸리지 않을 것이라고 자신 있게 말할 수 있는 나이에 도달하지도 않았지만, 자신의 운명을 알지 못하는 데 따르는 고통이 마리아보다는 훨씬 덜했다. 리지는 아버지가 질병이 늦게 발병해서 천천히 진행되어 가족의 상황도 특별했고, 자신의 위험을 함께 짊어진 든든한 배우자가 있었던 덕분에 마리아는 선택할 수 없었던 결정을 선택할 수 있었다. 반면 마리아의 어머니는 병세가 심각했다. 마리아에게는 자신의 운명을 모르는 것이 크나큰 고통이었지만 그래도 확실하게 아는 것보다는 나았다. 그 확실함이 그녀가 두려워하는 결론일 수도 있었기 때문이다. 두 사람과 대화를 나누고 나니 인과 메커니즘을 아무리 잘 이해하더라도 그 완치법이 나오기 전까지는 헌팅턴병이 실로 암울한 운명일 수밖에 없음을 다시 한번 생각하게 됐다.

다행히도 우리의 생물학적 운명은 헌팅턴병처럼 명백하고 심각한 경우가 매우 드물다. 대부분의 건강 문제는 다중의 요인에 영향을 받기 때문에 운명을 알고 그 결과를 개선하기 위한 행동을 취할 여지가 생긴다.

최근에는 알츠하이머병과 관련된 신경반$_{plaque}$ 축적을 조기에 감지할 수 있는 돌파구가 마련되어 이런 가능성이 열리고 있다. 2018년에 일본의 시마즈 제작소와 호주 멜버른대학교에서 활동하는 과학자들이 뇌에 특정 단백질 침착물, 즉 신경반이 축적되는 사례 중 90퍼센트에서 이를 정확하게 예측해 낸 간단한 혈액검사법을 개발했다고 발표했다. 이 신경반은 알츠하이머병의 발병과 강력한 상관관계가 있다. 노인성 치매인 알츠하이머병은 노령 인구를 괴롭히는 골칫거리 중 하나로, 세계적으로 5,000만 명 정도가 이 병으로 고통받고 있다.

이 검사 방법에서 대단히 기대되는 부분은 신경반이 위험한 수준으로 축적될 위험이 있는 사람을 알츠하이머병의 첫 증상이 나타나기 30년 전에 미리 앞서서 예측할 수 있기 때문에 질병의 영향력을 감소시키는 방향으로 생활양식에 변화를 줄 수 있다는 것이다. 이 연구에 관여한 과학자들은 아직 알츠하이머병의 정확한 원인도 모르고 완치할 방법도 모르지만, 조기 경고를 줄 수 있는 검사법은 도움이 된다고 강조했다. 조기 감지를 통해 질병의 경과를 완화하는 조치를 하고, 하루라도 빨리 치료를 시작하고,

스스로 준비해서 관리 계획을 세울 수 있다면 당사자에게 큰 도움이 된다. 이 검사법은 신약 실험에 참가할 사람을 선별하는 용도로도 활용 가능하다. 그러면 좀 더 효과적인 치료, 더 나아가 완치를 향한 발걸음의 속도를 더욱 높일 수 있을 것이다.

애초에 신경반을 야기하는 것이 무엇인지 확실히 말할 수는 없지만 그 상관관계를 조사한 연구들을 보면 정기적인 운동, 다양한 음식 섭취, 하루에 적어도 7시간 정도 충분한 숙면을 하면 노년까지도 건강한 뇌 기능을 유지하는 데 도움이 된다는 것이 이미 밝혀져 있다. 따라서 이 혈액검사가 운명을 바꾸어놓을 길을 열어주었다고 말하기는 시기상조지만 우리를 그 길로 한 걸음 더 다가서게 해주었다고 해도 과장은 아닐 것이다. 이것은 분명 문제가 생기기 전에 사람들이 선제적으로 조치할 수 있게 해줄 간단한 개인 맞춤형 의료로 나가는 큰 발걸음으로 보인다.

자신의 운명을 피하는 사람과 아닌 사람의 차이

우리는 일부 정신질환에서 환경과 생물학이 어떻게 상호작용하고, 어떤 함축적 의미를 갖고 있는지에 더 많은 것을 알아가고 있다. 하지만 누가 이런 질환에 걸리고, 또 누가 안 걸릴지 예측하기는 여전히 어렵다. 예를 들어 어째서 어떤 형제는 아동 시절의 정신적 외상으로 만성 우울증에 걸리고 어떤 형제는 기적처럼 마음이 털끝 하나도 다치지 않을까? 오래전 나를 신경과학의 길로 끌어들인 질문이 바로 이것이었다. 그리고 그 후로도 나는 여러 번 이 질문에 대해 생각해 보았다.

최근에 회복력이라는 주제로 흥미로운 신경생물학 연구들이 있었다. 여기서 회복력이란 역경을 경험했음에도 건강한 인생관을 유지하는 능력으로 정의된다. 예를 들어 감정적, 신체적, 혹은 성적으로 학대를 경험했던 아동은 이런 경험이 없었던 아동보다 중독, 자해, 반사회적 행동, 우울증, 불안 등 정신건강 상의 문제가 발생할 가능성이 훨씬 높아진다(이 부분에 대해서는 많은 것이 알려져 있다. 안타깝게도 비교적 흔히 일어나는 일이기 때문이다). 물론 모든 아동이 그러는 것은 아니다. 10~25퍼센트 정도는 어른이 되어 정상적이고 건강한 삶을 살아간다. 그렇다면 이들의 차이점은 무엇일까? 학대를 막아줄 수는 없었더라도 아끼고 보살펴줄 어른이 있었던 것일까? 아니면 친구, 신념, 높은 자부심 같은 것이 있었을까?

회복력은 복잡한 현상이지만 유전적 요인을 갖고 있는 것으로 밝혀졌다. 여기에 관여하는 것으로 여겨지는 유전자 중 하나는 뇌유래신경영양인자BDNF, brain-derived neurotrophic factor다. 기존 뉴런의 생존을 뒷받침하고, 새로운 뉴런의 성장을 촉진하고, 뉴런들 사이의 연결을 구축하는 데 도움을 주는 대단히 유용한 화학물질을 생산한다. 이 유전자의 한 변이인 Val66Met은 BDNF가 아주 높은 농도로 발현되도록 지시한다. 이 유전적 변이를 가지고 있는 사람은 뇌가 아주 튼튼하다. 이런 사람들은 학습과 기억에 관여하고, 새로운 신경세포가 평생에 걸쳐 태어나는 몇 안 되는 뇌 영역인 해마가 다른 사람들보다 크다. 이것은 새로운 기억을 쉽게 만들고 저장하며, 새로운 사고의 틀을 만들어내고, 삶을 유연하게 바라보고 경험할 수 있는 능력과 연관되어 있다. 그래서 BDNF를 많이 생산하도록 지시하는 유전자를 보유한 사람이 그렇지 못한 사람보다 회복력이 더 뛰어나다는 것이 말이 된다. 사실 학대나 방치를 경험하고도 정신건강 상의 문제가 생기지 않는 10~25퍼센트의 아동은 이 BDNF 유전 암호를 갖고 있을 가능성이 훨씬 높다.

하지만 잠시 유전적인 기여 요인에만 국한해서 생각한다 하더라도 이것은 회복력에 관여하는 특정 BDNF 변이를 단일 유전자로 찾아내면 그만인 간단한 문제가 아니다. 우선 이 책 전반에서 살펴보았듯이 행동을 유발하는 유전 암호는 결코 단독으로 작용하지 않는다. 유전자는 서로 다른 환경에서 서로 다르게 반응하고, 반응의 크기도 환경의 촉발 요인에 따라 커지고 작아진다. 이미 알고 있듯이 회복력처럼 복잡한 특성의 경우 수많은 유전자가 관여하고 있을 가능성이 높다. 행복감을 만들어내는 데 관여하는 세로토닌이 효과를 나타내는 데 필수적인 역할을 할 뿐만 아니라, 편도체 반응성 감소와도 연관되어 있는 세로토닌 수송체, 5-HTTLPR, SLC6A4의 생산을 지시하는 긴 버전의 유전자도 여기에 해당한다. 개인의 적응 능력에 기여하는 세 번째 유전자는 신경펩타이드YNeuropeptide Y, NPY다. 불행히도 rs16147이라는 유전적 변이를 갖고 있는 사람은 편도체가 과민하기 때문에 두려움과 불안을 더 잘 느낀다.

스트레스에 대한 염증성 반응을 조절하는 데 관여하는 유전자도 역할을 한다. 예를 들어 FKBP5라는 특정 유전자 변이를 갖고 있는 사람은 자살을 시도하거나 외상 후 스트레스 장애에 걸릴 가능성이 줄어든다. 여기까지는 그냥 유전학 얘기다. 다른 기여 요소들도 존재한다. 나는 회복력에 대해 더 논의해 보기 위해 케임브리지대학교에서 활동하는 또 다른 과학자 앤-로라 반 하멜렌과 대화를 나눠보았다. 그녀는 어떻게, 왜 일부 아동과 10대 청소년은 역경 이후에도 회복력 있게 반응하는지 조사해 왔다.

생물학적 개념으로 이해해 보자면 회복력은 고난에 반응하는 수많은 서로 다른 행동을 아우르는 대단히 복잡한 현상이다. 물론 가장 중요한 테마는 존재한다. 예를 들어 당신이 불행하게도 사회적 불안, 충동성, 취약한 감정 조절의 성향을 갖게 만드는 유전자 레퍼토리를 갖고 있는데 학대, 부상, 질병, 유기 등의 심각한 스트레스 요소도 경험한다면 당신의 정신건강을 더욱 손상시킬 일련의 강력한 환경적, 사회적 요인을 촉발하게 될 가능성이 크다. 그리고 이것이 다시 당신의 유전적 성향을 영속시키게 된다. 앤-로라는 어떻게 하면 생물학을 조금 더 이해해서 집단 수준에서 회복력 수준을 보호하고, 더 중요하게는 개인의 회복력을 북돋울 수 있는지 더 많은 것을 알아내고 싶어 한다. 그러면 유전된 약점을 좀 더 개인화된 방식으로 표적 삼을 수 있다. 그녀는 이렇게 말했다.

"회복력은 누구한테는 원래 없고, 또 누구한테는 원래 있는 정적인 것이 아닙니다. 역동적인 것이죠. 회복력 있는 기능에 관한 이야기이고, 서로 연결된 여러 가지 요인에 의해 촉진됩니다. 그래서 어쩌면 당신의 유전적 성향 때문에 당신은 감정 조절 능력이 더 뛰어나게 되고, 그 덕에 사람과 사람 사이의 일에 대해서도 더 나은 방식으로 반응할 수 있게 되고, 주변 사람들에게 더 친절하게 비치고, 그래서 사람들이 당신과 어울리고 싶어 하고, 그래서 당신의 스트레스 수준이 내려가는 것일지도 모르죠. 이 모든 것들이 중요하고 서로에게 영향을 미칩니다."

앤-로라는 아직 회복력 분야의 연구에서 성급한 결론을 내리지 않도록 조심해야 한다고 강조하고 또 강조했다.

"회복력에 관한 신경생물학적 연구 중 상당수는 소수의 표본을 대상으로 진행된 것이 많습니다. 메타분석에 따르면 좀 더 확실한 결론을 내리기 위해서는 더 많은 데이터가 필요하다는 것을 알 수 있어요."

정신건강 회복력의 유전학은 뼁튀기 신경과학에 특히나 취약한 분야다. 그 메커니즘이 대단히 복잡하고, 지나친 단순화가 인과관계에 대한 그릇된 주장으로 이어지는 경향이 있다는 것도 한몫하고 있다.

"유전자는 나무에 달린 이파리로 생각하는 것이 제일 좋습니다. 이파리들은 중요하지만 어느 이파리 하나가 나무 전체가 드리우는 그늘에 미치는 영향은 적죠."

앤-로라와 함께 그녀가 연구하는 사람들의 삶과 성격 속에서 관찰한 회복력의 더 넓은 맥락에 대해 나눈 이야기는 무척 흥미로웠다. 회복력이 뛰어난 사람들이 상황에 대처할 때 사용하는 전략 중에는 유전이나 어린 시절의 경험과 상관없이 모두에게 잠재적으로 유용한 것들도 있었다. 예를 들면 어떤 도발이 있을 때 흥분하지 않고 자기 생각을 통제할 수 있도록 주의를 다른 데로 돌리는 능력, 부정적인 생각을 머릿속에 계속 떠올리는 것을 피하는 능력 등이다. 아무리 작은 것이어도 긍정적인 사건을 인식하고 정확하게 지적하는 능력 역시 중요하고, 그 능력을 가꾸는 것도 가능하다. 사람이 아니라 설치류를 대상으로 한 것이긴 하지만 연구를 보면 운동, 새로운 환경을 탐험하고 사회적으로 어울릴 기회 등은 적절한 수면과 마찬가지로 BDNF 수치를 높인다. 사실 서로 다른 연구 분야에서 이런 것들이 모두 사람들의 더 나은 웰빙과 연관되어 있음이 확인된 이상 놀랄 일도 아니다.

높은 자부심도 회복력의 한 요소다. 든든하고 긍정적인 가족과 친구 집단도 마찬가지다. 흥미롭게도 앤-로라의 연구를 보면 만 14세 때 가족에게 어떻게 지지받았는지 보면 만 17세 때의 친구들에게 어떻게 지지를 받을지 예측할 수 있는 것으로 나온다. 아이는 사람들과 어떻게 교류하고 사람들을 어떻게 지지해야 하는지에 관한 틀을 가족으로부터 습득한다. 그리고 이것이 친구 집단에 대한 기대와 친구 집단과의 상호작용을 좌우하는 것으로 보인다. 전적으로 보호자와 아이 사이의 상호작용에서만 유래하는 것은 아니다. 보호자가 자신의 친구와 어떻게 상호작용하는지 관찰한 것에서도 영향받는다. 옛말에 이르는 것처럼 아이를 키우는 일은 온 마을이 나서야 한다. 아이들은 친구 만드는 법을 비롯한 그 기술들을 마을로부터 배운다.

나의 행동 예측하기

대부분의 질병과 관련해서는 누가 그 병에 걸리고, 누가 안 걸릴지 확실하게 말하기가 여전히 어려운 상태다. 회복력 같은 복잡한 행동에 대해서는 신경과학 연구가 아직 유아기에 머물고 있다. 하지만 여기에도 변화가 찾아오고 있다. 더 많은 연구가 진행됨에 따라 어떻게 사람들이 특정 행동과 특성에 대한 성향을 안고 태어나는지에 관해 더 많은 부분이 밝혀지리라는 데 의문이 없다. 또한 연구 결과가 심리학, 사회학, 경제학 같은 다른 학문에 반영되면 뇌가 의사 결정, 성격, 심지어는 특정 사건을 만들어내는 데 어디까지 영향을 미치는지 더 잘 이해하게 될 것이다.

대규모 유전체 지도 프로젝트에서 비롯된 첫 번째 데이터 세트가 나와 있는 상태이고 사람들이 유용한 통찰을 얻기 위해 그 데이터를 채굴하려 달려들고 있다. 이런 연구 중 가장 엄격하게 진행된 것들이라고 해도 현재로서는 잠정적인 결론에 불과하다. 그러나 머지않아 어떻게 건강이 아닌 다른 맥락에서 개인의 인생 결과를 예측할 수 있게 될지 감을 잡아보려고 에든버러대학교의 데이비드 힐과 대화를 나누었다. 그는 유전적 요인과 지능 사이의 상관관계를 조사한 모든 연구를 메타분석 해보았다.

나는 먼저 이런 맥락에서 말하는 지능의 의미가 무엇인지 알고 싶었다. 데이비드가 나를 안심시키며 말하기를 IQ 검사는 표적으로 삼은 부분의 능력만을 측정하게 된다는 인식이 대중적으로 퍼져 있지만, 지능에 관해서는 아주 오랜 시간 동안 광범위하게 연구가 진행되었기 때문에 지금은 의미 있는 측정이 전적으로 가능해졌다고 했다. 기억, 언어적 추론과 수치적 추론, 반응 시간 등의 검사에서 나온 결과를 합치면 측정이 가능하다. 검사에서 나온 결과들이 서로 상관관계가 있다는 것이 입증되었기 때문에 한 검사에서 점수가 잘 나온 사람은 다른 검사에서도 점수가 잘 나온다. 데이비드는 이렇게 말했다.

"예를 들어 어떤 사람이 학교에서 성적이 잘 나올지 예측하고 싶으면 일련의 검사를 해서 공통 요인인 상관관계correlation의 양을 확인해 보면 됩니다. 그런 공통성을 지능으로 정의합니다."

데이비드의 연구는 지능에 영향을 미치는 유전적 요인의 상대적 중요성에 대해 무언가 말할 수 있도록 환경적 요인으로부터 유전적 요인을 구별하는 것에 초점을 맞추고 진행되었다. 그가 내린 결론은 이렇다.

"개인들 간에 나타나는 지능의 차이에서는 절반 정도, 그리고 교육적 차이에서는 40퍼센트 정도를 유전적 영향으로 설명할 수 있습니다."

또 다른 연구에서 데이비드는 지능의 차이에 관여하는 유전자를 500개 이상 찾아냈고, 그와 함께 새로운 뇌세포가 만들어지는 신경발생의 생물학적 과정에 관여하는 유전자들이 특히나 중요한 것으로 보인다는 첫 번째 증거도 찾아냈다.

한 복잡한 행동에 관여하는 다중의 유전자가 확인되는 것을 이 책 여기저기서 살펴보았다. 길스 예오의 비만 유전학 연구에서 그랬고, 케이트 베이커가 유전학을 이용해서 정신질환을 진단하는 경우가 그랬다. 이제는 그런 특성들이 대단히 다유전자성polygenic이라는 것을 알고 있다. 다유전자성이란 특성이 나타나는 데 여러 유전자가 관여한다는 의미다. 유전성heritability(부모에서 아이에게 전달되는 유전적 영향)이 대단히 높지만, 그것이 단일 유전자로부터 유래한다고 말하기는 불가능하다. 데이비드는 이렇게 비유한다.

"비 오는 날 밖에 나갔다가 돌아왔는데 누군가가 어느 빗방울 때문에 젖었느냐고 물어보면 '그건 올바른 질문이 아니야'라고 말할 수 있죠. 제대로 된 질문은 '빗방울을 몇 개나 맞은 거야?'가 될 것입니다."

데이비드의 분석으로는 지능의 50퍼센트만 유전자로부터 유래한 것이라고 했는데 그렇다면 그 나머지는 어디서 오는 것일까?

"환경의 영향이 엄청나게 큽니다. 교육도 그 일부죠. 당연하게 들릴 수도 있겠지만 교육이 지능을 고취하고, 그 반대도 성립한다는 것이 지금은 알려져 있습니다. 지능이 높은 사람은 교육을 더 오래 받는다는 것이죠. 영국에서 1972년에 의무교육 완료 연령을 높이자 일반 대중의 지능 수준도 그 후로 함께 올라갔습니다."

앞에서 보았듯이 교육은 뇌를 보호해서 뇌의 건강을 더 오래 유지하는 기능도 한다. 우리가 스스로의 통제 아래 자신을 위해 할 수 있는 일이 그래도 한 가지는 있다는 얘기다. 그런데 과연 그럴까?

데이비드의 연구는 지능, 장수, 수입, 정신질환에 대한 취약성 등에 관여하는 유전자들이 중첩되어 있고, 이 유전자들이 고등교육을 받을 확률과도 연결되어 있음을 지적하고 있다. 그렇다면 특정 유전적 구성을 갖고 있는 사람은 교육을 더 오래 받아 교육이 뇌에 제공하는 이점을 누릴 가능성이 더 높다는 의미일까? 이것들 모두 자기 영속적, 자기 강화적 순환고리인가? 어쩌면 그럴지도 모른다. 만약 대학에 남을지 말지 선택하는 것 또한 유전된 특성에 따른 결과라면, 유전적 운명을 바꾸는 일은 외부의 개입에 달려 있는지도 모른다.

전 세계 국가들이 의무교육 완료 연령을 높이고 있는 경향도 이런 맥락에서 이해할 수 있고, 이것이 '복지국가'를 지지하는 쪽으로 논쟁을 키울 수도 있을 것이다. 복지국가에서는 국민이 개인적으로 원하든, 원치 않든 좀 더 바람직한 방향의 행동으로 유도

하는 정책을 실시한다.

행동적 특성들이 신체적 특성의 패턴을 따르고 세대를 가로지르며 변화한다고 상상하는 것이 가능할까? 예를 들어 키의 경우 유전적 요인과 환경적 요인으로 결정되며 지난 몇 세기 동안 지구 대다수의 지역에서 평균 키가 높아지는 경향이 있는 것으로 드러났다. 키는 유전자와 연관되어 있고 유전성이 대단히 높은 특성으로 널리 인정되고 있지만, 평균 키가 높아지는 속도를 키가 더 큰 짝을 선호해서 생기는 자연선택의 영향만으로 설명할 수는 없다. 그보다는 전반적으로 영양 상태가 좋아지고 가용한 음식이 많아진 것이 키가 커지는 데 기여했다고 보는 것이 옳다. 물론 그래도 키의 분포는 존재한다. 유전적으로 키가 남보다 더 큰 성향을 가진 사람들이 여전히 존재하고, 키가 더 작을 운명을 타고난 사람도 있다. 하지만 전체적으로는 인구 집단 전체의 평균 키가 작은 수치지만 분명 상승했다. 그렇다면 어쩌면 그와 비슷하게 정신과 행동의 작동 방식 중 특정 부분을 바람직한 방향으로 유도할 수 있지 않을까?

한편, 일부 회사에서는 이런 예비 연구 결과에 흥미를 느끼고 유전학의 중요성을 강조하며 불안에 시달리는 요즘 시대 부모들을 대상으로 연구의 상품화를 시도하고 있다. 일례로 미국 회사 게놈 프리딕션에서는 서비스 가격을 감당할 수 있는 사람에게 지능과 관련된 수많은 유전자의 분석을 토대로 배아를 선택할 수 있게 해준다.

쌍둥이 연구로 잘 알려진 킹스칼리지런던의 심리학자 겸 유전학자 로버트 플로민은 『블루프린트Blueprint: How DNA Makes Us Who We Are』라는 논란 많은 책의 저자다. 그는 DNA를 태어날 때부터 우리의 미래를 예측해주는 점쟁이라 볼 수 있다고 주장한다. 유전학자 겸 더블린 트리니티대학의 부교수 케빈 미첼도 2018년 말에 『우리는 무엇을 타고나는가』라는 책을 펴냈다. 이 책의 중심 주제는 플로민의 책과 비슷한 맥락으로 지능 같은 행동적 특성이 유전성이 강한 요소들로 구성되어 있고, 환경이 맡는 역할도 여전히 존재하기는 하지만 양쪽 요소를 수정해서 개인의 인생 경로를 변경하는 것이 가능하다는 데 뜻을 같이한다. 하지만 미첼은 행동적 특성에 변화를 줄 수 있는 세 번째 방법에 대해서도 얘기하고 있다. 이것은 아직 인간이 조작할 수 없는 방법이다. 그는 이렇게 적고 있다.

> "뇌의 배선은 깜짝 놀랄 정도로 복잡하고, 거의 기적에 가까운 뇌의 자가조립은 수천 가지 유전자가 작동하는 엄청나게 많은 세포 과정과 발달 과정에 달려 있다. 바로 이런 종류의 유전자에서 나타나는 변이가 지능과 연루되어 있는 것으로 보인다."

여기에 담긴 아이디어는 이렇다. 신경회로의 발달에는 수십억 개의 신경세포, 수조 개의 연결, 그리고 단백질 분자 사이에서 일어나는 그보다 훨씬 더 많은 생화학적 상호작용의 요소가 관여한다. 때문에 회로가 구축되는 동안 분자 수준에서 발생할 수 있는 잠재적인 배경 잡음 혹은 내재적 무작위성이 어마어마하다는 것이다. 시스템이 창조되는 규칙을 유전자가 정하는 것은 사실이지만 생물학적 시스템은 그 복잡성 때문에 애매함이 스며들 수밖에 없는데 뇌는 특히나 그렇다. 이는 작은 차이라도 발달이 진행되는 동안 점점 증폭될 수 있다는 의미다.

케빈은 이렇게 주장한다.

"유전학을 이용해서 인구 집단 전체에 나타나는 통계학적 영향을 살펴볼 수 있는 것은 분명하지만, 이렇게 하면 개인에 대해서는 기껏해야 아주 애매모호한 예측밖에 할 수 없습니다."

하지만 미래 세대의 지능에 대한 글을 쓰다가 내가 20년 전에 일했던 정신의학 병원의 환자들을 생각하니 문득 이런 생각이 들었다. 유전체 표지를 비롯한 생물학적 지표들이 계속 발견돼서 아무리 복잡하다고 해도 정신질환을 조기에 발견하거나 예측하는 데 도움이 되었으면 하는 마음이 간절하다고.

가용해지는 방대한 데이터를 분석하고, 그들의 행동이 미치는 다양한 영향을 구분하는 일은 여러 해에 걸쳐 계속 이어질 대단히 복잡한 작업이다. 현재의 기술 혁명을 보면 이런 주제를 조사하는 연구로부터 점점 더 많은 데이터가 등장할 것이다. 데이비드는 이렇게 말한다.

"데이터는 어떤 방식으로도 이용될 수 있습니다. 다른 개입을 지지하기 위해서 사용될 수도 있고, 그런 개입을 반대하는 데 사용될 수도 있죠."

우리는 이런 사안에 대해 긴급하게 논의할 필요가 있다. 어려운 과제이기는 하지만 수백만 명에게 영향을 미치는 일이기 때문이다.

펜실베이니아대학교와 캘리포니아대학교 샌프란시스코 캠퍼스의 과학자들이 이끄는 연구에서는 만 5세가 되면 아이의 뇌가 말 그대로 자신의 사회경제적 지위에 의해 빚어진다는 것을 입증해 보였다. 아이가 가난할수록 스트레스 반응이 강하고, 이마겉질 frontal cortex이 얇고, 작업기억, 감정 조절, 충동조절, 집행결정 등의 이마엽기능frontal function도 빈약했다. 사람들의 인생 결과가 자기가 통제할 수 없는 신경생물학적 요인으로 결정된다는 것이 점점 드러나고 있는 상황인 만큼, 이런 시나리오를 해결하기 위해 노력해야 할 것이다.

그러면 미래는 암울할까, 밝을까? 신경생물학에 관한 한 양쪽 모두 맞는다고 할 수 있다. 미래가 어떻게 펼쳐지느냐에 달려 있기 때문이다. 선천성 질환에서 창의력에 이르기까지 모든 것과 관련된 생체지표가 더 많이 발견됨에 따라 유전적 빈부격차가 존재하는 사회를 맞이할 위험이 있다. 개인의 유전 정보가 상품화된다면, 사회적 계약에 따라 터무니없이 높은 평가를 받거나 태어날 때부터 2등 시민으로 강등될 가능성이 있다. 어쩌면 인류는 헉슬리의 반유토피아적 풍자 소설 『멋진 신세계』로 진입하고 있는 것인지도 모른다. 우리 사회는 미래를 상상하고 그 안에 함축된 문제점을 해결하기 위해 노력할 준비를 해야 한다.

인류는 운명을 받아들이는 것과 자유의지에 대한 신념 사이를 마치 진자의 추처럼 오가고 있다. 20세기 초반에는 인간의 특성 중 많은 측면이 내면 깊숙이 새겨져 변경이 불가능한 것이라 믿었다. 이런 관점 때문에 우생학이라는 잔혹 행위가 생겨나 전 세계적으로 수백만 명의 사람을 공포에 떨게 했다. 그러다 1990년대 말에는 추가 반대쪽으로 다시 출렁거려 과학계와 시대정신 모두에서 뇌 가소성이라는 개념이 인기를 끌었다. 이때는 세상이 소통, 기술적 발달, 개인적 발달에 대한 무한한 가능성에 열려 있는 듯 보였다. 하지만 추가 다시 반대쪽으로 출렁거리고 있는 듯하다. 어쩌면 뇌가 바람처럼 가소성이 뛰어나지 않을지도 모르며, 뇌 그 자체는 날 때부터 결정되어 있는 것도 아니지만, 세상을 어떻게 바라보고 또 거기에 어떻게 반응할 것인지, 어떤 인생의 궤적을 그릴 것인지 결정하는 회로가 이미 배선되어 있는지도 모른다는 믿음이 부활하고 있다. 커넥톰학, 유전체학, 단백질체학 연구로부터 막대한 양의 데이터가 쏟아져 들어옴에 따라 점점 더 이런 개념과 붙잡고 씨름할 일이 많아질 것이다.

하지만 신경과학의 발달은 분명 수백만 명의 삶에 이로운 영향을 미칠 것이다. 이런 영향은 의학 분야에서 제일 먼저 느껴지겠지만 다른 영역으로도 곧 확산될 것이다. 정신질환과 알츠하이머병으로 괴로워하는 사람들도 의료의 질과 삶의 질 모두에서 크나큰 개선을 기대할 수 있다. 다른 분야에서의 혁신이 신경과학의 혁신과 만남에 따라 훨씬 큰 발전이 이루어질 것이다. 예를 들어 최근에는 내장과 뇌 사이의 상호작용을 더욱 잘 이해하게 됨에 따라 장의 기능을 분석하고 변경해서 정신질환을 예측하고, 진단하고, 치료하는 데 도움을 주리라 기대된다. 이런 질병들은 전통적으로 그저 마음의 병이라고만 여겼는데 말이다. 면역계와 뇌의 상호작용도 마찬가지다.

신경과학의 발달이 초래하는 딜레마를 해결하려면 경계심을 늦추어서는 안 되겠지만 낙관적으로 생각해도 좋을 이유 또한 많다. 최근에 내 이웃 중 한 명은 어머니가 50대 후반에 파킨슨병으로 진단을 받고 혁신적인 뇌수술을 받기로 결정했다. 이 수술은 앞에서 만나보았던, 심부 뇌 자극 기술을 바탕으로 하는 수술이다. 그녀의 두개골을 연 다음에 뇌의 특정 회로 속에 전기 자극판을 이식해 놓았다. 그녀는 이 장치를 통해 특정 진동 주파수로 전기 충격을 받는다. 그러면 심신을 약화시켰던 떨림이나 우울증 같은 기존의 증상들을 효과적으로 차단한다. 그녀의 수술은 6개월 전에 이루어졌고, 완벽한 성공을 거두었다. 그녀는 이제 케임브리지 주변을 활기찬 모습으로 돌아다니면서 지역 활동에도 다시 활발하게 참여하고 있다. 파킨슨병은 가족 유전이 가능하기 때문에 아들도 검사를 해보았는데 다행히도 괜찮아 보였다. 어머니가 자신의 삶을 되찾게 되었고, 아들도 자기가 그 병에 걸리지 않을지 두려워하며 인생을 살지 않아도 되었다. 이것은 크나큰 발전이며 이제 앞으로 더 많은 발전이 찾아오게 될 것이다.

8장

혼자보다 함께일 때
뇌는 더 강해진다

협동하는 뇌

운명은 우리의 발걸음을 인도하지만,

우리는 그 길을 따라가는 법을 배워야 한다.

조지 S. 패튼 George Smith Patton

앞선 150년 동안 인류는 엄청난 의학적 발전을 이루었다. 몇 가지만 예를 들자면 항생제, 무균수술 도입, 신뢰성 있는 피임법 등이 있다. 이는 더 이상 기존처럼 자신의 생물학적 운명에 휘둘릴 필요가 없다는 의미지만, 우리의 갑옷에 남아 있는 틈새는 여전히 제약으로 남아 있다. 최근의 신경과학은 운명이라는 개념에 새로운 생명을 불어넣었다. 운명의 개념이 인간을 인간답게 만드는 뇌의 중심부에 자리 잡게 한 것이다. 신경과학은 인간이 이미 대강의 윤곽이 잡힌 행동 성향을 갖고 태어난다는 것을 보여주었다. 그 이후에는 신경생물학과 환경이 나란히 함께 작용하면서 그 윤곽을 더욱 세밀히 덧칠하여 인생의 전체적 그림을 완성하게 한다.

앞선 7개의 장에서, 장고의 세월에 걸친 진화의 산물인 뇌가 종의 전체적 특성에 예속되어 있지만, 자기 고유의 유전적 청사진에 의해서도 만들어진다는 논리의 흐름을 따라 여기까지 왔다. 인생 초기에는 부모가 창조해 놓은 환경에 많이 노출되는 과정에서 자신의 성향을 굳혀가게 된다. 이런 성향도 애초에 부모로부터 물려받은 것이다. 뇌가 기존의 경험을 바탕으로 정보를 걸러낸다는 사실을 고려하면 현재와 미래의 현실은 그전에 일어났던 일이 눈덩이처럼 증폭되어 만들어지는 것이라 할 수 있다.

결국 뇌가 구축해 놓은 버전의 현실에 갇히게 된다. 이 현실 버전은 광대한 외부 세계를 본뜬 작고 갑갑한 모조품이며, 기대에 맞추어 형태를 갖춘 시뮬레이션이다. 우리는 많은 시간을 그곳에서 꽤 행복하게 살아가지만 때때로 제약을 느끼거나 결함을 알아차린다. 그러면 불행한 기분이 들고 그 기분을 좀처럼 떨쳐버릴 수 없다. 습관을 바꿔보기도 하면서 한동안 이리저리 애를 써보다가 결국 포기해 버린다. 아니면 다른 누군가의 생각을 바꿔보려고도 하지만 보통 그 끝은 좋지 않다. 자신의 자아, 타인의 자아, 세상에 대한 버전을 지배하는 제약과 우연히 마주친다. 이 경험은 큰 좌절을 줄 수 있다. 그 결과 오해, 분한 마음, 공격성 같은 것이 나올 수 있다. 인간의 본성이 원래 그런 것 아니냐고 할 수 있을지도 모르겠다. 자기 자신과 싸우고, 서로서로 싸울 운명이며, 대부분 그 싸움은 헛수고로 끝나버린다.

● 인간의 본성이 모두 정해져 있다는 착각

실수투성이 뇌가 일반화하기 좋아하는 것 중에서, 인간의 본성은 주요 대상 중 하나다. 수 세기에 걸쳐 인간의 본성에 대해 온갖 웅장한 이론들을 만들어냈으며 자명함을 빌려 그 이론을 정당화하려 했다. 우리는 이런 식으로 말한다.

"듣기 불편한 얘기일 수도 있지만, 인간의 본성이란 게 원래 그런 거야."(그 '듣기 불편한 얘기'는 간통에서 시작해서 인간의 향정신성 약물 선호, 지속적인 사회적 불평등에 이르기까지 어떤 것이든 될 수 있다.)

오래전 아리스토텔레스의 시대에는 인간을 신이 만든 가엾은 피조물이라고 했다가, 사탄의 나약하고 죄 많은 희생물이라 했다가, 지금은 자기 유전자를 후대에 전하거나 더 많은 돈과 더 높은 지위를 차지하는 일에만 관심이 있는 선천적으로 이기적인 존재라고 말한다. 우리는 인류를 '그들'과 '우리'로 나눠서 국경, 피부색, 성별, 취미, 선호도에 따라 다른 족속의 구성원으로 바라보도록 진화해 왔다.

그래서 당연히 언제나 대립하는 관점들이 존재한다. 한 현대적 버전에서는 인간이 마침내 운명이라는 개념을 폐기하고 미리 결정되어 있는 생물학의 역할도 소소한 것으로 격하시켰다고 주장한다. "당신은 원하는 것은 무엇이든 할 수 있다"라는 입장을 가진 사람들은, 누구든 마음을 먹고 열심히 노력하고 간절히 원하기만 하면 어떤 변화든 가능하다고 주장한다. 신경과학도 가끔은 신경 발생과 가소성이라는 개념을 통해 이런 주장을 뒷받침하는 데 이용되기도 했다.

나는 정신의학 병원에서 일했던 경험에서 영감을 받아 신경과학을 이용해 행동을 만들어내는 존재의 핵심을 이해하는 일에 10

년 넘게 몸담았다. 나는 생물학이 인생 궤적을 좌우한다는 관점에 전적으로 동의하지 않는다. 그리고 모두는 자기가 바라는 사람으로 성장할 수 있다는 관점이 아무리 매력적일지언정 그 관점 역시 옹호하지 않는다. 사실 인간은 진정한 제약과 타고난 재능 사이에서 균형을 이루고 있으며 그런 개성을 소중히 여겨야 한다.

이 책을 쓰고 자료를 조사하는 과정에서 나는 결국 전혀 예상하지 못했던 무언가를 확신하게 됐다. 바로 인간의 본성 따위는 존재하지 않는다는 것이다. 그런 것은 없다. 우리가 종의 전체적 특성을 공유하는 것은 맞다. 개인의 수준에서는 생물학이 상당히 결정론적으로 작용하는 것도 사실이다. 하지만 인간 집단이 전체적으로 이렇다 저렇다 말하는 것은 또 하나의 지나친 단순화 모형이다. 수십 개의 고유한 현실 모형인 뇌가 서로와 마주치는 과정에서 만들어지는 장엄한 복잡성과 유연성, 수십억 명이 제각기 갖고 있는 고유한 현실 모형들이 부정되어 버린다.

뇌는 우리에게 환상적인 역설을 제공한다. 우리는 환경 속에서 패턴을 찾아내도록 설정되어 있다. 우리는 기존에 경험했던 내용을 바탕으로 대상을 분류하고, 단순화하고, 가정을 세우면서 세상을 이해한다. 이런 기술은 지름길을 통해 정보를 처리할 수 있게 해준다. 뇌가 계산을 하고, 상황을 판단하고, 결정을 내리는 속도를 엄청나게 빠르게 유지할 수 있다는 의미다. 하지만 지구상에 있는 모든 사람이 진정한 개인이 될 수 있는 것도 바로 뇌의 이런 구조, 유연성, 복잡성, 역동성 덕분이다. 머릿속 100조 개의 연결로부터 복잡하기 그지없는 행동이 만들어질 수 있는 여지가 생기는 것이다.

패턴을 찾아내려는 의욕이 넘치는 복잡한 신경회로의 풍경이 끝없이 변화한다는 것은 역설적으로 사람들의 행동을 단순화해서 2진법적으로 분류하려는 시도가 무의미하다는 의미기도 하다. 생각과 행동의 현실과 복잡성을 지각하는 데 따라오는 다양성이 워낙 광범위하기 때문이다.

그렇기는 해도 개인적인 제약이 실재한다는 것은 의심할 여지가 없다. 앞선 7개의 장에서 우리는 우리가 깨닫거나 인정하는 것보다 훨씬 더 많은 부분을 신경생물학에 의해 제약받고 있음을 보았다. 그렇다고 변화가 불가능하다는 의미는 아니다. 직관에 조금 어긋나기는 하겠지만 개인 수준보다는 집단 수준에서 변화를 이끌어내기가 더 쉬울 수도 있다. 집단 수준에서 사회적으로 행동하고, 호기심을 보이고, 아이디어를 교환하면서 보람을 느낀다는 개념을 이미 앞에서 살펴본 바 있다. 협동과 관계 위에 구축된 네트워크를 통해 유지되는 거대한 아이디어 풀인 집단의식의 창조와 유지가 인류에게 동기를 부여하는 궁극의 힘이라는 주장이 제기되어 왔다. 이타주의가 인간의 수많은 선천적 특성 중 하나이고, 인간이 집단적으로 이타주의를 고취해서 세상에 필요한 변화를 이끌어낼 가능성을 높일 수 있다는 믿음이 한낱 이상주의가 아니라는 주장을 살펴보려고 한다.

인간이 모두 내재적으로 이타주의적이라는 반론을 제시하려는 것이 아니다. 운명의 과학을 탐구하면서 인간의 본성은 너무 광범위하고 다양해서 쉽게 단정할 수 없다는 확신을 갖게 되었다. 하지만 개인이 유전적 구성 때문에 걱정이 많은 사람이 되는 성향을 타고나서 어린 시절의 경험이 그런 성향을 강화할 수도, 그렇지 않을 수도 있는 것처럼, 집단적으로도 우리는 온갖 서로 다른 믿음을 중심으로 세상을 만들어가겠다고 선택할 수 있다. 그리고 그 믿음은 서로에게 마음을 열기 위한 노력의 가치에 대한 믿음일 수도 있다. 연민과 협동의 신경과학이라는 것도 존재하는 것이다.

● 신경과학을 현실에 적용하기

앞 장에서 개인 맞춤형 의료 시대가 수백만 명의 사람에게 도움을 줄 잠재력을 지니고 있음을 알아보았다. 다만 그런 시대를 맞이하려면 공공의 이익을 위해 의료를 어떻게 관리해야 하느냐는 도전적인 질문에 답할 수 있어야 할 것이다.

이번 장에서 초점을 맞추는 부분은 바로 공공의 이익이다. 인간의 행동에 관한 새로운 통찰을 어떻게 공공의료, 시민생활, 교육, 법 같은 다른 분야에 적용할 수 있을까? 개인적으로 보면 우리는 행동에서 끝없이 자기 역할을 하고 있는 고유의 신경생물학에 의해 제약을 받고 있다. 패스트푸드를 먹고, 지역 선거에 투표를 하고, 모욕을 당했다고 느끼면 발끈하는 것도 다 그 영향을 받는다. 앞에서 보았듯이 습관적 행동을 바꾸기가 개인 수준에서는 쉽지 않다. 그러나 법률 제정, 개입, 정책 입안 등을 통해 환경을 바꿈으로써 거시 수준의 변화가 만들어진다면 특정 행동 쪽으로 우리를 유도하고 유지해서 집단 수준에서 큰 변화를 일구어낼 수 있다. 어떤 사람은 항상 패스트푸드 대신 케일 샐러드를 선택하고, 지역 민주주의 활동에 참여하고, 철창신세를 지는 일이 없도록 인간관계에서 감정을 충분히 다스린다. 반면 어떤 사람은 도넛을 입에 달고 살고, 선거일에 소파에 누워 TV만 보고, 옆 차선에서 바보같이 운전하는 사람에게 주먹을 날린다. 대부분 사람의 행동은 이 중간 어디쯤에 해당해서 맥락에 따라 행동이 달라진다. 맥락에 따라 이런 성향이 북돋아질 수도, 약화될 수도 있다.

비공식적으로는 '넛지 유닛Nudge Unit'이라 불리는 영국 정부의 행동통찰팀Behavioural Insights Team은 2010년부터 정책을 수정할 것을 제안해 왔다. 넛지 이론nudge theory은 집단으로 하여금 특정 행동을 수행하도록 유도하는 경제학과 행동심리학의 한 분야다. 넛지 이론의 핵심 원리는 사람들이 '인지적 저항'을 줄임으로써 '올바른 일'을 하기 쉽게 만들어주는 정책을 마련하는 것이다. 이것은 다음과 같은 통찰에 기반하고 있다. 우리는 무언가가 자기에게 좋다는 것을 알거나, 그렇게 하면 분명 행복해지리라고 생각해도 그 일을 어떻게 시작해야 할지 명확하게 알지 못하고, 그 일을 달성할 수 있을 것 같은 기분이 들지 않는 한 변화하기를 망설인다는 것이다. 무의식적인 뇌가 선천적으로 게으르고 의심이 많기 때문이다.

예를 들어 빅토리아 양식의 주택은 영국이 탄소 배출량 감소 목표에 도달하는 데 큰 장애물로 작용하고 있다. 이런 낡은 주택은 새어나가는 열이 많아 열 손실이 크다. 이 문제를 해결할 방법은 집을 보수해서 열 손실을 줄이는 것인데, 이 방법은 비용과 일손이 많이 들어간다. 넛지 유닛에서는 사람들이 다락에 단열재를 설치하기 쉽게 하려면, 인부를 고용할 비용을 보조해서 다락에 처박혀 있는 잡동사니들을 모두 치우도록 하면 된다고 제안했다. 이런 식으로 일이 진행되면 개인은 난방비가 절약되고, 전국적으로는 탄소 소비량이 줄어드니 서로 윈윈이다.

이 팀은 사람들이 지방의 정치활동에 참여하도록 독려하는 과제를 맡자 지방 당국과 실험을 진행해 보았다. 지역 선거에서 사람들의 투표 참여율을 높이는 것이 가능한지 알아보는 실험이었다. 새로 투표하는 사람의 이름을 당첨금 5,000파운드의 추첨자 명단에 입력하는 것이다. 그러자 선거인 등록 비율이 낮지만 의미 있는 수치인 4.2퍼센트가 올라가는 결과가 나왔다(혹시나 궁금해할 사람들을 위해 한마디 거들면 선거인 등록을 한 사람이 실제로 얼마나 투표에 참여했는지에 관한 정보는 공개된 것이 없다). 현금을 인센티브로 제공하는 방법은 뇌의 보상회로에 영향을 미쳐서 국가에서 비교적 저비용으로 국민들의 정치 참여를 독려할 수 있는 아주 간단하고도 효과가 큰 방법으로 밝혀졌다.

가장 흥미롭고 생산적인 결과는 공공보건 분야에서 나타났다.

특히 사람들로 하여금 건강에 더 좋은 음식을 선택하게 만드는 일에서 효과를 보았다. 앞에서 인간은 짭짤하고 달콤한 음식을 갈망하고, 먹을 것이 있으면 계속 먹으려는 욕망을 갖고 있다고 했다. 그래서 가공 음식이 사방에 널린 문화권에서 살고 있는 오늘날의 사람은 비만에 걸리기 쉽다. 엄청난 규모의 다이어트 산업이 번성하고 있고, 일부 개인은 대단히 놀라운 성취를 이루기도 하지만, 대다수는 자신의 행동을 고치는 일이 거의 불가능하게 느껴진다.

전 세계로 자주 이사를 다니는 군인 가족의 아동과 성인 1,500명을 관찰한 최근의 한 연구는 인간이 자신의 음식 선택을 완전히 통제하지 못한다는 주장에 힘을 보태주었다. 이 연구에 따르면 비만은 사회적 전염성이 있다. 접촉하는 사람 중에 과체중인 사람이 많은 환경으로 이사를 가면 자기도 그런 경로로 빠져들 가능성이 높다. 사실 그 환경에 머무는 시간이 길어질수록 체질량지수도 높아지게 된다. 맥락과 환경은 특정 행동에 대한 성향을 증폭시키는 데 중요한 역할을 한다.

그렇다고 모두를 비만도가 낮은 지역으로 이사하게 만들 수는 없다. 그러면 끝 간 데 없이 늘어나기만 하는 허리둘레 문제를 해결하기 위해 정부가 도울 부분은 없을까? 비만 연구자 길스 예오, 그리고 그와 그의 아내가 구사했던 전략을 기억하는가? 이들은 자신의 약점인 돼지비계 껍질 튀김과 초콜릿을 집에 들여오는 것을 금지했다. 음식 섭취 습관을 바꾸려고 할 때는 비스킷, 와인, 감자칩 등 자신이 삼가야 할 음식을 절대 집에 들이지 않는 것이 기본이다. 하지만 그러려면 장을 볼 때부터 정신을 똑바로 차리고, 식품 제조사와 소매업자의 유혹을 이겨낼 수 있어야 한다.

넛지 유닛은 우리를 도울 전략을 찾아내는 데서 그치지 않고 소매업자들에게도 정책에 동참하도록 설득하고 있다. 2019년 현재 영국에서는 슈퍼마켓에서 달고 짠 음식들을 따로 모아두는 진열대가 금지될 예정이다. 사람들이 계산을 하려고 줄을 서서 기다리는 슈퍼마켓 계산대와 제일 가까운 곳의 진열대에는 일반적으로 과자류 등이 전시되어 있었다. 계산대에서 기다릴 때 이런 음식들이 바로 옆에 있으니 아이들은 부모에게 사 달라고 조르기 마련이고 충동구매를 하게 된다. 쾌락경로를 유혹해서 우리의 충동 조절 능력을 무력화하도록 고안된 메커니즘이다. 이제는 계산대에서 과자류를 진열할 수 없고, 아이들에게 무료로 과일을 나눠주는 슈퍼마켓이 늘고 있다. 연구자들은 실험적인 가게와 식당의 네트워크를 만들어 실증적 연구를 통해 음식 진열과 홍보를 어떻게 바꾸면 고객들을 더 건강에 좋은 식습관으로 유도할 수 있는지 알아내려 한다.

다른 곳에서는 식품 제조업체들이 뉴로 마케팅neuromarketing(기업이 신경과학을 이용해 소비자의 무의식에서 비롯되는 감정과 구매 행위를 분석해 마케팅에 활용하는 방법—옮긴이)을 통해 고객들의 선택과 행동에 관해 더 많은 정보를 끌어모아 그것을 바탕으로 새로운 상품과 광고를 만들어내고 있기 때문에 공중보건 활동가들이 업체들을 상대로 소송을 제기하기 시작했다. 미성년자를 대상으로 특정 형태의 광고를 내

보내는 것은 불법이다. 일부 형태의 광고는 너무나 유혹적이어서 허용하면 안 된다는 것을 보여줄 모델이 된다.

심리학 및 신경과학 교수이자 듀크대학교 샌퍼드 공공정책스쿨 학장인 켈리 브라우넬은 아동의 광고 노출과 설탕 소비량 사이의 관계에 대한 연구가 많아짐에 따라 법적 행동이 일어날 가능성이 있다고 주장했다. 식료품 제조업체에서 수십억 파운드의 돈을 들여가며 집단적 의지를 꺾어놓으려고 하는데, 여기에 문제를 제기하면 업체에서는 비만은 전적으로 개인이 책임질 문제이지 자신들과는 아무런 상관이 없다고 주장한다. 이에 대한 대중의 분노가 점점 커지고 있다.

일부 논객들은 정부가 법률 제정을 통해 이를 조작하는 것은 전체주의 기미가 보인다고 주장한다. 이들은 정부가 개입해서 국민의 행동을 고취하는 것이 존재적 위협에 해당한다고 지적한다. 자유 민주주의 국가에서 더 많은 과일과 채소를 먹도록 고취하는 것은 괜찮을지도 모르지만, 다른 맥락에서 보면 정부가 신경과학을 이용해 국민의 행동을 조작하는 것은 매우 위험한 일이 될 수 있다고 말한다.

이것이 옳은 지적이다. 그러나 이제 우리가 그런 변화를 북돋울 수 있는 도구를 갖게 되었음을 생각해 보자. 아동의 브로콜리 섭취를 촉진하는 등 논란의 여지가 없는 목표를 위해 신경과학을 이용하는 데 반대하는 것은 너무 경직된 태도로 보인다. 내가 앞장에서 주장했듯이 기술 발전의 속도가 너무 빠르기 때문에 이 새로운 과학을 어떻게 사용할지 논의하지 않는다면, 아무 생각 없이 윤리적 수렁으로 빠져들어 가고 말 것이다. 그러므로 반드시 논의가 필요하다. 사안이 모두 어떤 입장을 취하기가 쉬운 것은 아니지만, 예측하지 못했던 결과를 피하고 싶다면 더 어려운 사안들을 반드시 탐구해 보아야 한다. 과학을 통한 무해한 조작이 가능하다는 개념에 마음을 열어야 한다. 특히 일부 식료품 제조업체의 행동이나 페이스북의 데이터 남용 사례에서 보듯이 이미 과학이 비도덕적인 목적을 위해 사용되고 있기 때문이다. 이런 맥락에서 보면 넛지 유닛은 행동 변화를 촉진할 수 있는 아주 소중한 힘이다. 다만 주의해야 할 점은, 그 운영이 완전히 투명해야 하고 진정으로 공공의 관심사에 해당하는 영역에 한정해서 운영되어야 한다는 것이다. 신뢰할 수 있는 방식으로 일이 집행되려면, 변화시키고 싶은 행동이 어떤 종류의 것인지 집단적으로 대화를 나누어볼 필요가 있다.

잠재적으로 운명을 바꿔놓을 수도 있고 비교적 논란도 적은 신경과학 연구의 응용 대상이 교육 분야에 있다. 교육 신경과학은 막대한 신경활동이 일어나는 아동 초기와 청소년 시기의 잠재력을 이해하고 활용할 수 있다는 기대감에 힘입어 빠른 속도로 성장하고 있다. 이 분야는 유전적 성향이 개인의 뇌에서 어떻게 발현되고, 교육과 양육을 통해 어떻게 육성할 수 있는지 이해하는 데 초점이 맞춰져 있다. 쌍둥이를 대상으로 한 연구에서는 독서 능력과 수학 능력에서 유전자의 역할이 잘 드러났다. 다중의 유전자가 작용하여 그 사람의 능력 수준을 규정한다. 이런 유전적 요인들은 식생활, 독소에 대한 노출, 사회적 상호작용 같은 환경적 요인과 상호작용해서 개인의 전체적인 능력을 만들어낸다. 이런 연구들은 지적 능력 같은 복잡한 특성들이 어떻게 등장하고, 또 어떻게 잠재적으로 통제 가능한 요인에 의해 강화되거나 억제될 수 있는지 더욱 잘 이해하게 해줄 또 하나의 도가니 역할을 한다.

난독증과 난산증dyscalculia(계산과 관련된 수학적 장애—옮긴이) 같은 질환의 생물학적 토대에 대해 더욱 많이 이해할수록 그런 아동을 지원해 줄 더욱 효과적인 전략을 개발할 수 있다. 최근의 연구는 언어의 리듬과 소리 체계에 대한 인식이 아이에게 장차 독서 능력이 어떻게 될지 평가하는 데 가장 좋은 지표라는 것을 보여주었다. 전통으로 내려오는 자장가, 동요, 춤 등이 대단히 효과적인 학습 도구인 이유도 이것으로 설명할 수 있다. 난독증 아동은 어떤 형태의 소리든 그 안에 담긴 리듬에 상대적으로 둔감해 보인다. 이들은 리듬을 지각하는 방식이 다른 아동들과 다르다. 이는 교사들이 아동이 리듬에 대한 인식을 구축할 수 있도록 음악 기반의 학습과 신체 활동을 더 많이 사용해야 한다는 것을 암시한다. 초기 연구 결과를 보면 이것이 훗날 독서 능력에 강력한 영향을 미칠 수 있는 것으로 나온다. 그리고 아이를 도덕적으로 판단하지 않으면서 놀이를 기반으로 학습할 수 있다는 추가적인 이점도 있다.

신경과학에서 얻은 통찰은 교육의 대단히 실용적인 측면에 근본적인 영향을 끼칠지도 모른다. 유니버시티칼리지 런던의 사라제인 블랙모어 교수는 10대들의 등교 시간을 두 시간 정도 늦추어야 한다고 주장했다. 10대의 뇌에서는 주야간 리듬에 영향을 미치는 호르몬의 변화가 진행되기 때문이다. 저녁이 되면 뇌는 자연적으로 멜라토닌을 생산해서 잠을 잘 때가 되었다는 기분이 들게 해준다. 그런데 10대의 뇌에서는 이것이 아동기 초기나 청소년기 후기보다 두 시간 정도 늦게 생산된다. 모두 그런 것은 아니지만 10대들은 대부분 올빼미형이다. 아침 7시에 억지로 깨워서 학교에 보내려고 하면 뇌는 잠에서 덜 깬 상태라 동기가 결여된 상태에서 집중력과 자제력이 떨어질 가능성이 크다. 기관의 시간 일정을 바꾸기가 쉽지는 않을 것이다. 하지만 성인이 더 유연한 근무 시간 제도를 받아들이고 있듯이 학교 일과도 더 유연하게 접근하는 것이 옳을지도 모른다.

사라-제인은 또한 시험을 만 16세 이후로 미뤄야 한다고 주장한다. 현재 영국의 GCSE 시험은 10대의 뇌 구조가 한창 격렬하게 변화하고 있는 시기에 치러진다. 앞에서 나는 회백질은 크게 줄어들고 그에 따라 백질이 많아진다고 했는데 이것은 의사 결정, 계획, 자기인식에 아주 큰 영향을 미친다. 물론 10대라고 해서 모두 기존의 학사일정에 부정적인 영향을 받는 것은 아니지만, 더 취약한 10대들은 급진적인 변화가 이루어지면 대단히 긍정적인 인생의 결과를 쉽게 달성할 수도 있다.

교육 신경과학은 젊은 사람들에게만 초점을 맞추지 않는다. 유니버시티칼리지 런던의 엘리너 매과이어 교수도 성인의 삶에서 학습이 뇌 구조에 어떻게 영향을 미치는지 더욱 잘 이해하기 위해 런던 택시 운전사들의 뇌를 연구했다. 잘 알려져 있는 바와 같이 런던 택시 운전사들은 보통 사람들보다 해마의 크기가 더 크다. 택시 운전면허를 받으려면 복잡한 런던의 도로를 훤히 꿰뚫고 있어야 하기 때문이다. 그녀는 이 현상을 더 구체적으로 연구해 보고 싶었다. 알고 보니 택시 운전사가 되려고 1년간 시험 준비를 하는 사람 중 절반만 통과하는 것으로 나왔다. 시험에 통과한 사람들은 실제로 기억과 길 찾기에 관여하는 영역인 해마의 회백질 부피가 더 컸다(한마디 덧붙이자면 '안 쓰면 잃게 된다use it or loose it'라는 격언이 보여주듯 택시 운전사들은 은퇴하고 나면 해마의 크기가 평균에 가까워졌다).

엘리너는 택시 운전사 지망자 중 절반만 시험에 통과하는 이유를 이해하고 싶었다. 해마의 가소성에 한계가 있는 사람이 있는 것일까? 자신의 해마 최대 부피가 런던의 도로 지식을 습득할 수 있는 최저 한계에 못 미치는 사람이 있는 것인가? 개인의 뇌가 갖고 있는 가소성에 대한 내재적인 생물학적 한계를 분석하는 것은 현재 수많은 교육 신경과학자가 초점을 맞추고 있는 분야다. 아직 확실한 해답은 나오지 않았지만 앞으로 몇 년 동안 이 연구가 어떻게 전개될지 흥미롭게 지켜볼 수 있을 것이다.

한편 신경과학이 교육의 이점을 더 많이 확인할수록 평생 학습이야말로 뇌의 건강 연장을 위한 묘약이라는 홍보도 뜨거워지고 있다. 일부 연구는 지속적인 지적 활동이 치매를 물리치는 데 효과가 있어서 양로원 노년 환자들의 약 처방 용량을 낮추는 결과를 낳았음을 입증해 보였다.

학창 시절의 현실적인 부분이나 스도쿠를 즐기는 습관이 노년에 가져오는 이점 등의 문제를 넘어서 생각해 보자.

생각의 유연성, 창의력, 문제 해결 능력을 기르기 위해 뇌 훈련을 주류 교육과 평생 학습 프로그램에 편입하는 등 아직 검증되지 않은 영역도 고민해 볼 수 있다. 조나스 카플란의 연구가 이런 종류다. 그는 사람들의 생각을 바꾸기 위해 감정 조절을 돕는 기술을 실험했다. 학교에서 학생들이 이런 기술을 능숙하게 사용하게 만들 수 있고, 또 해야 한다고 말할 근거가 있을까? 자동화 시대에 필요한 것은 감성지능, 회복력, 창의성, 문제 해결 능력 같은 것인데 전통적 교육은 여전히 실생활에서 그런 부분을 따라잡지 못하고 있다. 혹시 미래에 뇌 교육법에 대해 새로운 개념을 찾으려면 신경과학의 변두리 실험들을 살펴보아야 하는 것이 아닐까?

공공 생활의 영역 중에서 자유로운 주체로 행동할 수 있는 능력의 한계에 대해 살펴본 신경과학적 통찰이 벌써 이런저런 추측을 불러일으키고 있는 분야는 바로 법률 체계다. 신경과학은 법률적 의미에서 개인적 책임이라는 개념에 어떤 문제를 제기하고 있을까? 불안한 시나리오가 바로 떠오른다. 범법자들이 신경과학을 도용하고 그들의 변호사들이 신경과학을 방어 논리로 사용하는 모습이다. 사법체계 전체가 의존하는 개인적 주체성과 개인적 책임이라는 개념이 자신의 행동을 모두 신경생물학 때문이라 탓

하고, 신경생물학 때문에 자기가 그런 행동을 하게 되었다고 주장하는 사람들에 의해 침식당한다. 이런 시나리오의 논리를 극한으로 밀어붙이면 폭력적인 범죄자들도 처벌을 면하게 된다. 자신의 뇌가 시켜서 한 행동이라 주장해서 자기 행동의 책임을 면할 수 있기 때문이다.

나나 내가 아는 신경과학자들 중 그 누구도 위험한 사람들이 신경생물학을 핑계로 사법체계의 법망을 빠져나갈 수 있게 해야 한다고 주장한 적이 없음은 물론이다. 다행히도 이런 일이 일어날 것 같지는 않다. 하지만 신경과학은 도덕성, 죄책감, 처벌의 개념을 새로 가다듬을 수 있는 중요한 뉘앙스를 제공해 줄 수 있고, 우리 사회는 그런 미묘한 의미들을 살펴볼 필요가 있다.

모든 사안 중에서도 가장 근본적인 것부터 시작해 보자. 영국의 사법체계에서 형사책임이 시작되는 나이는 만 10세다. 그 나이부터는 강간이나 살인 같은 중범죄에 대해 아동이 성인과 똑같이 자신의 행동에 책임을 져야 하고, 형사법원Crown Court에서 재판을 받을 수 있을 정도로 충분히 성숙한 것으로 여겨진다. 앞에서 살펴보았듯이 뇌 발달의 일반적인 패턴을 보면 20대 초반까지는 충동성, 의사 결정, 감정적 반응에 관여하는 신경회로들 사이의 변화가 크게 일어나고 연결성도 크게 증가한다. 만 10세 아동의 뇌는 심지어 청소년기에 일어나는 엄청난 변화가 아직 시작도 안한 상태다. 그렇다면 이 나이의 아동이 40세 성인의 성찰과 판단능력과 동일하다고 여기고 똑같이 대하는 것이 과연 말이 될까?

살인을 저지른 청소년을 구치소에 수감해서는 안 된다고 주장하는 것은 아니다. 공공의 안전을 최우선 과제로 여겨야 하니까 말이다. 잘못을 처벌하려는 우리의 본능을 어떤 면에서는 이해 못할 바가 아니지만 이래서는 아동의 뇌가 성인의 뇌와는 질적으로 다르다는 점을 망각할 수 있다. 그보다 가벼운 범죄의 경우는 소년법원에서 재판이 이루어진다. 소년법원에서는 범죄 당시 범법자의 나이에 따라 슬라이딩 스케일을 적용해서 형량을 선고한다. 실제로는 법률도 아동이 크기만 작은 성인이 아님을 인정하고 있는 것으로 보인다. 다만 감정을 자극하고, 악랄한 범죄가 일어난 경우에는 처벌이 곧 공공의 안전을 의미하는 것이 아님을 사람들이 기억하지 못하는 것 같다.

미국에서는 연방범죄에 대한 형사책임이 시작되는 나이가 만 11세다. 하지만 미국에서는 사형을 선고할 때 지능에 따른 기준도 설정하고 있다. 사형을 선고할 수 있는 범죄에 대해 유죄를 선고받은 경우 그 사람은 일련의 지능 검사를 반드시 통과해야 한다. 만약 어느 영역의 지능 검사에서건 70점 이상의 점수를 받으면(참고로 IQ 점수의 평균 점수는 100점이고 140 이상이면 천재로 본다) 변호사 측에서 다른 항소의 근거를 찾아내지 못하는 한 사형이 집행된다. 만약 모든 지능 검사 영역의 평균 점수를 바탕으로 사형 집행 여부를 결정한다면 현재 사형 집행을 기다리고 있는 사람들 중 사형이 집행되지 못할 사람이 20퍼센트를 넘을 것이다. 현재의 상황에서는 한 건에서만 70점을 넘어도 '개인적 책임'이라는 칸에 체크

표시가 되면서 사형 집행을 받을 자격이 있는 것으로 간주된다.

형사책임 연령 기준에 대해 마지막으로 지적할 부분은 연령 기준이 만 15세나 그 이상으로 설정된 국가들 중 한두 곳은 예상할 수 있는 나라라는 점이다. 사회적 자유주의 국가인 노르웨이가 그 예다. 나머지는 개발도상국에 속하는 국가들로, 아동기와 청소년기 동안의 신경 발달에 대한 신경과학적 증거들이 나온 지난 10여 년 동안에 형법을 개혁했다. 동티모르, 모잠비크, 브라질, 아르헨티나는 형사책임을 지는 나이를 만 16세로 설정했다. 콜롬비아는 만 18세다. 솔직히 이들 국가 중 상당수는 서구 유럽보다 살인 발생률이 훨씬 높지만, 그럼에도 새로운 신경과학적 증거를 평가하고 사법체계에 대한 생각을 바꾸는 과정에서 집단적 형태의 심리적 재평가를 실천할 수 있었다.

형사책임의 기준 연령에 관한 문제를 넘어, 때로는 가장 도전적이고 고통스러운 상황에서 신경과학은 주체성이라는 개념을 정의할 때 다른 어떤 방식으로 기여할 수 있을까? 법률체계 안에서는 '심신미약diminished responsibility' 등의 예외를 명시하고 있지만 그런 경우를 제외하면 법은 인간을 자신의 행동에 온전히 책임이 있는 존재로 생각하는 데서 출발한다. 그런데 인간의 행동이 어떻게 만들어지는지 더 이해하게 된 상황에서 꼭 이것을 기본 출발점으로 삼아야 할까?

이 부분의 탐구를 위해 이정표가 될 만한 최근의 판례를 고려해 보는 것이 도움이 될지도 모르겠다. 이 판례에서는 신경과학을 참고해 선고를 내렸다. 40대의 한 미국인이 특이한 성적 흥분 행동이 생겨서 자신의 의붓딸에게 치근대고 아동 포르노를 수집하기 시작했다. 이 남성은 소아성애증paedophilia으로 진단받아 가족과 접촉할 수 없게 되고, 아동성추행으로 유죄 선고를 받았다. 그는 처음에는 성범죄자를 위한 재활프로그램을 이수하거나 징역형을 살 것을 명령받았지만, 직원이나 다른 참가자에게 성적으로 접근하는 행동을 멈출 수가 없어 프로그램에서 추방당했다. 선고를 받기 전날 저녁 그는 두통과 균형감각 이상으로 병원에 입원하게 됐다. MRI를 촬영해 보았더니 암성 종양cancerous tumor이 오른쪽 눈확이마겉질right orbitofrontal cortex이 있어야 할 자리를 차지하고 있었다. 오른쪽 눈확이마겉질은 사회적 행동의 조절에 관여하는 뇌 영역이다. 만약 어린 시절에 이 뇌 영역에 입은 손상이 그대로 유지된다면 도덕적 판단 능력에 장애가 생겨 반사회적인 성격이 만들어질 가능성이 크다. 나중에 손상을 입은 경우에는 위험이 줄어들기는 하지만 일반적으로 의사 결정 능력과 충동조절 능력에 장애가 생기고, 가끔은 사회병증 행동sociopathic behavior이 생긴다.

종양은 수술로 제거되고 선고는 연기됐다. 이틀이 지나자 이 남성의 균형감각도 정상으로 돌아왔다. 일주일 후에는 '익명의 성중독자Sexaholics Anonymous' 프로그램을 시작해서 마무리했다. 그리고 7개월 후에는 더 이상 의붓딸에게 위협이 되지 않는다는 판정을 받고 집으로 돌아갈 수 있었다. 하지만 그로부터 1년 후에 다시 두통이 이어지면서 아동 포르노를 수집하게 됐다고 보고했다.

암이 재발한 것이다. 두 번째 수술이 진행됐고 환자의 행동은 다시 정상으로 돌아왔다.

물론 모든 사례가 이 경우처럼 명확하다고 말할 수는 없다. 행동의 생물학적 결정론에 관한 한 사회적, 도덕적 행동에 관여하는 뇌 영역에 생긴 뇌종양이 욕망과 행동에 극적인 변화를 가져오는 것보다 명확한 사례는 없다. 이 경우는 종양만 제거하면 범죄도 사라진다. 모든 범죄 행위에는 신경생물학적인 요소가 관여한다고 추측하고 싶은 유혹을 느낄 수도 있다. 어쨌거나 언젠가는 사회로부터 범죄를 도려낼 수 있을지도 모른다고 생각하면 아주 매력적이다. 하지만 안타깝게도 생물학과 결정론에 대한 이런 희망과 자신감은 비현실적이다.

수많은 유전자 연구에서 범죄와 관련된 유전자를 밝히려고 했었다. 대규모로 이루어진 한 연구에서는 2,000명 이상의 쌍둥이를 조사해서 막대한 양의 데이터를 뽑아냈다. 실제로 반사회적 행동에 유전성이 있다는 강력한 증거가 있는 것으로 보이기는 하지만, 이야기가 너무 복잡하고 환경, 문화, 인생 경험과 너무도 뒤엉켜 있다. 때문에 아직은 이 정보를 이용해서 누가 범죄 행위를 저지를지 예측하기는 불가능하다. 사실 미국의 예비 판사와 가석방 심의 위원회는 이미 컴퓨터 알고리즘을 이용해서 재범을 저지를 가능성이 높은 사람을 예측하려 노력하는 중이지만, 현재 유전자 선별 검사 데이터는 데이터베이스에 포함되어 있지 않다. 게다가 법정에서 이것을 증거로 받아주지도 않는다.

한 가지 예외는 있다. 폭력적 행동과 깊게 연관되어 있는 단일 DNA 대립유전자allele가 있다. 모노아민 산화효소Amonoamine oxidase A, 줄여서 MAO-A라고 하는 대사 효소다. 이 효소의 기능은 앞서 살펴보았던 도파민을 비롯해서 노르에피네프린과 세로토닌 등의 신경전달 물질을 분해하는 것이다. MAO-A 수치가 낮아지면 학대 환경에서 자란 어린 남자아이의 공격성이 높아진다는 것이 거듭해서 입증된 바 있다.

왜 그런지 정확한 이유는 아직 모르지만 MAO-A 수치가 낮아지도록 유전공학적으로 개량한 모형 동물은 현저한 공격적 행동을 나타냈다. 이 생쥐가 태어난 첫날에 뇌 스캔해보니 쾌락, 행복, 동기부여와 관련된 뇌의 화학물질이 예상보다 무려 10배나 높게 나왔다. 이것이 전달물질과 결합하는 수용체를 탈감각화desensitize해서 감정과 감정 조절에 관여하는 회로의 배선에 극적인 영향을 미친 것으로 보인다.

다시 사람으로 돌아와서, MAO-A 수치가 낮은 성인의 뇌를 스캔해 보면 이들의 뇌 활성과 뇌 영역 부피가 대다수의 사람과 어떻게 다른지 확인할 수 있다. 이런 사람에게 위협을 암시하는 듯 마는 듯한 애매한 이미지를 보여주면 이들은 사회적 거절과 모욕적 행동으로 지각한다. 이때 뇌 프로필을 보면 억제성 조절inhibitory control이 줄어든다. 사실상 이런 사람들은 상황을 비적대적인 것으로 평가해서 반응하지 않는 쪽을 선택하는 능력이 떨어져 있다.

MAO-A와 반사회적 행동 사이의 상관관계가 워낙 분명하게 드러났기 때문에 미국에서는 선고를 할 때 증거로 이용되기도 했다. 2009년에 1급 살인으로 유죄 판결을 받은 사람이 사형에서 23년 징역형으로 감형을 받았다. 이 범죄자의 변호인은 자신의 고객이 MAO-A가 지극히 낮아지는 유전 변이를 갖고 있고 어린 시절에 학대를 받았음을 입증해 보였다. 생물학적 요인과 환경적 요인의 결합이 그의 행동에 대한 개인적 책임을 낮추는 감형 사유로 충분하다고 여겨진 것이다.

유전자 선별 검사는 더 저렴하고, 빠르고, 쉬워지고 있다. 신경과학은 힘든 어린 시절을 보낸 성인은 청소년처럼 더 높은 위험도 감수하는 행동을 보일 가능성이 높다는 것을 입증해 보이고 있다. 이들은 현재의 사법체계에서 받는 형벌 때문에 범죄 행동을 단념할 가능성도 작게 나온다. 그렇다면 우리 사회는 이 정보를 어떻게 이용해야 할까? 더 많은 것이 밝혀지면 범죄를 저지를 가능성이 높은 젊은 사람들을 대상으로 하는 예방 프로그램을 개발할 수 있게 될까? 아니면 재범 가능성을 낮출 목적으로 재소자를 대상으로 유전학, 인지습관, 생활환경을 고려하면서 그들의 행동에 변화를 줄 수 있을까? 신경과학을 통해 많은 것이 밝혀질수록 범죄 예방의 목표를 위해서는 처벌을 목적으로 하는 법 모형보다는 범죄라는 문제를 공공보건과 비슷한 방식으로 다루는 모형이 훨씬 나아 보인다. 비만이 사회적 전염성이 있는 것처럼 범죄도 전염성이 있는 것이 아닐까? 만약 그렇다면 교도소는 범죄의 확산을 막기는커녕 오히려 촉진하는 역할을 하고 있는 것인지도 모른다.

세계 일부 도시에서는 폭력을 법적 문제가 아니라 공공보건의 문제로 취급하기 시작했다. 영국에서는 스트래스클라이드주 경찰이 스코틀랜드 정부의 지원을 받아 이런 접근 방식을 개척했다. 2005년 경찰 고위 지휘부에서는 글래스고의 폭력범죄 감소를 시도하면서 무언가 다른 것을 해보기로 결정했다. 이들은 시카고의 사례로 눈을 돌렸다. 시카고에서는 전염병학자 개리 슬럿킨이 소말리아 난민촌에 퍼졌던 결핵과 콜레라에 관해 깨달았던 통찰을 시카고에서 유행병처럼 번지던 살인에 적용했다. 슬럿킨은 그가 '신뢰할 수 있는 전달자reliable messengers'라고 부르는 사람들을 모집했다. 신뢰할 수 있는 전달자는 그가 대상으로 삼은 지역 출신으로, 유죄 선고를 받았으나 교화된 범법자들이었다. 그는 이 사람들에게 양지로 나와 범죄에 취약한 사람들의 역할 모델로 활동하면서 필요한 경우에는 직접 상황에 개입도 하고, 중독 치료를 안내해 주는 일에서 취업 면접 장소에 태워다주는 일에 이르기까지 온갖 실용적인 문제에 도움을 주라고 요청했다. 그랬더니 그가 프로젝트를 개시한 곳은 어디든 1년 안으로 살인사건 발생률이 적어도 40퍼센트는 떨어졌다. 결국 글래스고에는 폭력범죄 감소 전담반이 생겼다. 이곳은 폭력을 처벌의 대상이 아니라 치료의 대상으로 삼는 것을 목표로 한다. 2005년에 이 부서가 만들어진 이후로 글래스고의 살인사건 발생률은 60퍼센트나 줄었다. 그런 변화가 모두 이 부서 덕분이라 말할 수는 없지만 그럼에도 대단히 인상적인 통계다. 어쩌면 폭력범죄 감소 전담반이 유행병학epidemiology과 행동심리학에서 얻은 통찰을 프로그램 참가자의 유전체 검사나 뇌 훈련 기법으로 보완하는 것이 가능해질지도 모른다.

새로 등장한 연민의 신경과학

사회 전반에서 더욱 폭넓게 이런 접근 방법을 추구하기로 결정하려면 자기 자신과 타인 안에서 연민, 협동, 호기심, 비판적이지 않은 마음가짐을 북돋을 필요가 있다. 우리는 이렇게 말할 수 있어야 한다.

> "그런 마음가짐은 예외적인 것이 아니며 진보적, 혹은 평화주의적 상상력에서 만들어진 발명품도 아니라는 과학적 증거가 존재한다. 인구 집단 전체에 폭넓게 존재하며 여느 특성들과 마찬가지로 억압하지 않고 북돋아 줄 수가 있다."

짐작건대 내가 인생 전반에 대해 더 협동적이고 열린 접근 방식을 추구할 때 멘토 역할을 해주었던 로완 윌리엄스도 이런 주장에는 고개를 끄덕이지 않을까 싶다.

물론 언어적 소통과 문화적 생산이 집단적 응집력과 행동 변화를 뒷받침한다고 주장한 로완의 말이 절대적으로 옳다고 말해 줄 과학은 많다. 실제로 한 이론에서는 언어가 진화한 이유 중에는, 개개인의 뇌가 가진 처리 능력의 수많은 결함을 피해 가기 위한 목적도 있었다고 주장한다. 개인의 현실을 소통하고, 자신의 경험과 아이디어를 공유하면 세상이 기능하는 방식에 대해 더욱 신뢰할 만한 작업 모형을 생산할 수 있어 집단 수준의 발전을 도와준다.

저명한 행동생물학자 리처드 도킨스는 1976년에 펴낸 혁신적인 저서 『이기적 유전자』에서 '문화적 전파의 단위'가 존재한다고 주장하며 그것을 '밈$_{mem}$'이라고 명명했다. 밈은 언어를 기반으로 할 때가 많지만 꼭 그래야 하는 것은 아니다. 하지만 항상 사회적으로 전파된다. 밈을 또래 집단 사이에서, 그리고 세대를 따라 전달되는 새로운 행동이라고 생각하자. 중요한 밈으로는 불을 피우는 기술에서 양성평등이라는 개념에 이르기까지 온갖 것이 포함될 수 있다. 각각의 부모로부터 유전자를 물려받는 것과 마찬가지로 개개인은 주변에서 관찰하는 것을 모방하는 과정에서 밈을 습득한다. 이 밈은 복제되고, 경쟁하고, 돌연변이를 일으킨다. 밈은 세대를 거치며 살아남아 많은 사람에게 채용될 수 있을 정도로 적응성이 입증되면 성공한 것으로 여겨진다.

사회과학자와 철학자들 사이에서 '밈학$_{memetics}$'에 대한 비판이 존재한다. 이들은 밈은 유전자와 달리 명확하게 암호화된 정체성이 없다고 지적한다. 명확하게 정의되어 있는 DNA 암호를 갖고 있고 돌연변이와 선택의 메커니즘을 명확하게 관찰할 수 있어서 진화 과정을 추적할 수 있는 유전자와 달리, 밈은 더 모호하기 때문에 전파가 혼란스럽게 이루어진다. 개념과 문화적 관습이 사회 전체로, 그리고 세대를 가로지르며 전파되는 것은 분명한 사실이다. 그런데 지금은 고인이 된 독일계 미국인 진화생물학자 에른스트 마이어의 말대로 굳이 '밈'이라는 단어를 사용할 필요가 있을까? 아이디어가 여러 세대에 걸쳐 시간과 공간을 가로지르며 전파되는 것을 분석할 때, 이미 사회지리학자와 문화역사가들이 '개념concept'이라는 단어를 아무 문제 없이 사용해 온 마당에 말이다.

수천 년에 걸쳐 인류가 개념(혹은 밈, 아이디어, 행동)의 전파를 가속하는 엄청나게 다양한 활동들을 만들어온 것은 분명한 사실이다. 저녁에 마을을 거닐며 이웃과 나누는 대화, 모닥불 주변으로 둘러앉아 나누는 이야기, 시각미술 전시나 음악 연주, 나이트클럽이나 술집에 가기 등 모든 사회적 모임과 예술 표현은 개인들 간의 상호작용을 가능하게 해준다. 사람들은 이를 통해 직접 경험하지 않았던 시나리오를 상상하고, 세상을 바라보는 새로운 관점도 흡수할 수 있다. 신경촬영 기술은 이런 '밈 전염' 방식에 대한 노출이 증가하면 뇌 속에서 극적이고 지속적인 변화가 일어난다는 것을 입증해 보였다. 사람이 그런 활동에 많이 참여할수록 뇌의 연결성도 증가한다.

새로운 아이디어와 개인의 관점을 전파하는 능력이 인간에게만 국한된 것이 아님을 알아야 한다. 다른 동물들도 공동체를 구축해서 행동의 적응을 촉진한다.

1940년대에 과학자들은 한 침팬지가 감자를 개울물에 씻어서 먹는 것을 보고 다른 침팬지들도 따라 하는 것을 관찰했고, 머지않아 감자 씻어 먹기는 침팬지 사회의 새로운 규범으로 자리잡았다.

도시에 사는 까마귀들은 횡단보도가 있는 도로 위에 견과류를 떨어뜨려 지나가는 차바퀴에 껍데기가 깨질 때까지 기다린다. 이후에는 부리로 길 건너기 버튼을 눌러 자동차가 지나가지 못하게 막은 다음, 껍데기가 열린 견과류를 안전하게 회수해 온다. 이런 행동은 여러 도시에서 여러 번에 걸쳐서 관찰되었다.

다음으로는 앞에서 살펴보았던 꿀벌의 8자 춤이 있다(그보다 센 코카인 버전도). 꿀벌은 믿기 어려운 8자 모양의 춤을 이용해 집단의 다른 구성원들과 소통한다. 아직 누구도 손대지 않은 꽃가루 자원이 있는 곳의 방향과 거리에 관한 정보가 움직임과 동작을 통해 전달된다.

심지어는 나무와 식물들도 발밑에 있는 곰팡이 네트워크에 침투해서 서로 소통한다. 이 곰팡이 네트워크에는 '우드 와이드 웹 wood-wide web'이라는 기발한 이름이 붙었다. 인터넷과 마찬가지로 이 우드 와이드 웹도 어두운 면을 갖고 있다. 어떤 난초는 이 시스템을 이용해서 근처 나무로부터 자원을 훔쳐낸다. 반면 검은호두나무는 이 네트워크를 이용해서 독성 화학물질을 퍼뜨려 이웃 나무들을 방해해서 더 많은 영양분과 햇빛을 차지한다.

동물, 심지어 식물 사이에서도 소통은 일상적으로 이루어지고 동물 집단 안에서는 온갖 종류의 행동이 사회적 전염성을 갖고 있지만, 밈 생성의 정점을 찍은 존재는 역시 인간이다. 인간에게는 무한히 세련된 언어와 기하급수적으로 진화하는 기술이라는 도구가 있다. 이런 도구를 이용해 아이디어를 소통하고 전달할 수 있다. 그리고 웹 기반의 정보 공유, 특히나 소셜미디어는 밈을 전파할 수 있는, 놀라울 정도로 강력한 메커니즘이다. 앞에서 개인의 페이스북 피드 내용을 바꾸면 그 감정 상태가 달라지는 것을 보며 확인했듯이 개인적 주체성의 느낌과 더 넓은 사회적 기능이 갖는 함축적 의미는 여전히 거의 이해되지 않고 있다. 강력한 로비를 통해 기분이 조작 가능하다면 인지 기능, 의사 결정, 심지어는 선거 후보의 선택까지도 모두 잠재적으로는 누구든 먼저 시도하는 사람이 임자다.

이렇게 놓고 보니 신경과학은 다른 생물학적 지식과 마찬가지로 가치중립적이라는 개념이 다시 떠오른다. 신경과학은 어떻게 적용하느냐에 따라 실제 세상에서 어떤 효과를 나타낼지가 결정된다. 뇌가 정치적 목적을 위해 원격 조작되어, 그 과정에서 우리가 온전한 사람 구실을 할 수 없을지 모른다고 두려울 수도 있다. 하지만 역으로 신경과학의 도구를 통해 주체성을 회복할 가능성도 생각해 보아야 한다. 소통과 협동은 인간을 정의해 주는 특성이고, 기술은 그런 행동을 인간 사회 속에 전례를 찾아볼 수 없는 수준으로 깊숙이 심어놓고 있다. 그와 마찬가지로 연민 역시 적어도 이기심만큼이나 선천적인 특성이다. 다만 우리가 그런 집산주의적 가치관collectivist values(사회 전체의 복지를 실현하기 위해 개인의 자유를 제한할 필요성을 인정하는 사상—옮긴이)을 뒷받침하는 마음가짐을 조성하고 싶다는 생각을 해야 함은 물론이다. 연민과 협동의 신경과학이 필요하다는 의미다. 이타주의의 신경생물학적 기반에 대해 더 많이 알아야 할 필요가 있다.

'이타주의'라는 용어는 1850년대에 프랑스 철학자 오귀스트 콩트가 만들었다. 당시 그는 인간은 자신의 사리사욕보다는 타인의 필요를 더 앞에 두어야 할 윤리적 의무가 있다는 주의를 개발했다. 윤리학으로 알려진 철학 분야는 콩트의 철학보다 훨씬 오래된 것이다. 인간이 진정으로 타인을 위해 살아갈 능력이 있는지, 혹은 친절한 행동을 하려는 충동조차 그 밑바탕에는 이기적인 충동이 자리 잡고 있는지를 두고 철학계, 신학계, 정치계, 근래에 들어서는 생물학계에서까지 항상 논쟁이 있었다.

데이비드 흄과 장 자크 루소는 인간은 이기적이지 않다고 결론 내렸지만, 토마스 홉스는 인간이 행동의 모든 측면을 주도하는 '보편적 이기심'을 천성으로 타고났다고 주장했다. 예를 들어 당신이 이사하는 친구를 돕기로 나섰다고 상상해 보자. 이것이 진정으로 이타적인 행위일까? 아니면 친구 관계에 있는 다른 사람들이 겉으로 드러나는 당신의 이타심을 알아차리고 자신에 대한 사회적 신용이 크게 높아질 것이라는 기대로 도우러 나선 것일까? 당신은 자기가 지금 제공하는 도움이 미래에 자기가 필요로 할 때

도움의 손길로 돌아오리라는 기대를 품고 인지과학자들이 '미래 계획'이라고 부르는 행위를 하고 있는 것일까?

리처드 도킨스는 인간의 선천적 이기심의 밈을 가져다 『이기적 유전자』라는 책으로 다듬어 냈다. 그는 이렇게 주장했다.

> "우리는 생존기계다. 유전자라고 알려진 이기적인 분자
> 를 맹목적으로 보존하도록 프로그램된 로봇 운송수단인 것
> 이다."

이 책이 출판된 이후로 선천적인 최우선적 이기심에 대한 낙관적인 관점에 폭넓게 문제 제기가 이루어졌다. 도킨스는 20주년 기념판에 새로 쓴 서문에서, 이 책의 제목이 책의 내용에 대해 사람들에게 부적절한 인상을 남긴 것 같다고 적었다. 그는 2006년, 돌이켜 생각해 보니 이 책의 제목을 편집자가 제안한 대로 '불멸의 유전자The Immortal Gene'로 붙였으면 좋았을 걸 그랬다고 했다.

이 책은 큰 영향력을 발휘했지만 이기심을 선천적인 특성으로 바라보는 것에 대한 비판이 오랫동안 이어져 오다가 근래에 들어서는 거의 정반대되는 행동에 대한 연구로 대체되기에 이르렀다. 바로 연민이다. 예를 들면 타인을 위한 연민의 마음이 개인의 사랑과 행복의 핵심에 놓여 있다는 가르침을 전하는 달라이 라마가 2005년에 신경과학회 연례 학회에 기조연설 연자로 초대되었다. 전 세계에서 3만 1,000명 이상의 신경과학자가 모이는 자리였다.

그는 이렇게 말했다.

"현대 신경과학은 주의attention 및 감정emotion 양쪽 모두와 관련된 뇌 메커니즘을 풍부하게 이해하게 되었습니다. 한편, 정신 수양에 역사적으로 오랫동안 관심을 가져왔던 동양의 명상 전통은 주의를 가다듬어 감정을 조절하고 바꾸는 실용적인 기술을 제공해 줍니다. 따라서 현대의 신경과학과 불교 명상과의 만남으로 특정 정신 과정에서 중요한 역할을 하는 것으로 밝혀진 뇌 회로에, 의도적인 정신활동이 어떤 영향을 미치는지 추가적인 연구로 이어질 수 있습니다."

그로부터 3년 후에는 스탠퍼드대학교 의대에 〈연민과 이타주의 연구 및 교육 센터〉가 설립되었다. 이 기관은 연민과 이타주의적 행동에 대한 엄격한 과학적 연구를 진행하는 것을 공공연한 목표로 잡고 있다.

그렇다면 이타주의와 연민에 대해 과학이 현재 우리에게 말해 줄 수 있는 부분은 무엇일까? 어느 정도까지 생물학적 기반을 갖고 있을까? 이런 행동과 관련된 특정 유전자나 뇌 영역이 존재할까? 어떤 사람은 본질적으로 이타적인 성향을 갖고 태어나고, 어떤 사람은 병적인 이기심을 갖고 태어나는 것일까? 사람들이 타인의 감정을 소중히 여기는, 좀 더 연민 어린 마음가짐을 향해 움직이게 도와줄 방법은 없을까? 이런 질문은 형태를 달리하며 수백 년 동안 제기되어 왔지만, 신경과학이 그 해답을 풀어보겠다고 시도한 지는 겨우 15년 정도밖에 안 되었다. 연구도 아직 초보적인 수준에 머무르고 있다.

그렇기는 해도 한 흥미로운 연구에서는 사람들이 이타주의에서 이기주의에 이르는 스펙트럼상에 분포한다고 주장한다. 이 스펙트럼의 한쪽 끝에는 열성적으로 이타심을 실천하는 사람이 자리하는 반면, 반대쪽 끝에는 임상적 진단이 가능한 사이코패스가 자리 잡고 있다. 이것을 그래프로 상상해 보면 이런 행동 스펙트럼이 x축을 형성한다. 이 축의 한 극단에는 극단적인 반사회적 행동을 저지르는 사이코패스가 있다. 이들은 아무런 죄책감 없이 타인의 권리를 짓밟는다. 이런 행동을 저지르다가 실패를 맛본 사람을 범죄자라 정의할 수 있지만, 사이코패스적 특성은 정치, 의학, 비즈니스 분야에서 큰 성공을 거둔 사람들하고도 연관되어 있다. 과감하고 냉철한 행동은 지도자로서의 자질에서 매우 중요한 반면, 스트레스와 두려움에 대한 내성은 사회에 긍정적인 결과를 낳을 수 있다. 이런 특성이 우리 종에서 세대를 거치며 성공적으로 전파되어 온 이유도 이것으로 설명할 수 있을지 모른다. 5,000쌍 이상의 쌍둥이를 대상으로 이루어진 한 유전학 연구에서는 사이코패스의 핵심적 행동 특성(냉담하고 감정이 결여된 특성)의 유전성이 40~70퍼센트 사이에 놓여 있는 것으로 추정하고 있다. 하지만 늘 그렇듯이 유전성이 높다고 해서 특정 유전자와 행동이 인과관계로 연결되어 있다는 의미는 아니라는 것을 명심해야 한다.

이 스펙트럼의 반대쪽 끝에는 극단적인 이타주의가 있다. 이런 사람들은 분명하게 드러나는 개인적 이득이 없음에도 불구하고 자신의 필요보다는 항상 타인의 필요를 우선한다. 대단히 이타적인 사람들을 대상으로 한 연구에서는 이들의 뇌 프로필이 다르다는 암시가 나왔다. 이타적 행동은 공감에서 시작한다. 공감이란 타인의 입장이 되어보고 그 느낌을 공유할 수 있는 능력을 말한다. 우리 문화권에서는 공감 능력을 대단히 높이 쳐주지만, 앞에서 이미 살펴보았듯이 카타르시스 없이 타인의 고통에 반복적으로 노출되다 보면 견딜 수 없는 개인적 고통으로 이어질 수 있다. 이것은 타인의 고통을 덜어줄 수 있는 능력을 오히려 방해한다. 나는 연민이 공감의 실용적인 버전이라 생각한다. 연민은 그냥 다른 사람들의 감정을 받아들이는 것만을 의미하지 않는다. 연민에는 실질적으로 도움이 될 무언가를 하고 싶은 강력한 욕구도 포함되어 있다. 연민은 이타적인 행동으로 이어질 가능성이 크다. 고통에 빠진 타인을 도우면 공감에 따라오는 고통스러운 기분을 진정시킬 수 있다. 이는 공감이 자연스럽게 이타적 행동으로 이어지는 것이 공감을 경험하는 사람이나 고통을 경험하는 사람 모두에게 가장 이로운 행동임을 말해준다. 이타적인 행동은 인식하든, 인식하지 못하든 어느 정도의 이기적인 요소가 들어 있다.

연민과 이타주의가 대단히 복잡한 행동임을 놓고 보면, 친사회적 행동의 기반을 닦는 데 유전자와 신경회로의 광범위 상호작용 네트워크가 관여하고 있다고 믿는 것도 놀랄 일이 아니다. 과학자들은 도파민과 옥시토신의 수치를 결정하며 각각 이타적 행동과 이기적 행동과 관련된 유전 변이를 밝혀냈다. 의사 결정에 관여되어 있는 우리의 오랜 친구 보상경로, 편도체(공포 반응에 관여), 앞이마겉질을 비롯한 다양한 뇌 회로들이 여기에 관련되어 있다는 암시가 있다.

다시 그래프로 돌아가 보자. 저자들은 우리가 차지하고 있는 인구 집단은 뒤집어진 U자 모양의 분포를 하고 있다고 주장한다. 여기서 y축은 이타적인 행동에서 사이코패스적인 이기심에 이르기까지 다양한 범주에 포함되는 사람의 백분율을 나타낸다. 어느 집단이든 대다수는 이 스펙트럼에서 넓은 중간 지역에 포함되지만 사회적, 문화적 요인에 따라 이 곡선의 정점이 x축을 따라 움직이는 것이 실제로 가능해 보인다. 개인들 사이에서 더 높은 수준의 연민을 구축할 수 있는 잠재력이 존재한다는 의미다. 그리고 더 큰 수준에서 보면 적어도 이론적으로는 인구 집단 전체에서 이타주의의 혁명을 이끌어낼 가능성도 있을지 모른다.

이 책의 중심 주제 중 하나는, 각자의 몸에 배어 있는 별난 점들을 받아들이고 개개인의 관점과 정보처리 과정에 존재하는 내재적 결함을 가치 있게 여기면서 그와 동시에 서로 다른 현실에 대해 토론하는 것이 이롭다는 것이다. 이런 식으로 접근하면 우리의 필요를 더욱 잘 충족시킬 수 있는, 건강하고 좀 더 섬세한 신념 체계에 하나의 집단으로 더욱 가까워지게 될 것이다.

지금 우리에게
연민이 필요한 까닭

아마도 미래에 대한 걱정이 없었던 시대는 한 번도 없었을 것이다. 흑사병 시대나 제1차 세계대전 같은 시기에 낙관적인 관점을 유지하기가 쉬웠을 리 없다. 냉전시대에 부모님들은 핵전쟁으로 세상이 잿더미가 되는 악몽에 시달리며 살았다. 오늘날에는 제2차 세계대전 이후로 맞닥뜨린 가장 큰 난민 문제에서 시작해서 인류의 존재를 위협하는 기후 변화에 이르기까지 다양한 도전 과제와 마주하고 있다. 세상에는 문제가 없었던 적이 한 번도 없었음을 기억하면 공황에 빠질 것 같은 기분을 가라앉히는 데 도움이 된다. 그러니 우리가 불확실한 미래를 마주하고 있으며 그 해결책을 찾아내기 위해서는 개인적, 집단적으로 더 많은 행동이 필요한 것도 사실이다.

지금까지 신경과학이 개인의 자율성과 자유의지가 갖고 있는 한계를 더욱 많이 밝혀내고 있다는 주장을 펼쳤으니, 이번에는 '이것이 우리를 어떤 상황으로 이끌 것인가'라는 문제를 얘기해보고 싶다. 사람들은 자신의 자유의지가 제한되어 있다거나 아예 존재하지 않는다고 믿으면 더욱 이기적인 행동을 하는 경향이 있음을 앞에서 살펴보았다. 하지만 인간이 선천적으로 이타적이라는 주장 또한 그만큼 설득력이 있기 때문에 인간이 선천적으로 이기적이라는 주장에 점점 더 많은 의문이 제기되고 있다. 내가 앞서서 주장했듯이 인간의 본성을 지나치게 포괄적으로 일반화해 버리면 개개인의 차이점이 모두 무시되고, 행동이 얼마나 복잡하게 만들어지는지도 제대로 전달되지 않는다. 개인의 인생 결과가 타고난 요인과 경험적 요인의 복잡한 망에 의해 형성되는 것처럼 집단적 결과도 마찬가지다. 신념 체계는 집단적 재평가로부터 발생하는 압력 아래 변하고 진화한다. 집단도 자기 생각을 바꿀 수 있고, 또 실제로 바꾼다.

타고난 선천성과 자율적인 개인의 힘이라는 기존의 지배적 통념으로부터 멀어져 우리를 이끌고, 인생 결과를 빚는 것이 무엇인지 다시 생각해 본다면 기회가 열린다. 기존에 자유의지를 옹호하던 사람들이 환상이 깨지는 바람에 허무주의자나 이데올로기 이론가가 되는 모습을 생각하면 심란해진다. 이것이 바로 타고난 집단의식이 존재하고, 인류에게는 이타주의와 연민의 잠재력이 있다는 신경과학적 논거를 구축하는 것이 가치 있다고 여기는 이유다. 우리가 이런 개념을 생각 속으로 통합시킬 수 있다면 전체적인 문제 해결을 위해 집단적인 행동에 나서는, 혹은 더 간단히 말하면 내 이웃의 의견에도 귀를 기울이는 방향으로 움직일 수 있을지도 모른다.

그런데 대체 어떻게 하면 더 열린 마음을 향해, 더욱 깊어진 연민과 이타주의를 향해 나아가도록 활력을 불어넣을 수 있을까? 2017년 말에 『연민의 과학 옥스퍼드 핸드북Oxford Handbook of Compassion Science』이라는 환상적인 책이 발표됐다. 이 신흥 분야에서 나온 연구 결과들을 리뷰하는 책이다. 나는 주요 결론을 다섯 가지 팁으로 요약해서 모두가 연민과 향상된 소통 능력을 일상 속으로 통합하는 데 사용할 수 있게 정리해 보려고 한다.

1. 자기 감정을 알아차리는 법을 배우고 그에 대해 이야기하기

자신의 감정을 알아차리는 법을 배워 그 내용을 긍정적으로 타인과 소통하는 행위는 자기 감정을 지각하는 방식에 신체적인 변화를 불러온다. 예를 들어 '나 화가 났어'라고 차분하게 말하는 행위는 뇌 속의 원시적인 감정적 분노 반응을 누그러뜨려 고등 인지 회로로 활동을 올려보내는 역할을 한다. 그러면 분노에 따르는 감정적 고통을 완화하는 데 도움이 된다. 운이 따라준다면 당신이 이런 감정을 표출했던 사람이 연민의 감정을 가지고 반응해 줄 것이다. 하지만 그렇지 않더라도 그저 자신의 감정을 입으로 표현하기만 해도 당신의 뇌 속에서는 감정에 대한 통제력을 회복하고 긍정적이고 자신에 대한 연민의 감정으로 행동할 수 있는 공간이 만들어진다. 그와 비슷하게 어떤 사람들은 타인의 몸짓, 얼굴 표정, 행동 등을 관찰함으로써 명확한 언어적 단서 없이도 그 사람의 감정을 알아차리는 법을 훈련하는 것에서 도움을 얻는다. 이런 기술을 익히면 우정을 가꾸는 데 도움이 되고, 더욱 연민 어린 관점이 자랄 토대를 마련할 수 있다. 친구들과 함께 어울리며 얼굴에 감정을 표현하고, 그 감정을 읽는 연습을 해봐도 좋다. 적어도 즐거운 저녁은 될 수 있을 것이다.

2. 연민의 명상 연습하기

이것을 하려면 자기가 자신을 좋아하는 이유에 방점을 찍고 자아성찰할 시간을 마련해야 한다. 이 행동의 목적은 자신의 결점을 너무도 잘 알고 있음에도 스스로에게 연민을 보여주는 것이다. 그다음에는 자신이 사랑하는 사람에게로 주의를 돌려 그들을 자신의 연민과 감사의 마음속으로 끌어들이는 것이다. 마지막으로 당신의 삶에서 대하기 어려웠던 사람들, 당신에게 적대감을 불러일으키는 사람들을 생각한다. 훈련이 필요하지만 그 목적은 그들 역시 사랑과 친절, 평화로 채워지기를 빌어주는 것이다. 연민의 명상은 마음챙김mindfulness, 행복, 자신과 타인에 대한 연민의 감정, 걱정의 감소 등을 불러일으키는 것으로 밝혀졌다. 이 명상은 잠재적으로 부정적이거나 괴로운 사건도 거기에 압도당하지 않을 새로운 방식으로 틀을 잡을 수 있게 해서 잘 극복하는 데 도움을 준다. 이 명상은 행복이란 무엇인가가에 대한 관점을 바꾸어 두려움과 쾌락이 들쭉날쭉 불안정한 보상경로 중심의 생활과 거리를 두고 좀 더 안정된 마음 상태에서 살아갈 수 있게 해준다.

3. 타인의 연민에 감사하기

다른 사람의 이타적인 행동을 목격하는 것은 인간성에 대해 낙관적인 감정을 품을 수 있게 해줄 뿐만 아니라 자기도 타인을 돕고자 하는 생각이 들게 해준다. 이것은 도덕성을 고양해 준다. 도덕성 고양은 경외심의 일부를 차지하고 있는 강력한 감정이다. 이 감정은 투쟁-도피 반응을 담당하는 원시적인 감정 회로에 대한 앞이마겉질의 통제력을 높여주기 때문에 좀 더 집행력 있는 의사 결정을 내릴 수 있다. 또한 옥시토신 수치를 높이고, 코르티솔 수치를 낮추고, 신경가소성을 높여 예상치 못했던 경험을 더욱 잘 이해하고 통합하게 해준다. 종합해 보면 도덕성 고양이라는 이 긍정적인 감정은 '선행 나누기pay it forward' 정신을 고양해 준다. 사람들의 친절한 행동에 관심을 기울이는 것이 사회 전반에 연민을 퍼뜨리는 데 도움이 된다.

4. 감사의 마음 갖기

우리는 대단히 개인주의적인 사회에 살고 있지만 혼자서 자급자족할 수 있게 진화하지는 않았다. 인간이 친사회적인 뇌를 발달시키게 된 것은 서로 의존할 때 생기는 이득이 있기 때문이다. 본질적으로 서로를 지지하는 관계가 성립되면 생존에 도움이 된다. 타인에게 감사의 마음을 갖는 단순한 행위도 그런 지지를 소중히 여기는 데 도움이 된다. 매일 밤, 잠자리에 들기 전에 나는 그날 하루 감사했던 세 가지 일을 머릿속에 떠올려본다. 이렇게 하면 그런 일을 있게 해준 사람에게 잊지 않고 감사의 마음을 표현하고, 하루에 긍정의 마침표를 찍고, 나 자신도 친절한 행동을 통해 타인에게 이런 감정을 유도할 방법을 생각할 수 있게 된다.

5. 연민에 초점을 맞추는 부모가 되기

연민을 강화하는 환경 속에서 아이를 키우면 나중에 자기만의 긍정적인 지지 네트워크를 발전시키고 세대를 가로질러 이타주의를 더 널리 퍼뜨리는 데 도움이 된다. 아이들은 보호자들의 행동을 관찰함으로써 어떤 감정이 용인되는지, 감정을 어떻게 조절하는지 배운다. 자신의 감정을 인식하고, 느린 호흡 같은 기술을 이용해서 감정을 통제해 분노를 가라앉히는 행동은 당신 자신이나 자식 모두에게 이롭다. 연구에 따르면 시간을 내어 자기관리를 하는 부모를 둔 아동도 그와 유사하게 장기적으로 혜택을 입는다고 한다. 건강하게 잘 먹고, 시간을 내어 운동하고, 친구들을 만나라. 취미생활을 통해 긴장을 풀고 명상을 실천하라.

나는 인류가 지리적 경계를 허물고 새로운 아이디어를 받아들일 수 있는 기술을 발전시키는 방향으로 달려왔다고 추측하고 싶은 유혹을 느낀다. 세상이 점점 서로 연결되다 보니 우리는 자신의 아이디어와 필요를 그 어느 때보다도 손쉽게 소통할 수 있는 전례 없는 상황에 놓여 있다. 난민 이야기이든, 플라스틱으로 가득 찬 바다, 혹은 자연재해 이야기든 세상 여기저기서 일어나고 있는 고통에 대해 그 어느 때보다도 잘 인식하고 있다. 또한 고통받는 사람들의 소식을 더 많이 노출시켜 주는 도구를 개발했고, 사람들이 자신이나 타인에게 고통을 가하는 이유도 더 잘 이해하게 되었다.

나는 자신의 행동이 어떻게 만들어지는지 더욱 잘 이해할 수 있는 환경을 조성하면 이런 정보를 긍정적인 방향으로 사용할 수 있다고 생각하고 싶다. 행동의 신경과학을 악용해서 끝없는 두려움에 시달리도록 조작할 수도 있다. 그러면 필연적으로 사회가 더욱 분열되는 결과를 낳게 될 것이다. 아니면 반대로 두려움과 분열에 맞서는 쪽을 선택할 수도 있다. 우리가 타고난 성향을 좀 더 지적으로 이해해서 사회가 교육, 건강, 사법체계, 그리고 미래를 위한 소통 시스템에 긍정적인 영향을 미칠 정책을 만들도록 이끌어가는 것이다. 부디 선택은 후자이기를 바란다.

● 에필로그

2018년 어느 봄날, 나는 한 신경과학자와 운명, 회복력, 자유의지에 대해 이야기를 나누러 가는 길에 자전거로 케임브리지대학교의 구내식당 건물을 가로지르고 있었다. 공원이 목가적이어서 노랑구륜앵초 꽃을 생각하고 있었는데 가까운 거리에 내 동료마이크 앤더슨 박사도 자전거를 타고 일터로 가고 있었다. 우리는 1년 넘게 있으면서도 서로 마주쳐본 적이 없어서 나는 그의 이름을 부르고 그에게로 다가갔다. 그리고 나란히 자전거를 타고 가며 서로의 안부를 물었다. 알고 보니 그는 굉장히 바쁜 나날을 보내고 있었다. 내가 무슨 일로 바쁜지 얘기를 꺼내기도 전에, 그는 환한 얼굴로 태어난 지 일곱 달 된 첫 아이의 소식을 알렸다.

내가 축하의 말을 전하자 그가 이야기를 하나 들려주었다. 그의 아내는 한국 사람인데 전주에 자기 친구네 아이 돌잔치에 갔다고 했다. 그 아이도 마찬가지로 한국 사람과 영국 사람의 피가 섞인 아이였다. 그는 그 잔치에서 있었던 일을 들뜬 마음으로 얘기했다. 한국에서는 아이의 첫돌을 중요한 날로 여기기 때문에 몇 달 전부터 계획을 세운다. 그리고 돌잔치에서 그날의 핵심 행사인 오래된 전통이 치러진다. 아이 앞에 여러 가지 물건이 담긴 쟁반이 놓인다. 그 안에 들어 있는 각각의 물건은 특정한 인생의 궤적을 상징한다. 아이에게 그 쟁반에 담긴 물건을 집어 들도록 부추기면서 부모와 손님들은 아이가 자신의 운명을 선택하는 순간을 숨죽이며 바라본다.

마이크 말로는 이 돌잔치를 주최한 부부는 아이가 청진기를 집어 들기를 원했다. 청진기는 의사의 길을 걷는다는 의미다.

"그래서 그 아이가 선택한 것은 무엇이었어요?"

"아, 물론 청진기를 집어 들었죠!"

마이크가 웃으며 대답했다.

"당신은 아들이 뭘 집었으면 좋겠어요?"

내가 물어보자 마이크가 씩 웃으며 말했다.

"책은 학자의 운명을 상징한다고 하니 당연히 책이죠!"

둘의 갈 길이 갈리는 곳에 도착했을 때 마이크가 내게 요즘 어떤 일을 하고 있느냐고 물었다. 나는 이 우연한 만남에서 운명이란 개념이 오늘날에도 지속적으로 힘을 발휘하고 있음을 보여주는 이 뜻밖의 이야기를 듣고 조금 마음이 동요하고 있었다. 하지만 그런 얘기를 장황히 꺼낼 수는 없어서 그냥 얼버무리듯 얘기하고 그와 헤어졌다.

나는 마이크의 이야기에 매료됐다. 물건이 갖는 상징성에는 무언가 애교스러운 면이 있다. 뿌듯한 마음과 불안한 마음이 함께 하는 부모, 그리고 그 앞에서 청진기를 흔드는, 장차 의사가 될 아이라니. 사람들은 이야기를 좋아한다. 자신과 서로에 대한 이야기, 장차 운명으로 펼쳐질 인생 이야기, 그 운명 중 우리가 통제할수 있는 부분이 과연 있을지에 관한 이야기 등. 운명이란 개념은 한물갔지만 그래도 이야기 속에, 말하는 태도 속에, 아이의 돌잔치 쟁반에 담긴 상징적인 물건 속에서 계속 다시 머리를 내민다.

이 책에 담긴 연구들은 운명이 아직도 의미가 있고, 그 운명은 뇌의 거대한 커넥톰이 가지치기를 하는 곳마다 자리 잡고 있으며, 수조 개의 연결을 이루고 있는 시냅스들이 번쩍이며 활동할 때마다 만들어진다는 내 신념을 확인해 주었다. 이 현대식 버전의 운명이 어떻게 작동하는지 알면 알수록 우리는 운명을 거스르지 않고 운명과 손에 손을 잡고 함께 걸어갈 가능성이 그만큼 높아진다.

인생을 얼마나 통제할 수 있느냐는 질문에 신경과학은 믿기 어려울 정도로 복잡하고 미묘한 문제라고 대답하지만, 본질적으로는 뇌에 대해 더 많은 것을 알수록 운명이 미리 결정되어 있다는 주장에 더 큰 힘이 실린다. 우리는 방대하고 복잡한 행동들이 어떻게 우리에게 배어들고, 놀라운 메커니즘을 통해 세대를 거쳐 전달되고, DNA 암호 속에 새겨지고, 유전자 볼륨 조절 다이얼을 통해 정신을 구성하는 회로의 구축을 지시하는지 이제 막 이해하기 시작했다. 우리가 지각하는 세상과 현실감은 본질적인 정보처리의 제약을 안고 있기 때문에, 태어날 때부터 안고 있는 운명을 믿게 만든다. 반면, 뇌의 또 다른 특성인 가소성, 활력, 유연성은 행동, 나아가서는 운명을 바꿀 수도 있는 여지를 남긴다. 하지만 개개의 습관을 깨뜨리려면 인내심과 함께 자아성찰, 타인과 소통하고 타인에 연민을 느끼는 능력도 필요하다.

차이를 발견할 때마다 그 차이를 건설적으로 대해야만 개념도 상황에 맞추어 적응할 수 있다. 우리가 번성하기 위해서는 그래야 한다. 나는 자신의 운명을 발견하는 것이 자율성을 높여준다고 생각한다. 나는 운명이란 우리의 결함, 우리의 내재적 편견과 성향을 달리 표현하는 것이라 생각한다. 역설적이지만, 어쩌면 운명은 무기력하게 생각에만 빠져드는 것을 막고, 대신 우리가 생각하고 행동할 수 있게 해 뇌의 장엄함에 더 큰 감사의 마음을 느끼며 살수 있게 도와줄지도 모른다.

● 감사의 말

우선 개개인의 세상을 창조해 준 장엄한 존재인 뇌에 감사한다.

이 책에는 여러 사람의 노력이 담겨 있다. 너그럽게도 시간을 내어 자기 분야의 이야기를 들려준 모든 연구자들, 지도교수였던 트레버 로빈스, 올가 크리로바, 제레미 스케퍼에게 감사드린다. 내가 경력을 쌓기 시작한 초기에 지식과 열정으로 영감을 불어넣어 준 멜라니 문로와 피터 메이콕스에게 감사드린다. 그리고 경력을 쌓는 동안 뇌 연구에 대한 열정을 내게 감염시켜 준 수많은 신경과학 분야의 친구들에게 감사드린다.

이 프로젝트를 가능하게 해준 문학 에이전시 카롤린 미셸, 헤이 문학 페스티벌Hay Literary Festival을 만들어 독서의 예술을 기념할 수 있는 경이로운 플랫폼을 제공해 준 피터 플로렌스에게도 진지한 감사의 말씀을 드린다. 늘 변함없이 긍정적인 지침을 만들어준 로위나 웹과 매디 프라이스, 나와 수백 시간을 함께 보내며 이 책에 담을 세밀한 표현을 위해 힘써준 글쓰기 스승 헬렌 코일에게도 감사드린다. 당신 덕분에 참 많은 것을 배웠고, 그 핑계로 당신과 뇌에 대해, 그리고 인생에 대해 얘기를 나눌 수 있었던 것이 정말 고마웠습니다!

시간을 내어 이 원고를 읽고, 통찰이 넘치는 논평을 해준 로지어 키빗, 아리 에르콜레, 닉키 버클리에게도 진심으로 감사드린다. 나를 자극하는 수많은 대화를 제공해 준 케임브리지대학교의 모들린 칼리지에도 감사드린다. 그리고 내 가족, 특히나 그중에서도 내 엄마, 아빠, 그리고 내 친구들에게 여러 해에 걸쳐 보내준 성원에 감사드린다. 많은 이름이 떠오르지만 특히나 그중에서도 안정적으로 일을 마무리할 수 있게 해준 캡틴 마크 내쉬에게 감사드린다.

마지막으로 20년 전에 정신의학 병원에 살았던 그 아이들에게 가슴속 깊숙한 곳으로부터 감사의 마음을 전한다.

참고 문헌

1장 내 삶을 움직이는 보이지 않는 힘

Sapolsky, Robert M. (2017) Behave: The biology of humans at our best and at our worst, Penguin Press.

Kahneman, Daniel (2012) (reprint edition) Thinking, Fast and Slow, Penguin Press.

Satel, Sally and Lilienfeld, Scott O. (2015) Brainwashed: The Seductive Appeal of Mindless Neuroscience, Basic Books.

Royal Society (2011) Brain Waves Module 1: Neuroscience, Society and Policy, London.

— Brain Waves Module 2: Neuroscience: implications for education and lifelong learning, London.

— Brain Waves Module 3: Neuroscience, conflict and security, London.

— Brain Waves Module 4: Neuroscience and the law, London.

Hilker, R. et al. (2017) 'Heritability of Schizophrenia and Schizophrenia Spectrum Based on the Nationwide Danish Twin Register', Biological Psychiatry, 83(6): 492–8.

2장 모든 것은 어린 시절에 시작되었다

Sterne, Laurence (1996) (new edition) Tristram Shandy, Wordsworth Editions.

Saint-Georges, C. et al. (2013) 'Motherese in Interaction: At the Cross-Road of Emotion and Cognition? (A Systematic Review)', PLoS One; 8(10):e78103.

Critchlow, Hannah (2018) Consciousness: A LadyBird Expert Book, Michael Joseph, Penguin.

Leong, V. et al. (2017) 'Speaker gaze increases information coupling between infant and adult brains.', PNAS, 114(50):13290–5.

Mischel, W. et al. (1989) 'Delay of gratification in children.', Science, 244:933–8.

Mischel, W. et al. (1972) 'Cognitive and attentional mechanisms in delay of gratification', Journal of Personality and Social Psychology, 21(2):204–218.

Watts, T.W. et al. (2018) 'Revisiting the Marshmallow Test: A Conceptual Replication Investigating Links Between Early Delay of Gratification and Later Outcomes.',

Psychol Sci., 29(7):1159–77.

Caspi, A. et al. (2005) 'Personality Development: Stability and Change.', Annu. Rev. Psychol., 56:453–84.

Blakemore, S. J. (2018) Inventing Ourselves: The Secret Life of the Teenage Brain, Doubleday, an imprint of Transworld Publishers, Penguin Random House.

Wenger, E. et al. (2017) 'Expansion and Renormalization of Human Brain Structure During Skill Acquisition.', Trends in Cognitive Neuroscience (Opinion), 21, 12:930–9.

El-Boustani, S. et al.(2018) 'Locally coordinated synaptic plasticity of visual cortex neurons in vivo.', Science, 360,6395:1349–54.

Matthews, F. E. et al. (2016) 'A two-decade dementia incidence compari-son from the Cognitive Function and Ageing Studies I and II.', Nature Communications, 7:11398.

Gerstorf, D. et al. (2015) 'Secular changes in late-life cognition and well-being: Towards a long bright future with a short brisk ending?', Psychol Aging., 30(2):301–10.

Kempermann, G. et al. (1997) 'More hippocampal neurons in adult mice living in an enriched environment.', Nature, 386(6624):493–5.

Talan, J. (2018) 'Neurogenesis: Study Sparks Controversy Over Whether Humans Continue to Make New Neurons Throughout Life.', Neurology Today, 18,7:62–6.

de Dieuleveult, A.L. et al. (2017) 'Effects of Aging in Multisensory Integration: A Systematic Review.', Front. Aging Neurosci., 9:80.

Fuhrmann, D. et al. (2018) 'Interactions between mental health and memory during ageing.', Cambridge Neuroscience Seminar poster prize.

Henson, R. N. A. et al. (2016) 'Multiple determinants of ageing mem-ories.', Scientific Reports, 6:32527.

3장 우리는 왜 먹는 문제에서 늘 실패하는가

Livet, J. et al. (2007) 'Transgenic strategies for combinatorial expression of fluorescent proteins in the nervous system.', Nature, 450 (7166):56–62.

Cording, A. C. (2017) 'Targeted kinase inhibition relieves slowness and tremor in a Drosophila model of LRRK2 Parkinson's disease.', NPJ Parkinson's Disease, 3:34.

Robbins, T., Everitt, B., Nutt, D. (eds.), (2010) The Neurobiology of Addiction (Philosophical Transactions of the Royal Society of London. Series B, Biological Sciences), OUP, Oxford.

Gulati, P. et al. (2013) 'Role for the obesity-related FTO gene in the cellular sensing of amino acids.', Proc Natl Acad Sci USA., 110(7):2557–62.

Gulati, P. et al. (2013) 'The biology of FTO: from nucleic acid demethylase to amino acid sensor.' Diabetologia, 56(10):2113–21.

Loos, R.J. et al. (2014) 'The bigger picture of FTO: the first GWAS-identified obesity gene.', Nat Rev Endocrinol., 10(1):51–61.

Hetherington, M.M. (2017) 'Understanding infant eating behaviour: Lessons learned from observation.', Physiology & Behavior, 176:117–24.

— (2016), 'Nutrition in the early years – laying the foundations of healthy eating.', Nutrition Bulletin (editorial), 41:310–13.

Chambers L. et al. (2016) 'Reaching consensus on a "vegetables first" approach to complementary feeding.', British Nutrition Bulletin, 41:270–6.

Nekitsing C. et al. (2018) 'Developing healthy food preferences in preschool children through taste exposure, sensory learning and nutrition education.', Current Obesity Reports, 7:60–7.

Kleinman, R.E. et al. (2017) 'The Role of Innate Sweet Taste Perception in Supporting a Nutrient-dense Diet for Toddlers, 12 to 24 Months: Roundtable proceedings.', Nutrition Today, 52:S14–24.

Hetherington, M.M. et al. (2015) 'A step-by-step introduction to vegetables at the beginning of complementary feeding: the effects of early and repeated exposure.', Appetite, 84:280–90.

Eat Right Now: https://goeatrightnow.com

Schulz, L. C. (2010) 'The Dutch Hunger Winter and the developmental origins of health and disease.', PNAS, 107 (39):16757–8.

Tobi, E. W. et al. (2014) 'DNA methylation signatures link prenatal famine exposure to growth and metabolism.', Nature Communications, 5:5592.

Dias, B.G. et al. (2014) 'Parental olfactory experience influences behavior and neural structure in subsequent generations', Nature Neuroscience, 17(1):89–96.

Keifer, Jr, O.P. et al. (2015) 'Voxel-based morphometry predicts shifts in dendritic spine density and morphology with auditory fear conditioning.', Nature Communications, 6:7582.

Boyden, E. S. et al. (2005) 'Millisecond-timescale, genetically targeted optical control of neural activity.', Nat. Neurosci. 8 (9):1263–8.

Deisseroth, K. et al. (2006) 'Next-Generation Optical Technologies for Illuminating Genetically Targeted Brain Circuits', Journal of Neuroscience, 26 (41):10380–6.

Karnani, M.M. et al. (2011) 'Activation of central orexin/hypocretin neurons by dietary amino acids', Neuron, 72 (4):616–29.

Benabid, A. L. (2003) 'Deep brain stimulation for Parkinson's disease.', Current Opinion in Neurobiology, 13, 6:696–706.

Hollands G.J. et al. (2016) 'The impact of communicating genetic risks of disease on risk-reducing health behaviour: systematic review with meta-analysis.', BMJ; 352:i1102.

Marteau, T.M. (2018) 'Changing minds about changing behaviour.', Lancet, 391:116–17.

4장 사랑은 어디서부터 시작되는가

Miller, G. et al. (2007) 'Ovulatory cycle effects on tip earnings by lap dancers: economic evidence for human estrus?', Evolution & Human Behavior, 28, 6:375–81. https://doi.org/10.1016/j.evolhumbehav.2007.06.002

Wedekind, C. et al. (1995) 'MHC-dependent mate preferences in humans.', Proc Biol Sci., 260 (1359):245–9.

Ober, C. et al. (2017) 'Immune development and environment: lessons from Amish and Hutterite children.', Curr Opin Immunol., 48:51–60.

Kohl, J. et al. (2013) 'A Bidirectional Circuit Switch Reroutes Pheromone Signals in Male and Female Brains.', Cell, 155–7:1610–23.

Grosjean, Y. et al. (2011) 'An olfactory receptor for food-derived odours promotes male courtship in Drosophila.', Nature, 478:236–40.

Cachero, S. et al. (2010) 'Sexual dimorphism in the fly brain.', Current Biology, 20(18) 1589–1601.

Bogaert, A. F. et al. (2017) 'Male homosexuality and maternal immune responsivity to the Y-linked protein NLGN4Y.', PNAS, 115(2):302–6.

Yule, M.A. (2014) 'Biological markers of asexuality: Handedness, birth order, and finger length ratios in self-identified asexual men and women.', Arch Sex Behav., 43(2): 299–310.

Kohl, J. et al (2018) 'Neural control of parental behaviors.', Curr Opin Neurobiol., 49:116–22.

Kohl, J. et al. (2018) 'Functional circuit architecture underlying parental behaviour.', Nature, 556(7701):326–31.

Kohl, J. (2017) 'The neurobiology of parenting: A neural circuit perspective.', Bioessays, 39(1):1–11.

Fine, Cordelia (2011) Delusions of Gender: The Real Science Behind Sex Differences, Icon Books.

— (2018) Testosterone Rex: Unmaking the Myths of Our Gendered Minds, Icon Books.

Dunbar, Robin (2012) The Science of Love, John Wiley & Sons, Faber.

Holt-Lunstad, J. et al. (2010) 'Social Relationships and Mortality Risk: A Meta-analytic Review.', PLoS Med., 7(7):e1000316.

Dunbar, R.I.M. (2018) 'The Anatomy of Friendship.', Trends Cogn Sci., 22(1):32–51.

Pearce, E. et al. (2017) 'Variation in the ß-endorphin, oxytocin, and dopamine receptor genes is associated with different dimensions of human sociality.', Proc Natl Acad Sci USA, 114(20):5300–5.

Dahmardeh, M. et al. (2017) 'What Shall We Talk about in Farsi?: Content of Everyday Conversations in Iran.', Hum Nat., 28(4):423–33.

Dunbar, R.I.M. (2018) 'The Anatomy of Friendship.', Trends Cogn Sci. 22(1):32–51.

Eisenberger, N.I. et al. (2006) 'An experimental study of shared sensitivity to physical pain and social rejection.', Pain, 126:132–8.

Eisenberger, N.I. et al. (2004) 'Why rejection hurts: A common neural alarm system for physical and social pain.', Trends in Cognitive Sciences, 8:294–300.

Eisenberger, N.I. et al. (2003) 'Does rejection hurt? An fMRI study of social exclusion.', Science, 302:290–2.

Shpigler, H.Y. et al. (2017) 'Deep evolutionary conservation of autism-related genes.', Proc Natl Acad Sci USA, 114(36):9653–8.

Robinson, G.E. et al. (2017) 'Epigenetics and the evolution of instincts.', Science. 356(6333):26–7.

Feldman, R. (2017) 'The Neurobiology of Human Attachments.', Trends Cogn Sci., 21(2):80–99.

Barron, A.B. et al. (2007) 'Octopamine modulates honey bee dance behavior.' Proceedings of the National Academy of Sciences, 104:1703–7.

Barron, A.B. et al. (2008) 'Effects of cocaine on honeybee dance behaviour.' Journal of Experimental Biology, 212:163–8.

Shpigler, H.Y. et al. (2017) 'Deep evolutionary conservation of autism-related genes.', Proceedings of the National Academy of Sciences, 114 (36):9653–8.

Robinson, G. E. et al. (2005) 'Sociogenomics: Social life in molecular terms.', Nature Reviews Genetics, 6:257–70.

Young, R. L. et al. (2019) 'Conserved transcriptomic profiles underpin monogamy across vertebrates', PNAS 116 (4): 133–6.

5장 우리가 현실이라고 믿는 것의 정체

Critchlow, Hannah (2018) Consciousness: A LadyBird Expert Book, Michael Joseph, Penguin.

Gegenfurtner, K.R. et al. (2015) 'The many colours of "the dress"', Curr Biol., 25(13):R543–4.

Wallisch, P. (2017) 'Illumination assumptions account for individual differences in the perceptual interpretation of a profoundly ambiguous stimulus in the color domain: "The dress"', Journal of Vision. 17 (4):5.

Gregory R. L. (1997) From: Phil. Trans. R. Soc. Lond. B 352:1121–8, with the kind permission of the editor.

Gregory, Richard (1970) The Intelligent Eye, Weidenfeld and Nicolson.

Króliczak G. et al. (2006) 'Dissociation of perception and action unmasked by the hollow-face illusion'. Brain Res. 1080 (1):9–16.

Dima, D. et al. (2009) 'Understanding why patients with schizophrenia do not perceive the hollow-mask illusion using dynamic causal modelling.', NeuroImage, 46(4):1180–6.

Frith, C. D. (2015) The Cognitive Neuropsychology of Schizophrenia (Classic Edition), Psychology Press & Routledge Classic Editions.

Frith, C. D. et al. (2018) 'Volition and the Brain – Revisiting a Classic Experimental Study', Science & Society Series: Seminal Neuroscience Papers 1978–2017, 41, 7:405–7.

Lennox, B.R. (2017) 'Prevalence and clinical characteristics of serum neuronal cell surface antibodies in first-episode psychosis: a case-control study.', Lancet Psychiatry, 4(1):42–8.

Zandi, M.S. et al.(2014) 'Immunotherapy for patients with acute psychosis and serum N-Methyl D-Aspartate receptor (NMDAR) antibodies: a description of a treated case series.', Schizophr Res., 160(1–3):193–5.

Carhart-Harris R.L. et al. (2016) 'Neural correlates of the LSD experience revealed by multimodal neuroimaging.', Proc Natl Acad Sci USA., 113(17):4853–8.

Bahrami, B. et al. (2010) 'Optimally interacting minds.', Science, 329(5995):1081–5.

Frith, C.D. et al. (2007) 'Social cognition in humans.', Curr Biol., 17(16):R724–32.

Hofer, S.B. et al. (2010) 'Dendritic spines: the stuff that memories are made of?' Curr Biol. 20(4):R157–9.

Fine, Cordelia (2011) Delusions of Gender: The Real Science Behind Sex Differences, Icon Books.

— (2018) Testosterone Rex: Unmaking the Myths of Our Gendered Minds, Icon Books.

6장 '내'가 틀릴 수도 있다

Shermer, Michael (2011) The Believing Brain: From Ghosts and Gods to Politics and Conspiracies – How We Construct Beliefs and Reinforce Them as Truths, Times Books.

Critchlow, Hannah (2018) Consciousness: A LadyBird Expert Book, Michael Joseph, Penguin.

http://fcmconference.org/img/CambridgeDeclarationOnConsciousness.pdf

MacKay, Donald. M. (1991) Behind the Eye, Basil Blackwell.

Beauregard, M. et al. (2006) 'Neural correlates of a mystical experience in Carmelite nuns.', Neurosci Lett., 405(3):186–90.

Smith, T.B. et al. (2003) 'Religiousness and depression: evidence for a main effect and the moderating influence of stressful life events.', Psychol Bull., 129(4):614–36.

Jack, A. I. et al. (2016) 'Why Do You Believe in God? Relationships between Religious Belief, Analytic Thinking, Mentalizing and Moral Concern.', PLoS One, 11(3):e0149989.

Jeeves, Malcolm and Brown, Warren (2009) Neuroscience, Psychology and Religion: Illusions, Delusions, and Realities about Human Nature, Templeton Press.

Schreiber, D. et al. (2013) 'Red brain, blue brain: evaluative processes differ in Democrats and Republicans.' PLoS One, 8(2):e52970.

Kramer, Adam D.I. et al. (2014) 'Experimental evidence of massive-scale emotional contagion through social networks.' PNAS, 111 (24) 8788-90.

Kaplan, J.T. et al. (2016) 'Neural correlates of maintaining one's political beliefs in the face of counterevidence.', Scientific Reports, 6:39589.

Harris, S. et al. (2009) 'The neural correlates of religious and non religious belief.', PLoS One, 4(10):e7272.

Patoine, B. (2009) 'Desperately Seeking Sensation: Fear, Reward, and the Human Need for Novelty: Neuroscience Begins to Shine Light on the Neural Basis of Sensation Seeking.', Briefing Paper, The Dana Foundation.

Costa, V.D. et al. (2014) 'Dopamine modulates novelty seeking behavior during decision making.', Behav. Neurosci., 128(5):556–66.

Molas, S. et al.(2017) 'A circuit-based mechanism underlying familiarity signaling and the preference for novelty.', Nat.Neurosci., 20(9):1260–8.

Tang, Y.Y. et al. (2015) 'The neuroscience of mindfulness meditation.', Nature Reviews Neuroscience, 16(4):213–25.

Galante, J. et al. 'Effectiveness of providing university students with a mindfulness based intervention to increase resilience to stress: a pragmatic randomised controlled trial.' Lancet Public Health, 2:PE72–E81.

Shors, T. J. et al. (2014) 'Mental and Physical (MAP) Training: A Neurogenesis Inspired Intervention that Enhances Health in Humans.', Neurobiol. Learn Mem., 115:3–9.

Libet, B. et al. (1983) 'Time of Conscious Intention to Act in Relation to Onset of

Cerebral Activity (Readiness-Potential)'., Brain, 106(3):623–42.

Williams, Rowan (2018) Being Human: Bodies, Minds, Persons, SPCK Publishing.

7장 뇌과학으로 운명을 미리 읽을 수 있다면

Nakamura, A. et al. (2018) 'High performance plasma amyloid-ß biomarkers for Alzheimer's disease.', Nature, 554:249–54.

https://www.genomicsengland.co.uk/the-100000-genomes-project/Day, F. R. et al. (2016) 'Physical and neurobehavioral determinants of reproductive onset and success.', Nature Genetics, 48:617–23.

https://www.bbc.co.uk/news/magazine-37500189

http://nuffieldbioethics.org/project/genome-editing-human-reproduction

http://nuffieldbioethics.org/project/non-invasive-prenatal-testing

Feder, A. et al. (2009) 'Psychobiology and molecular genetics of resilience.', Nat Rev Neurosci., 10(6):446–57.

Baker, K. et al. (2014) 'Chromosomal microarray analysis – a routine clinical genetic test for patients with schizophrenia.', Lancet Psychiatry, 1(5):329–31.

Deary, I.J. (2012) 'Intelligence.', Annual Review of Psychology; 63(1):453–82.

Plomin R. et al. (2014) 'Genetics and intelligence differences: five special findings.', Molecular Psychiatry; 20:98.

Hill, W. et al. (2018) 'A combined analysis of genetically correlated traits identifies 187 loci and a role for neurogenesis and myelination in intelligence.', Molecular Psychiatry: 1.

Hill, W.D. et al. (2018) 'Genomic analysis of family data reveals additional genetic effects on intelligence and personality.', Molecular Psychiatry.

Hill, W.D. et al. (2016) 'Molecular genetic contributions to social deprivation and household income in UK Biobank.', Current Biology, 26(22):3083–9.

Hill, W.D. et al. (2019) 'What genome-wide association studies reveal about the association between intelligence and mental health.', Current Opinion in Psychology; 27:25–30.

Deary, I.J. et al. (2018) 'What genome-wide association studies reveal about the association between intelligence and physical health, illness, and mortality.', Current Opinion in Psychology, 27:6–12.

Ritchie, S. (2015) Intelligence: All that matters, Hodder & Stoughton.

Spearman, C. (1904) '"General Intelligence" objectively determined and measured.', Am J Psychol.,15:201–92.

Calvin, C.M. et al. (2017) 'Childhood intelligence in relation to major causes of death in 68 year follow-up: prospective population study.', BMJ, 357:j2708.

Ioannidis, K. et al. (2018) 'The complex neurobiology of resilient functioning after child maltreatment.' https://doi.org/10.31219/osf.io/3vfqb

Askelund, A. D. et al. (2018) 'Positive memory specificity reduces adolescent vulnerability to depression.', doi: https://doi.org/10.1101/329409

Fritz, J. F. et al. (2018) 'A systematic review of the social, emotional, cognitive and behavioural factors that benefit mental health in young people with a history of childhood adversity.', Shared last authorship. Preprint, Frontiers in Psychiatry, special issue on Resilience.

Plomin, Robert (2018) Blueprint: How DNA Makes Us Who We Are, Allen Lane, Penguin Random House, London.

Mitchell, Kevin J. (2018) Innate: How the Wiring of Our Brains Shapes Who We Are, Princeton University Press, New Jersey.

8장 혼자보다 함께일 때 뇌는 더 강해진다

Cabinet Office and Behavioural Insights Team (2012) Test, Learn, Adapt: Developing Public Policy with Randomised Controlled Trials, London.

Datar, A. et al.(2018) 'Association of Exposure to Communities with Higher Ratios of Obesity with Increased Body Mass Index and Risk of Overweight and Obesity Among Parents and Children.', JAMA Pediatrics.

https://www.telegraph.co.uk/politics/2018/06/01/supermarket-guilt-lanes-two-for-one-junk-food-offers-will-banned/

Kelly Brownell, professor of psychology and neuroscience and dean of the Sanford School of Public Policy at Duke University in the USA.

Cambridge Public Policy SRI (2017) The Educated Brain Policy Brief: Late Childhood and Adolescence, Cambridge.

Blakemore, S. J. (2018) Inventing Ourselves: The Secret Life of the Teenage Brain, Doubleday, an imprint of Transworld Publishers, Penguin Random House, London.

Maguire, E.A. et al. (2006) 'London taxi drivers and bus drivers: a structural MRI and neuropsychological analysis.', Hippocampus, 16(12):1091–1101.

Royal Society (2011) Brain Waves Module 1: Neuroscience, Society and Policy, London.

— Brain Waves Module 2: Neuroscience: implications for education and lifelong learning, London.

— Brain Waves Module 3: Neuroscience, conflict and security, London.

— Brain Waves Module 4: Neuroscience and the law, London.

Sapolsky, Robert M. (2017) Behave: The biology of humans at our best and at our worst, Penguin Press.

https://www.theguardian.com/news/2018/jul/24/violent-crime-cured-rather-than-punished-scottish-violence-reduction-unit

Godar, Sean C. et al. (2016) 'The role of monoamine oxidase A in aggression: current translational developments and future challenges.', Prog Neuropsychopharmacol Biol Psychiatry, 69:90–100.

Dawkins, Richard (2016) The Selfish Gene (4th edition), OUP.

Mayr, E. (1997) 'The objects of selection.' PNAS, 94(6):2091–4.

Critchlow, Hannah (2018) Consciousness: A LadyBird Expert Book, Michael Joseph, Penguin.

Rhodes, Christopher J. (2017) 'The whispering world of plants: "The Wood Wide Web".', Science Progress, 100, 3:331–7(7).

Sonne, J.W.H. et al. (2018) 'Psychopathy to Altruism: Neurobiology of the Selfish-Selfless Spectrum.', Front Psychol., 9:575.

Kosinski, M. et al. (2013) 'Private traits and attributes are predictable from digital records of human behaviour.', PNAS, 110(15):5802–5.

Kramer, A. d. I. et al. (2014) 'Experimental evidence of massive-scale emotional contagion through social networks.', PNAS, 111 (24):8788–90.

Bartal, I. Ben-Ami et al. (2011) 'Empathy and pro-social behavior in rats.' Science, 334:1427–30.

Seppälä, Emma M. et al. (2017) The Oxford Handbook of Compassion Science, OUP USA.

과학적 사고의 씨앗 프린키피아
프린키피아Principia는 '시작, 기초, 원리'를 의미하는 라틴어로, 프린키피아
시리즈는 모든 지식의 기초이자 근원인 과학을 탐구하고 세상이 돌아가는
원리를 알고자 하는 독자를 위한 교양 과학 시리즈입니다.

프린키피아 007

운명의 과학

1판 1쇄 인쇄 2025년 12월 15일
1판 1쇄 발행 2025년 12월 22일

지은이 한나 크리츨로우
옮긴이 김성훈
펴낸이 김영곤
펴낸곳 (주)북이십일 21세기북스

정보개발팀장 이리현
정보개발팀 이수정 현미나 이지윤 양지원
마케팅 김설아
디자인 표지 문성미 본문 푸른나무디자인
영업팀 정지은 한충희 장철용 남정한 나은경 강경남 황성진 김도연 이민재 이정은
해외기획팀 최연순 소은선 홍희정
제작팀 이영민 권경민

출판등록 2000년 5월 6일 제406-2003-061호
주소 (10881) 경기도 파주시 회동길 201(문발동)
대표전화 031-955-2100 **팩스** 031-955-2151 **이메일** book21@book21.co.kr

KI신서 14004
ⓒ 한나 크리츨로우, 2025
ISBN 979-11-7357-704-8 03400
본문 도판 Science Photo Library 제공

(주)북이십일 경계를 허무는 콘텐츠 리더

21세기북스 채널에서 도서 정보와 다양한 영상자료, 이벤트를 만나세요!

페이스북 facebook.com/jiinpill21　　**블로그** blog.naver.com/21c_editors
인스타그램 instagram.com/jiinpill21　　**홈페이지** www.book21.com
유튜브 youtube.com/book21pub